농수산물 시장론

농수산물 시장론

전 남 대 학 교
교수 강 연 실

Chonnam National University PRESS

머리말

농수산업과 같은 특수 산업의 경영, 경제, 사회 과학 분야는 실무면과 이론면을 막론하고 그 저서나 자료가 부족한 편이다. 내가 대학에서 강의를 시작한 이후에 제자들이나 농수산물 유통 관계자 및 정부 공무원들에게 체계적이고 시원스러운 전문서적 한권을 제대로 제공하지 못 함을 얼마나 안타까워하였는지 모른다. 내가 이 책을 발간하기 위하여 자료를 수집하고 보완한지 약 30년이 경과한 오늘에도 부족한 부분이 많아서 책 발간을 주저하였지만 이러다간 얼마 남지 않은 연구생활 동안에 책도 한권 만들지 못하고 은퇴하게 될 것이 두려워 부족한 내용이지만 용기를 내어 이번에 책을 발간하게 되었다.

사회에서는 농수산물 가격의 변동 폭이 심한 현상을 두고 농수산물이 전체 물가 상승의 주역으로 오해하는 경우가 있다. 이런 사회적 인식은 농수산물 가격 변동의 특성을 잘못 이해하는 데서 비롯된다. 농수산물은 상품적 특징상 가격 변동의 폭이 크고 가격 변동의 주기성·법칙성이 있으며, 유통단계마다 대조적인 가격 변동 현상이 나타나기도 하는 상품이다.

이 책은 일반 경제학 서적에서 담지 않고 있는 농수산업 특유의 시장관련 이론과 실무관련 지침을 쉽고 간단한 문장으로 설명하고자 노력하였다. 그럼으로 이 책은 대학 교재로서만이 아니고 농수산업 유통에 종사하시는 유통인 들과 농수산물 시장 정책을 수립하는 공직자들에게도 도움이 될 것이다. 특히 이 분들을 위하여 다른 책에서는 찾아보기 힘든 농수산물 도매시장, 직거래, 경매 및 시장 정책 편을 각각 1개의 장으로 다루고 있다.

해를 거듭할수록 학문의 길은 끝없는 인내와 노력의 연속이라는 생각이 깊어만 간다. 많은 분들이 저서를 발간하는 것을 보고 그 분들의 화려한 글 솜씨와 정연한

논리를 부러워하였다. 그러나 그분들이 남기신 머리말에는 공통적으로 자신의 천학비재(淺學菲才)함에 대한 부끄러움을 나타내셨는데 이제 그분들의 속뜻이 겸손만이 아니고 진심도 담겼을 것이라는 짐작이 간다.

이 책은 나의 교직생활의 첫 저서이면서 마지막 저서가 될 것임으로 발간에 따른 느낌이 벅차고 남다르다. 그 동안 오늘의 내가 있기까지 나에게 평생을 헌신한 아내와 나를 아버지로 하늘처럼 높이 받드는 나의 사랑하는 이쁜 두 딸 경아, 윤지와 기둥아들 윤석에게 고마움을 보낸다. 이제는 저 세상에 계신 부모님은 시골에서 모든 것을 희생하시며 나의 출세를 염원하셨는데 이 책을 발간하게 되니 돌아가신 부모님이 유난히 그리워진다. 우리 집안의 기둥이라고 항상 나에게 모든 것을 양보하던 동생 연기와 연자에게도 감사를 드린다. 군산대학교의 김수관 교수는 이 책의 구상에서부터 완간에 이르기까지 항상 내 옆에서 조언을 아끼지 않으셨고 우리 대학교 김연수 교수, 김대현 교수는 옆에서 언제나 나를 격려해 주셨다.

나는 내 인생의 절반을 보낸 여수를 사랑한다. 여수는 자연경관이 아름답고 수산물이 맛깔나고 푸짐하며, 인정미 넘치고 의리 있는 김현곤 세무사, 차종칠 사장 등 잊지 못할 많은 분들과 인연을 맺은 곳이다. 내가 원고를 탈고한 여수의 소호동 고층 아파트는 나의 젊음과 나의 추억이 고스란히 묻어 있는 곳일 뿐만 아니라 이곳에서 바라보는 가막만은 병풍처럼 섬으로 둘러싸여 호수 같은 고요함과 아름다움을 간직하고 있는 곳이어서 내가 은퇴 후에도 여수에 머물게 하는 곳이다.

이 책이 농수산업 발전에 기여하기를 기원한다.

2012년 8월

여수 소호동 가막만이 바라보이는 아파트에서

강 연 실

목차

제1장 농수산물 시장의 과제

제2장 농수산물 가격의 특징과 물가

제6장 유통 마진

제7장 농수산물의 직거래

제8장 경매

제9장 농수산물 시장 정책

표 목차

그림 목차

1

농수산물 시장의 과제

제1장 | 농수산물 시장의 과제

제1절 시장의 의의와 종류

1. 시장의 의의

우리는 일상생활을 하면서 필요한 다종다양한 물품을 여러 종류의 시장에서 구매하고 있다. 그럼 우리가 매일 찾는 시장이란 과연 어떤 의미가 있으며 또한 어떤 성격을 가지고 있는 것일까? 동일한 시장에서 발생한 하나의 거래라 할지라도 물품을 구매하는 일반 소비자들은 '시장이란 물품을 구입하는 곳'으로 알고 있지만, 시장에서 물품을 판매하는 상인들은 일반 소비자들과는 달리 '시장이란 물품을 판매하는 곳'으로 인식하고 있는 것은 아닐지?

영국에는 오래전부터 'two woman and a goose make a market'라는 속담이 있다. 이 속담은 우리나라 속담에서처럼 '여자 세 사람이 모이면 떠들썩하다'라는 의미를 내포하고 있지만, 문장 상으로는 '두 여인과 한 마리의 거위만 있으면 시장을 형성한다.'는 의미가 된다. 이를 경제학적으로 해석하면 '거래 당사자와 상품만 있으면 시장을 구성할 수 있다.'는 시장구성 원리를 단적으로 나타내는 말이다.

이상에서 보는 바와 같이 시장에 대한 개념은 관점에 따라서 다르게 표현할 수 있지만 경제학자들은 주로 미국 마케팅 학회의 다음과 같은 시장의 정의를 따르고 있다.

> 'A market may be defined as a sphere within which price-making forces operate and in which exchanges of title tend to be accompanied by the actual movement of the goods affected.'

'시장(market)이란 일반적으로 가격이 형성되고, 그 가격으로 재화의 이동과 소

유권의 교환이 이루어지는 일정한 범위이다.'

그럼에도 불구하고 일부 경제학자들은 미국 마케팅 학회의 정의가 추상적이고 함축적으로 표현되었다고 판단하여 경제학적인 관점에서 좀 더 구체적이고 이해하기 쉽도록 시장을 다음과 같이 정의하고 있다.

> '시장이란 어떤 상품에 대하여 다수의 판매자와 구매자가 존재하고(공급자와 수요자의 존재), 이들이 자유롭게 상품의 가격을 결정하여(가격의 형성), 상품의 흐름이 판매자로부터 구매자에게 발생하게 하는 대신에 상품의 대가(對價)가 구매자로부터 판매자에게 지불되는 (상품과 화폐의 교환) 것과 같이 공급자와 수요자가 결합하는 범위를 말한다.'

경제학적인 면에서 전자를 광의의 시장의 정의라 하고, 후자를 협의의 시장의 정의라 한다.

2. 시장의 구성 요소

2-1. 시장의 구성 요소

시장이 성립하기 위해서는 시장을 구성하는 요소가 존재하여야 한다. 시장은 거래할 상품과 거래 당사자인 판매자와 구매자가 존재하면 성립한다. 그럼으로 시장 구성의 기본적인 3요소를 판매자, 구매자, 상품이라고 한다.

그러나 시장 구성은 실제로 기본적인 3요소만으로는 불충분하다. 시장은 거래가 이루어지는 시간적, 공간적 장소가 존재하여야 하고, 상품을 거래 할 때에 상품의 대가로서 지불되는 화폐 등 제도적인 거래 수단이 필요로 하다. 이와 같은 거래 장소와 거래 수단이라는 2가지 요소를 시장 구성 기본 3요소에 더하여 판매자, 구매자, 상품, 장소, 거래 수단을 시장 구성 5요소라 한다.[1]

---

1 齋藤一夫, 農業綜合研究 第8卷 第2号, 1954. p.1.

2-2. 광의의 시장과 협의의 시장

광의의 시장을 넓은 의미의 시장 또는 추상적 시장이라고 하고 협의의 시장을 좁은 의미의 시장 또는 구체적 시장이라 하는데 광의의 시장과 협의의 시장의 차이점은 다음과 같다.

첫째, 사람의 집합에 따른 구분

협의의 시장(구체적 시장)에서는 수요와 공급을 담당하는 구체적인 매매 당사자가 집합한다. 광의의 시장(추상적 시장)에서는 매매에 종사하는 사람들의 총체적인 관계를 의미한다. 시장에는 수요와 공급이 존재하고 있기 때문에 구체적 시장이나 추상적 시장에서는 수요와 공급과 관련된 사람의 군집이 성립되는 것이다.

둘째, 지역적 한정에 따른 구분

협의의 시장에서는 매매가 이루어지는 장소 또는 건물을 의미하며 광의의 시장에서는 수요와 공급이 이루어지는 총체적 범위를 말한다.

셋째, 시간적 한정에 따른 구분

협의의 시장에서는 일정 시간에 개시되고 일정한 시간에 종료되는 시간적 제한이 뚜렷하다. 광의의 시장에서 시간은 지속성을 가지고 있지만 단기적으로 보면 협의의 시장처럼 시장의 개시와 종료의 시간이 명확하지 않다. 그러나 장기적인 관점에서 분석하면 광의의 시장에서도 수급 관계가 개시된 시기가 있고 종료하는 시기도 있다.

넷째, 조직의 형성에 따른 구분

협의의 시장은 가시적인 조직을 형성하여 상품을 수집, 중계, 분산하지만 광의의 시장은 가시적인 조직이 뚜렷하지 않은데도 상품의 수집, 중계, 배급이 이루어진다.

다섯째, 가격 형성 주체에 따른 구분

협의의 시장에서는 가격을 형성하는 당사자인 판매자와 구매자들이 명확히 나타난다. 그러나 광의의 시장에서는 매매당사자가 존재하지만 이들이 명확히 나타나지 않기 때문에 가격형성 주체를 매매자들의 총체적인 결합체로 표시한다.

〈표 1-1-1〉은 협의의 시장과 광의의 시장의 차이점을 나타내고 있다.

한편, 광의의 시장은 시장을 구성하는 여러 가지 요소에 따라서 다음과 같이 다시

〈표 1-1-1〉 협의와 광의의 시장의 차이점

구분의 기준	협의의 시장(구체적 시장)	광의의 시장(추상적 시장)
사람의 집합	매매 당사자	종사자들의 총체적 집합
공간(지역)	구체적 장소, 건물	가격이 통용되는 총체적 공간
시간	정기적으로 개시하고 종료함	시간의 지속성
조직	가시적 조직이 상품을 수집, 평가, 분산함	뚜렷하지 않음
가격 형성 주체	매매 당사자가 명확히 나타남	매매자들의 총체적인 결합체
예	가락동 농수산물 도매 시장, 동대문 시장, 자갈치 시장 등	노동 시장, 산지 시장, 불교권 시장, 청과물 시장, 광어 시장 등

구분할 수 있다.

첫째, 시장을 통과하는 상품의 종류에 따라서 노동시장, 금융시장 등으로 구분한다.

둘째, 상품이 수집되고 중계되거나 분산되는 유통 단계에 따라서 수집시장, 중계시장, 분산 시장으로 구분한다.

셋째, 상품이 집중되는 지역이 생산이 집중되는 지역인가 또는 소비가 집중되는 지역인가에 따라서 산지 시장과 소비지 시장으로 구분한다.

넷째, 가격이 통용되는 공간적, 시간적 범위에 따라서 지역시장, 지방시장, 전국시장, 국제 시장으로 구분한다.

다섯째, 시장을 구매자 집단의 성격(기호, 종교, 소득 등)에 따라서 시장을 구분 한다. 불교권 시장, 이슬람권 시장, 고소득층 시장, 대중시장 등으로 구분하거나 한국인 소비 기호는 외국 시장과 달라서 한국인 입에 적합한 맛을 개발해야 한다고 말할 때는 구매자 집단 전체를 말하는 것이다.

여섯째, 구매력(능력)을 가진 소비자 전체의 구매 크기에 따라서 넓은 시장, 좁은 시장이라고 구분한다. 외국에서 한국 시장은 너무 좁다고 말하거나 또는 넓다고 할 때 시장을 구분하는 기준은 구매력의 크기이다.

일곱째, 판매와 구매에 대한 경쟁의 정도에 따라서 시장을 독점(monopoly)시장, 불완전 경쟁(imperfect competition)시장 및 완전 경쟁(perfect competition)시장으로

〈표 1-1-2〉 광의의 시장의 종류

구분 기준	시장의 종류
상품의 종류	노동시장, 금융시장, 청과시장, 농산물시장, 수산물시장 등
상품 유통 단계	수집시장, 중계시장, 분산시장
상품 집중지역 성격	산지(생산지)시장, 소비지시장
가격 통용 공간과 시간적 범위	전국시장, 지방시장, 국제시장, 외국시장 등
구매자 집단의 구매 크기	좁은 시장, 넓은 시장, 한국시장, 일본시장, 미국시장 등
경쟁의 정도	독점시장, 불완전 경쟁시장, 완전 경쟁시장

구분한다. 완전 경쟁시장이란 동일한 상품에 대하여 수많은 판매자와 소비자가 존재하고, 판매자가 자유롭게 시장에 참여하며, 시장에 존재하는 정보를 판매자와 소비자가 완전하게 공유할 수 있는 시장을 말하는데 이 네 가지 중에서 하나라도 만족시키지 못하면 불완전 경쟁시장이라고 하는데, 불완전 경쟁시장은 다시 판매자의 수에 따라서 독점시장, 과점시장, 독점적 경쟁시장으로 구분한다.

〈표 1-1-2〉는 광의의 시장의 종류를 나타내고 있다.

3. 농수산물 시장의 종류

농수산물 시장이란 시장을 통과하는 상품의 종류가 농수산물인 시장을 말한다. 농수산물 시장도 일반 상품의 시장처럼 협의의 시장과 광의의 시장으로 구분할 수 있는데 협의의 농수산물 시장과 광의의 농수산물 시장을 구분하는 기준은 일반 시장에서 협의의 시장과 광의의 시장을 구분하는 기준과 마찬가지로 사람의 집합에 따라서, 지역에 따라서, 시간의 지속성에 따라서, 조직체에 따라서, 가격 형성 주체에 따라서 구분 할 수 있다.

협의의 농수산물 시장은 농수산물이 취급되는 구체적인 장소 및 건물로 나타내기 때문에 구체적 시장이라고도 불린다. 이러한 구체적인 시장에는 거래되는 농산물이 전량 확인 거래되는 현물시장과 거래되는 농수산물이 견본이나 표준품을 두고 거래를 행하는 상품거래소가 있다.

먼저 농수산물이 현물로서 거래되는 구체적인 시장을 보면, 노천시장이랄까 아침시장 등이 협의의 의미로서 가장 오래된 원시적인 농수산물 시장일 것이다. 이러한 노천시장 및 아침시장은 생산지에서 오래전부터 재래시장 또는 전통시장으로 발달되어 왔으며, 소비지에서는 상점가의 한쪽에 상설되어 있는 경우도 있으며, 주택단지에서는 정기적으로 개설되는 곳도 있다. 비교적 견고한 건물로서 상시 개설되어 있는 경우도 있는가 하면 텐트 등을 이용하는 임시적인 곳도 있다.

오늘날 전 국민들에게 잘 알려진 구체적인 농수산물 시장은 농수산물 도매시장이 대표적이다. 농수산물 도매시장은 중앙도매시장과 지방도매시장의 2종류가 있는데 중앙도매시장은 특별시, 광역시, 특별자치도에서 농림수산식품부 장관의 허가를 받아 개설할 수 있고, 지방도매시장은 특별시, 광역시, 특별자치도가 자체적으로 개설하거나 또는 시가 도지사의 허가를 받아서 개설할 수 있다. 중앙도매시장과 지방도매시장은 농수축산물을 거래하는 현대적인 건물과 시설을 구비하고 있는 가장 전형적이고 구체적인 시장이다. 2012년 현재 중앙도매시장은 서울특별시 가락동 농수산물도매시장을 비롯한 11개소의 중앙도매시장과 청주, 천안, 안양, 안산, 충주 등 36개 도시에 지방도매시장이 있다.

상품거래소에서는 대량의 도매거래가 행하여지지만 거래되는 상품전량이 현물로 거래될 수는 없는 시장이다. 표준화되고, 규격화된 상품견본을 기준으로 하여 거래되기 때문에 구체적 시장과 추상적 시장의 절충시장이라고도 말할 수 있다.

상품거래소에서는 선물거래가 많으며 대량거래가 많다. 상품거래소로서는 시카고 곡물상품거래소가 유명하다. 상품거래소에서 거래되는 농수산물은 면화, 고무, 쌀, 보리, 대두, 감자, 밀, 옥수수, 오렌지, 코코아, 커피, 설탕 등이다.

농수산물 시장은 농수산물의 분류기준에 따라서 여러 가지 시장으로 구분할 수 있다. 이에 대한 추가적인 설명은 제3장 제2절 농수산 상품의 분류와 제4장 제2절 유통 조직을 참고하기 바란다.

4. 시장과 유사한 용어

시장(market)과 밀접하거나 유사한 용어로서 유통과 마케팅(marketing), 상업, 배급, 머천다이징, 교환, 거래 등이 있다. 밀접한 용어나 유사용어는 각 용어마다 그 내용이 함축하고 있는 의미에 차이가 있기 때문에 사용상 그 개념을 충분히 이해할 필요가 있다.

4-1. 유통과 마케팅

1960년 미국 마케팅학회 정의 위원회(The Committee on Definitions of the American Marketing Association)에서는 유통(distribution)이란 '생산에서 소비까지를 결합시킨 경제활동'이라고 정의하였다. 미국 마케팅학회의 정의는, 그들이 정의한 마케팅의 의미, 즉, '생산자로부터 소비자 또는 사용자에게로 재화 및 서비스가 흐르도록 관리하는 제반 사업 활동의 수행'과 거의 비슷한 내용을 나타내고 있다.

그럼으로 우리말로 유통이라고 하면 영어의 marketing과 동의어인지 아니면 distribution이라는 용어가 더 정확하게 일치하는 용어인지 혼란이 일어나기 쉽다.

미국 마케팅학회의 마케팅이라는 개념 중에서 일부에 해당하는 '재화 및 서비스의 흐름'이라는 내용은 유통과정을 설명하고 있다.

마케팅이라는 개념은 유통이라는 개념(재화 및 서비스의 흐름)에 추가하여 '제반 사업 활동의 수행'이라는 내용까지 포함하고 있다. 이 내용은 개별기업이 미시적이고 경영적인 관점에서 개별기업의 생산물을 사회적으로 이전시키는 현상으로 인식하고 있다. 그럼으로 마케팅이라는 용어는 유통(distribution)이라는 개념을 포함하고 있음으로 두 용어는 구별하여 사용하여야 한다.

이상과 같이 유통과 마케팅이라는 용어는 의미상의 차이가 있음에도 불구하고 오늘날에도 미국에서 동의어로 혼용하고 있는 실정이다. 사실상 1910년에 marketing이라는 용어가 처음으로 쓰이기 이전까지는 distribution이라는 용어를 그대로 사용해 왔다.

우리나라와 일본에서는 국민 경제적 관점에서 사용하는 유통이라는 용어를 개별 기업 경영적 관점에 중점을 두고 사용하는 마케팅과 엄격히 구분하고 있다.

농수산물 시장론은 거시 마케팅 즉, 유통을 연구의 분석 방법으로 이용하고 있다. 이 경우의 거시 마케팅은 유통의 의미이기 때문에 사회 마케팅[2]의 개념을 포함하지 않는다.

한편 매카시(Jerome Mc.Carthy)도 마케팅과 유통의 관련성을 설명하고 있다. 매카시는 그의 저서 'basic marketing'에서 유명한 4P 이론을 전개하였는데, 매카시는 유통을 마케팅 믹스(marketing mix)[3]를 구성하는 4변수 중에서 하나의 변수인 장소(place)로서 설명하고 있다. 매카시는 마케팅 믹스의 기본 변수로서 제품(product), 장소(place=distribution: 유통), 촉진(promotion), 가격(price)의 네 가지를 규정한다. 이와 같은 컨셉(concept)은 유명한 마케팅 믹스의 4P 이론이라고 알려져 있기 때문에 마케팅 개념의 설명은 마케팅 믹스로부터 접근할 수 있다.

매카시 이론을 발전시킨 마케팅의 이론가 코틀러(Kotler)는 마케팅 믹스는 4P가 아니고 6P라고 설명하고, 6P로서 매카시의 4P에 정치적 압력(political power)과 여

---

2 일반적으로 사용하는 용어인 거시마케팅이 내포하고 있는 사회 마케팅(social marketing)이란 사회 지향적 마케팅(societal marketing)의 개념을 포함하여 사용됨을 주의할 필요가 있다.
사회 마케팅이란 사회 지향적 마케팅과 구별되어야 한다. 사회 마케팅은 기업을 중심으로 형성, 발전된 마케팅 관리수단 내지 방법을 사회 공공기관, 단체 내지 정당 등에도 응용할 수 있는 사회 관리 수단 내지 방법으로 발전시켜 나가는 마케팅을 말한다. 즉 공공기관 등에서도 소비자 중심주의에 관한 연구, 기업의 사회적 책임, 기업 윤리와 도덕, 기업에 대한 공공정책의 전개와 이의 대응, 생활의 질적 연구와 그 지표의 작성, 기술평가, 기업에 대한 사회감사, 기업 활동과 생태적 문제 등 사회가치를 보다 크게 인식하여 새로운 사회 환경에 대응하는 새로운 마케팅 분야이다.
사회지향적 마케팅이란 거시적 관점에서 미시적 마케팅 활동을 사회적 귀결 내지 사회적 연관성을 다루는 마케팅을 말한다.
사회지향적 마케팅은 제품 홍보보다는 소비자·환경·사회 등 따뜻하고 인간적인 면을 강조함으로써 장기적으로 기업의 이미지를 높이는 마케팅 기법이다. 이 개념은 기업이 마케팅활동에 대한 의사 결정시 사회전체의 이익과 복지를 고려해야 한다는 개념으로 고객지향개념(마케팅 개념)의 마케팅 활동에서 소비자의 만족을 통한 이윤추구만 하다 보면 사회복지를 저해할 수 있다는 개념에서 출발하였다. 따라서 사회지향적 마케팅개념은 소비자 만족, 회사의 이익, 사회복지 등 세 가지를 만족시키는 개념으로 흔히 자원의 부족, 과잉인구, 교통문제, 환경오염, 소비자피해, 소외계층문제를 해결하기 위해 실행된다. 마케팅개념은 생산개념, 제품개념, 판매개념, 고객지향개념(마케팅개념), 사회지향적 마케팅개념으로 발전되어 왔는데 어느 한 회사의 마케팅이 전적으로 어느 개념에 속한다고 보기는 어려우며 복합적으로 속해 있다고 할 수 있다.

3 마케팅믹스란 기업이 설정한 마케팅 목표를 효율적으로 달성하기 위하여 모든 투입변수를 최적으로 배합하는 마케팅 전략을 말함.

론형성(public-opinion formation)이라는 2P를 추가한 컨셉을 주장하고 있다. 최근 마케팅 믹스는 정보사회 4C[4]와 감성사회 4E[5]로 각각 발전하고 있다.

유통은 보통 법률적 관점, 경제적 관점, 사실적 혹은 기술적 관점의 세 가지 관점에서 정의되고 있다. 즉, 상품 및 서비스에 대한 소유권과 점유권의 이전을 가지고 유통을 정의하려는 입장은 법률적 관점에서의 정의이다.

유통을 시간효용(time utility), 시장효용(place utility), 소유효용(possession utility)의 창조에 관한 경제활동이라고 정의하거나 혹은 상당한 대가로 상품 및 서비스를 교환함으로써 인간의 욕망을 충족시키는 기업 활동이라고 정의할 때는 경제적 관점에서의 정의이다.

이상과 같은 법률적 관점이나 경제적 관점과는 관계없이 직업적인 경제인이나 경영자가 이해하기 쉬운 용어로 상품 유통과정에서 생기는 사업을 기술함으로써 유통의 본질을 정의하는 것은 사실적 혹은 기술적 관점에서의 정의이다.

4-2. 배급

유통과 동일한 영어인 distribution은 배급(配給)이라는 용어로도 사용되고 있다. 유통으로서의 의미를 가지는 마케팅을 마케팅이라는 용어가 보편화되기 이전에 배급으로 번역하여 왔으므로 유통과 동의어로 볼 수 있다. 그러나 유통은 상품의 매매활동, 물적 유통활동, 그리고 유통 조성 활동 및 가격 결정 행위까지도 포함하지만. 배급은 유통 활동 중의 물적 유통활동에 주로 관련을 가지면서 상품의 지리상의 수집, 중계(中繼) 및 분산(分散)의 경로만을 다룬다. 그러므로 배급은 유통보다 범위가 좁다고 할 수 있다.

그러나 배급(配給)은 소득의 분배(分配)를 말하는 경제학상의 용어인 분배(分配)와 구별된다. 또한 배급은 통제경제하에서 계획적으로 일정한 분량을 할당하는 뜻도 내포하고 있어서 계획적인 유통을 뜻하기 때문에 이 용어를 유통과 동일하게 사용하

---

4 정보사회의 마케팅믹스 4C란 소비자 혜택 Customer Benefits, 소비자 기회비용 Cost to Customer, 편리성 Convenience, 커뮤니케이션 Communication을 말한다.

5 감성사회의 마케팅믹스 4E란 고객전도사 Evangelist, 열성 Enthusiasm, 경험 Experience, 교환 Exchange를 말한다.

기는 어렵다.

4-3. 상업

상업(commerce)이라는 용어도 유통과 비슷한 뜻으로 사용된다.

일반적으로 상업이란 상(商: 물건을 사고 팖)을 영업으로 이익을 추구하는 행위를 말하며 이와 같은 행위를 하는 자를 상인이라 한다.

상업에는 다음과 같은 두 가지 종류가 있다.

① 고유 상업: 생산자와 소비자 사이에 개입하여 재화의 이전을 매개하는 행위를 영업으로 하는 상인을 말한다,

② 보조 상업: 고유의 상업을 보조하여 재화 이전의 매개활동이 원활하게 이루어지도록 보조행위를 영업으로 하는 것이다. 이에는 상행위의 대리, 중개 등과 아울러 상품의 운송, 보관, 보험 및 금융 등이 포함되고 있다. 이는 순수한 상업은 아니나 고유한 상업과 밀접한 관련을 가지므로 상업으로 보고 있다.

4-4. 머천다이징

머천다이징(merchandising)이라는 용어는 보통 소비자의 수요에 부응하거나 소비자의 수요를 창조하게 하는 상품정책 혹은 상품화 계획이라고 한다. 머천다이징은 유통보다 범위가 훨씬 좁아서 유통의 한 부분에 불과하다. 유통은 주로 유통기관의 외부문제를 취급하고 또한 생산자로부터 소비자에 이르는 재화의 이동에 있어서의 모든 활동을 포괄하는 일반적인 용어인데 반하여 머천다이징이란 소비자의 욕구에 적합한 상품을 판매하기 위해서 개별기업이 판매촉진 활동에 중점을 두면서 실시하는 마케팅관리의 대내적 방법 및 정책을 말한다. 여기서 말하는 소비자는 가계일 수도 있고 사업체일 수도 있다.

그리고 제조업자가 실시하는 머천다이징은 제품계획(product planning)이라고 한다. 소매상 또는 도매상이 실시하는 머천다이징은 보통 판매한 상품종류의 성질과 범위 및 그의 조달・가격정책・진열・광고의 방법을 결정할 목적으로 실시하는 계획 및 절차를 말한다. 어떤 상품의 제조과정에 있어서 생산 원가・생산 능률・설비 등에 관련되는 일은 생산 관리에 속하며 소비자의 욕구・취미・선호 등에 관

련되는 제품의 품질 · 디자인 · 포장 등은 제품계획에 속한다.

4-5. 교환(exchange)

교환이란 어떤 물건을 제공하는 대신에 상대방으로부터 원하는 대상을 획득하는 행위를 말한다. 유통은 사람들이 그들의 요구나 욕구를 교환을 통해서 충족하려고 결정하였을 때에 비로소 성립된다.

사람들이 욕구 충족 수단을 얻는 방법에는 교환 이외에도 자기 생산, 강압(coercion) 및 간청(supplication) 등이 있는데, 교환이 가장 바람직한 방법이다. 왜냐하면 이것은 남에게 간청하거나 남의 자선이나 시혜를 바라는 것이 아니기 때문이다.

사람들은 각자 생활에 필요한 모든 필수품을 자신이 전부 생산하지 않는 대신에 비교 우위성(comparative advantage)이 가장 높은 품목의 생산에만 전문화(특화)하고 그것을 다른 사람이 생산한 것과 교역(trade)을 하면 된다.

4-6. 거래(transaction)

교환을 측정할 때 이용하는 단위가 거래개념이다. 거래란 당사자 간의 가치의 교환을 뜻하는데 거래가 성립하기 위해서는 측정 가능한 4가지 내용이 존재하여야 한다. 그 구체적인 4가지 내용이란 ①최소한 두 가지의 가치가 있는 사물과 서비스의 존재 ②당사자 간에 합의된 조건 ③합의 시기 ④합의 장소를 말한다.

제2절 농수산물 시장의 중요성

1. 농수산물 시장론의 접근 방법

농수산물 시장론은 일반 재화의 시장론과는 달리 시장론의 접근 방법상 연구의 대상과 연구의 방법론이라는 두 가지 면에서 차이가 있는 특수한 영역의 시장론이다.

먼저 농수산물 시장론과 일반 시장론에 대한 연구대상의 차이점을 살펴보면,

일반 시장론의 연구 대상은 제조업에서 생산하는 일반 공산품인데 비하여, 농수산물 시장론의 연구 대상은 농어민이 생산한 농수산물이다.

다음은 연구 방법의 차이점을 비교해 보면, 일반 시장론에서는 미시 마케팅을, 농수산물 시장론에서는 거시 마케팅을 접근 이론으로 한다.

일반 시장론에서는 개별 기업적인 미시 마케팅 관점에서 매니지럴 마케팅(managerial marketing)으로써 문제를 규명하거나 이론을 전개하는 것이 주류가 되어 있지만, 농수산물 시장론에서는 사회 경제적인 거시 마케팅 관점에서 유통(distribution)으로 문제를 규명하거나 이론을 전개하는 것이 주류가 되어있다.[6]

일반 시장론에서 연구 방법론으로 이용하는 매니지럴 마케팅(managerial marketing)이란 경영적 마케팅이라고도 하는데, 이는 고객의 욕구를 충족시키기 위해서 기업이 생산단계에서부터 제품이나 서비스를 계획하고, 가격을 결정하면서, 판매촉진과 분배를 적절하게 수행하는 활동을 말한다. 그런데, 일반 기업체들은 농수산물을 생산하는 농어업체 숫자처럼 수만, 수십만, 수백만 업체가 아니고, 대부분 동일 종류의 제품을 생산하는 생산업체가 소수이기 때문에 불완전 경쟁이 지배하는 과점(寡占) 산업인 경우가 많다. 그러므로 일반 기업체는 대부분 기업의 제품을 개별 기업적 관점에서 개별 기업적 이익을 추구하면서 소비자 내지 사용자의 욕구를 결합시키기가 쉬워서 매니지럴 마케팅이 용이하다.

그러나 농수산물 시장론에서 연구 방법론으로 이용하는 유통(distribution)이란 생산이 완료된 농수산물을 생산자로부터 소비자에게 이르기까지 여러 단계에서 교환·분배하는 활동을 말한다. 즉, 생산된 농수산물의 사회 경제적 흐름을 말한다. 따라서 유통은 개별 기업적인 효율성 추구가 아니고 주로 사회 경제를 중요시 하는 거시적인 면에서 효율성을 추구하게 된다.

농수산물 시장론이 일반 시장론과 같이 개별 기업적인 관점에서 효율성을 해명하기 보다는 사회 경제적인 관점에서 효율성을 추구하는 이유는 다음과 같은 두 가지 요인이 농수산업 구조에 내재하고 있기 때문이다.

첫째, 농수산업은 완전경쟁적 산업이다.

농수산업은 생산을 담당하는 농어가의 숫자가 너무 많아서 완전 경쟁이 작용

---

6 高橋伊一郎, 農産物市場論, 明文書房, 1995, p.7.

하는 전형적인 산업으로서 개별 생산자들은 시장 가격 결정에 큰 영향력을 행사할 수 없고 오히려 판매를 둘러싸고 생산자 상호간에 경쟁적인 입장이 된다. 그럼으로 농수산업은 사회 경제적 관점에서 생산자 전체를 위해서 효율성을 추구하여야 하는 산업이다. 이를 위하여 농어민들은 서로 단결하여 협동조합을 조직한다.

둘째, 농수산업은 유통과정이 중요한 산업이다.

농수산업은 생산과 소비의 사회 경제적 거리가 길고 복잡하여 유통 과정이 중요한 산업이다. 농수산업은 소량 다품종 생산자들이 전국에 산재하고 있으며, 소비자들도 생산자들보다 더 분포도가 넓거나 다양한 계층으로 산재하고 있다. 이에 따라서 농수산물의 생산자들은 소비자들의 욕구를 정확하게 알기 어렵고 마찬가지로 소비자들 또한 생산지 정보를 알기 어렵기 때문에 생산자와 소비자들의 중간에서 중간업자들이 개입하여 생산자들과 소비자들을 합리적으로 연결시켜주는 기능을 담당하고 있는 산업구조이다.

중간 유통업자들은 생산자들과 소비자들을 대신하여 생산물에 대한 장소의 이동, 형태의 변화, 시간의 경과(보관)와 같은 유통 기능을 수행하면서 장소 면, 형태 면, 시간 면에서 새로운 효용(utility)을 창조한다. 그러므로 농수산물 시장이론은 유통 과정을 통한 사회 경제적인 효과를 중시해야하는 산업이다.

이상에서 설명한 농수산물 시장론과 일반 시장론의 접근 방법상의 차이점을 〈표 1-2-1〉에서 설명하고 있다.

한편 위의 설명과는 다르게 최근에는 농수산업을 둘러싼 물적, 경제적 환경이 변화함에 따라서 농수산물 시장론의 분석 방법도 일반 시장론의 분석방법으로 확대되는 경향이 나타나고 있다.

〈표 1-2-1〉 농수산물 시장론과 일반 시장론의 접근 방법상의 차이점

구 분		농수산물 시장론	일반 시장론
연구대상		농수산물	일반 상품
분석 방법	경제적 관점	사회 경제적	개별 기업적
	마케팅과의 관련성	거시 마케팅 (유통)	미시 마케팅 (매너지럴 마케팅)

즉 농수산업에서도 생산단계에 일반 기업처럼 규모의 경제를 실현하기 위하여 생산 규모가 대형화 되는 경향이다. 농가에서는 경작 면적이 확대되고 어가(漁家)에서는 어선의 규모나 양식장의 규모가 커지는 경향이 나타나면서 기업형 농가(기업농)와 기업형 어가가 증가하고 있고, 개별 농어가가 결합하여 각각 영농조합법인과 영어조합 법인의 설립이 많아지고 있다.

또한 IT산업의 급속한 발달과 함께 전자 상거래와 같은 새로운 무점포 거래가 성행하여 소비자와 직접 정보를 교류하고 있으며, 과점 체제를 갖춘 가공업체가 등장하여 독과점적인 경쟁체제를 구비하면서 핵가족화 시대에 부응한 각종 편의식품을 개발하고 있다.

중간 단계에서는 대형 소매점, 양판점과 같은 새로운 형태의 소매점이 출현하여 유통구조에 커다란 변혁이 일어나고 있으며, 소비 단계에서도 소비자들이 중간 단계를 생략하고 생산자들과 직접거래(직거래)를 요구하는 기숙사, 병원, 기업의 대형 구내식당 등이 출현하였고 아파트 단지 등에서도 부녀회를 조직하여 소비자들이 생산자들과 직접 구매하는 경향이 나타나고 있다.

이상에서 살펴본 바와 같이 농수산업을 둘러싸고 있는 물적, 경제적 환경이 변화함에 따라서 농수산업에서도 생산 단계에서부터 일반 기업과 같은 매너지럴 경영활동이 강화되고 있는 추세임으로 농수산물 시장론의 분석방법도 전통적인 사회 거시 경제적인 분석방법에서 일반 시장론의 분석방법과 같이 미시 경제적인 분석방법으로 변화하고 있는 추세이다.

2. 농수산물 시장의 중요성

농수산물 시장은 다른 상품과는 달리 사람이 살아가는데 필수적인 상품을 교환하는 시장이고(상품의 필수성), 시장에 참여하는 판매자와 구매자가 다른 산업에서 비교 할 수 없을 정도로 많아서 완전경쟁이 이루어지는 시장이며(시장의 완전 경쟁성), 다른 산업의 유통보다 유통거리가 길고 유통과정이 복잡하여 유통과정에 중간업자들이 많이 개입하는 산업이다(유통의 복잡성).

농수산물 시장은 이상과 같이 시장 상품의 필수성, 시장가격의 완전 경쟁성, 시장 유통의 복잡성이라는 3대 중요성이 작용하는 장소이기 때문에 다른 상품시장에 비하여 중요하다.

농수산물 시장의 3대 중요성 중에서 상품의 필수성과 시장의 완전경쟁성을 먼저 알아보면, 농수산물 시장은 인간의 생명 유지에 필요한 영양분을 제공하는 필수품인 식량이 거래되는 장소이며, 또한 농수산물 시장은 농수산물을 공급하는 수많은 생산자와 농수산물을 수요하는 수많은 소비자가 전국에 산재하고 있어서 가격경쟁이 완전하게 이루어지는 공간이라는 사실은 쉽게 이해 할 수 있다. 그럼으로 여기서는 농수산물 시장이 농수산시장의 3대 중요성의 나머지 하나인 유통이 복잡하게 형성되는 장소임을 구체적으로 설명하고자 한다.

농수산물이 생산자로부터 중간상인을 거치면서 소비자에게 전달되고 나면, 생산자들은 그들이 수취한 수취가격이 낮은 가격이라고 불평하고, 소비자들은 거꾸로 그들이 농수산물에 지불한 지불가격이 비싼 가격이라고 불평하는 상호 모순적인 결과가 자주 발생한다.

이러한 현상이 발생하는 주된 이유는 농어민이 생산한 농수산물을 생산자들이 소비자들에게 직접 판매하지 못하는데 있다. 즉, 농수산물은 생산물의 유통이 시작되는 기점인 생산단계와 생산물의 유통이 끝나는 종점인 소비단계 사이에 존재하는 중간단계에 유통업, 가공업, 음식 서비스업 등이 있어서 이들에게 지불하는 중간 비용이 발생하기 때문에 생산자와 소비자가 모두 불리한 가격으로 거래를 한다는 주장이지만 이러한 주장이 반드시 옳은 주장인지 아닌지를 규명하기는 쉽지 않다.

사실 중간비용이 발생한다고 해서 생산자나 소비자에게 반드시 부정적인 영향을 주는 것은 아니다. 생산과 소비의 중간단계에 중간업자들이 개입하여 소유면, 장소면, 형태면, 시간면의 변화와 함께 생산자가 판매한 농수산물에 부가가치가 증대되어 소유 효율, 장소 효율, 형태 효율, 시간 효율이 창출되는 긍정적인 요인으로 작용한다.

농수산물의 중간단계에 발생하는 부가가치의 형태 또는 지불하는 비용의 종류와 금액은 다양하다.

소비자가 지불한 가격 중에서 생산자가 수취하는 가격보다 중간단계에서 수취하는 가격이 2-3배 정도나 높은 경우가 농수산물 거래에서 자주 발생한다. 이와 같은 경우에는 생산단계와 중간단계에서 비용을 각각 절약한다 할지라도 중간단계에서 비용을 절약하는 편이 생산단계에서 절약하는 편보다 소비자 가격을 인하시키는데 공헌하는 기여율이 2-3배 정도 높아진다.

예를 들어서 생산자 수취가격이 3천원이고 소비자 지불 가격이 1만원인 상품에 대하여 생산단계와 중간단계에서 각각 10%씩 절약하여 절약 액이 합계 1,000원이라고 하면, 생산자의 절약액은 300원이며 중간단계의 절약액은 700원이 되므로 중간단계의 절약액이 생산자 절약액의 2배가 넘게 된다.

중간단계는 이처럼 국민경제 속에서 생산단계에서 소비단계에 이르기까지 생산자가 수행하지 못하거나 수행하는데 어려움이 있는 특별한 기능을 담당하면서 중요한 역할을 수행한다. 실제로 생산자는 최종 소비자의 수요에 직접적으로 접하기가 어렵거나 접할 수 없다.

이상과 같이 농수산물 시장은 중간 단계의 유통이 공산품시장보다 복잡하여 국민경제에 미치는 영향이 크기 때문에 농수산물 시장유통은 공산물 시장유통보다 중요한 요인이 된다.

그 밖에도 농수산물 상품의 필수성, 농수산물 시장의 완전경쟁성도 그 내용을 살펴보면 공산물 시장보다 국민경제에 미치는 영향이 크고 복잡하기 때문에 농수산물 시장이 공산물 시장보다 중요하다고 평가한다.

3. 농수산물 시장의 과제

농수산물 시장의 과제는 농수산물이 생산자로부터 소비자에게 농수산물 시장을 통하여 최적의 방법으로 배분하는 것이다. 따라서 학문적인 면에서 농수산물 시장론이라고 하면 농수산물을 생산자로부터 소비자에게 시장 조직(기구)을 통하여 최적(最適)의 방법으로 배분될 수 있도록 농수산물 시장에 작용하는 논리를 규명하고 연구하는 것을 과제로 삼는 학문이다.

농수산물 시장론을 정의하기 위해서는 보통 2가지의 방법론을 이용한다. 그 하나는 연구 대상의 영역과 연구의 범위를 중요시하는 방법론이고, 다른 하나는 연구의 대상을 결합시키는 방법을 중요시하는 방법론이다.

연구 대상의 영역과 범위를 중시하여 시장론을 정의한 대표적인 예로서는, 1960년에 미국 마케팅 학회 용어 정의 위원회의 정의를 들 수 있다. 이에 의하면 마케팅을 시장론과 동일하게 취급하고 있다. 여기서 마케팅이란 '생산자가 소비자 또는 사용자에게 이르도록 재화 또는 서비스의 흐름을 촉진시키고, 또한 이에 수반하는 비즈니스 활동을 수행하는 것이다.'라고 정의하고 있다. 말하자면 생산자로부터 소비자까지의 중간 영역의 문제를 취급하는 것이 시장론이라고 규정하는 방법론이다.[7]

중간 영역의 문제를 다루는 방법에도 여러 가지가 있다. 즉, 마케팅의 연구 대상인 중간 영역 중에서 수송 부분에 관하여 고찰해 보면 수송 경영학이라고 할까 교통 경제학이라는 학문이 있다. 보관 부분을 볼 것 같으면 창고 경영학이라는 분야도 있다. 그러므로 생산자로부터 소비자까지의 중간 영역의 문제를 취급한다고 하면 시장론이 수송경영학, 교통 경제학, 창고경영학 등을 포함하게 되므로 시장론의 학문적인 본질을 이해하기 어렵고 오히려 본질이 무엇인지 혼란을 일으키기 쉽기 때문에 시장론의 학문적 본질을 상실할 우려가 있다. 이로써 시장론은 연구의 영역과 범위를 중시하기보다는 그 연구의 대상과 연구 대상의 결합 방법이 중요함을 알 수 있다.

연구 대상의 결합방법을 중시한 대표적인 학자는 한센(H. L. Hansen)이다. 그는 '마케팅이란 소비자의 필요와 욕구를 발견하고 이를 제품 및 서비스로 만들어 내어서 이에 대한 수요를 창조하여 확대하는 과정이다.'라고 정의하고 있다.[8] 이와 같은 정의는 연구하는 대상의 결합 방법을 명확히 하고 있어서 시장론의 학문적인 독자성을 이해하는데 도움을 준다.

일본의 타까바야시(高橋伊一郎) 교수는 시장론에 대하여 한센과 같이 연구대상의 결합 방법을 중요시하지만, 오히려 그는 한센 보다 연구 대상의 결합 방법을 보다 강조하여 시장론을 더 구체적으로 다음과 같이 정의하고 있다.[9]

> '시장론이란 소비자 또는 사용자가 바라는 적격품(適格品)을 생산하여 적시(適時), 적소(適所)에서 소비자 또는 사용자에게 인도할 것을 목적으로 하는 연구 분야이다.'

이상과 같은 시장론의 정의를 전제로 하여 이제 시장론의 과제를 규명해보자.

---

7 高橋伊一郎, 農産物 市場論, 明文書房, 1995, p.2.

8 Hansen, Harry L., Marketing, Text, Techniques and Cases, Irwin,Inc. 1973. p.4.

9 高橋伊一郎, 農産物 市場論, 明文書房, 1995, p.2.

시장론이란 상품의 코스트를 다운하는 것만을 과제로 삼는 학문은 아니다. 농수산물의 생산비 절감 또는 절하는 농수산 경영학 내지 미시 경제학의 과제가 되지만 농수산물을 값싸게 생산한다는 것만으로는 소비자를 만족시킬 수 없다. 농수산물을 생산함에 있어서 어떠한 종류, 어떠한 규격의 상품과 어떤 수준의 신선도를 소비자 또는 사용자가 더 환영하는가를 찾아내어서, 제품화하는 것이 필요하다. 수송 및 보관 문제를 보면 A지역에서 B지역으로 수송 할 경우에 수송비를 절감하는 문제와, A시기에서 B시기까지 보관하는 비용을 절감하는 문제는 경영학 및 미시 경제학의 문제로서 취급할 수가 있다.

그러나 얼마만큼의 양을 어떤 시장에 출하 할 것인가, 혹은 언제까지 보관하여 출하할 것인가의 결정은 시장론의 과제이다. 이상과 같이 시장론의 과제는 '적격품(適格品)을 적시(適時), 적소(適所)에 소비자에게 인도하는 것'이다. 그러므로 시장론이란 적격품(適格品), 적시(適時), 적소(適所)에 있어서 적(適)을 발견하고 이를 실현하는 것이 본질적인 과제이며 이에 소요되는 비용을 절감하는 문제도 시장론에서 연구해야 할 한 분야이다.

농수산물 시장론의 연구 영역에 관하여 앞에서는 거시 경제적인 면이 주류를 이룬다고 설명한 바 있다. 이러한 관점은 농수산물 시장론의 대상 영역을 생산과 판매를 기계적으로 분리시킨 관점에서 비롯하기 때문에 유효하고 정확한 판단이라고 수긍하기 어렵다. 오히려 농수산물 시장론은 생산자가 생산한 농수산물을 얼마나 유리하게 판매 할 것인가를 문제로 하는 것만이 아니고 유리하게 판매 할 수 있도록 하기 위하여 어떠한 농수산물을 생산 할 것인가 하는 문제로 연구의 영역을 확대하여야 할 것이다.

이것은 이미 한센의 정의에서도 '생산자는 소비자가 바라는 적격품을 생산하여야 한다.'고 명확하게 규정하고 있음에서 알 수 있다.

우리나라에서 비육우를 생산하는 농가(農家)가 양질의 사료를 사용하여 육(肉)섬유간의 지방 교잡이 많은(마블 무늬가 많은) 우수한 육질(肉質) 생산에 고심하는 것이나, 광어 등의 어류 양식업에서 생산 단계에서부터 어류의 육질이 단단하고 탄력 있도록 하여 씹는 맛을 신중하게 생각하는 것은 시장으로부터의 요구가 있기 때문이다.

한센이 말하는 '소비자가 원하는 적격품의 생산'이란 생산자가 단순히 생산한 제품을 판매한다는 관점을 바꾸어 잠재적 소비자의 욕구를 파악하고 이러한 욕구를 충족시켜 줄 수단으로서 제품을 생산하고 가격을 책정하는 일이다. 이를 두고 제품을 시장으로 밀어내는 전략(push strategy)이 아니라, 소비자가 제품이 필요해서 구입해가는 전략(pull strategy)이라 하며, 생산한 것을 판매하는 전략(productout)이 아니라 판매될 수 있는 것을 생산하여 저절로 제품이 시장(소비자)으로 스며들어 가도록 하는 전략(market-in)을 말한다.

이상과 같이 시장 측의 요구가 변화하면 생산자 측의 대응도 변해야 하듯이 농수산물 시장론의 과제도 거시 경제적인 관점에서 미시 경제적인 관점으로 변화하고 있다. 따라서 농수산물 시장론의 연구 방법론도 전통적인 사회 경제적(거시 마케팅)인 관점에서 일반 시장론의 일반 기업적(미시 마케팅)인 매너지럴 경영의 연구 방법론으로 확대되고 있음을 알 수 있다.

제3절 분석 방법론

시장론의 분석방법은 연구 대상에 대한 연구의 관점이 거시적(사회 경제적)인가 또는 미시적(기업적)인가 여부에 따라서 달라진다.

거시적 관점에서 분석할 때는 사회 경제적 유통과정에서 수행되는 기능을 중심으로 하는 기능적 분석(functional approach), 사회 경제적 유통 과정에 개입하여 유통 기능수행을 담당하는 기관을 중심으로 하는 기관별 분석(제도적 분석: institutional approach), 특정한 상품군 별로 이루어지는 특수 유통과정을 중심으로 다루는 상품별 분석(commodity approach) 방법을 주로 이용한다. 이를 시장론 분석의 기본적 연구 방법(basic approach)이라고 한다.

그밖에도 미시적 관점에서 분석할 때는 경영의 주체인 기업이 그 목적 달성을 위해 수행하는 경영 활동에 대해서 경제 이론을 초월한 인간 행동 일반 원리를 중심으로 하는 행동 시스템적 분석(behavioral system approach)과 독과점 경쟁하의 기업 최적 원리를 중심으로 하는 기업 행동이론 분석(behavioral theory approach)을 많이 이용한다.

1. 거시적 분석

1-1. 기능적 분석

기능적 분석이라고 말할 때 기능이란 수요와 공급의 결합을 도모할 때에 필요로 하는 활동을 말한다. 학자에 따라서는 유통 기능을 여러 가지 기능으로 구분하고 있으나 여기서는 크게 보아서 상적 거래기능, 물적 유통 기능, 유통 보조기능의 3 형태로 분류한다.

상적 유통 기능이란 상거래 혹은 매매 활동이다. 이 기능은 상품 구매를 원하는 구매자나 판매하고자 하는 판매자를 발견하여 매매를 완성시키는 활동이다. 이를 판매자 쪽의 관점에서 매매 활동의 기능을 세분화 하면 다음과 같다.

첫째, 어떠한 수요가 어디에 어느 정도 있는가 하는 수요의 내용을 찾아내는 시장 조사(market research)

둘째, 시장 조사의 결과에서 나타나는 수요의 내용을 제품으로 만들어 내는 제품화 계획(product planning)

셋째, 생산한 제품에 대하여 판매를 촉진 시키는 판매 촉진 계획(sales prootion)

넷째, 구매자와 거래를 완성시키는 매매

그러므로 상적 거래 기능이란 단순히 사고팔거나 결제하는 것만을 말하는 것이 아니다.

물적 유통 기능이란 현물 취급과 관계 되는 활동으로서 보관, 수송 및 가공이 그것이다. 가공 기능을 물적 유통 기능에서 구분하여 다루는 경우가 적지 않으나 농수산물의 경우에는 가공 기능을 포함하여 논하는 경우가 많다. 그 이유는 제분, 통조림 가공 등과 같이 고차적인 가공에서부터 염장, 빙장 등과 같이 저차적인 가공에 이르기 까지 농수산물과 같은 부패성 상품은 형태의 변경과 포장 등이 다른 상품에 비하여 더 필요로 하기 때문이다.

유통 보조기능이란 상거래 기능과 물적 유통 기능을 원활하게 수행시키기 위하여 필요로 하는 기능이다. 규격화, 표준화, 금융, 위험부담(보험) 및 시장 정보에 관한 활동이 포함된다.

위에서 설명한 유통 기능에 대해서는 제4장 농수산물의 유통 기능과 유통 조직편에서 자세히 다루고 있으므로 이를 참고 하기 바란다.

1-2. 제도적 분석(기관별 분석)

시장론을 분석함에 있어서 유통기관을 중심으로 분석하는 방법을 제도적 분석 또는 기관별 분석이라고 한다.

유통기관은 유통 경로에서 유통 기능을 담당하는 주체를 말하는데 이에는 생산자, 집하상, 산지 중도매업자, 중간단계의 중개업자, 소비지 중도매업자, 매매차익업자 등과 같이 유통의 주체적인 사람들을 포함하고 또한 도매시장, 소매시장, 상품거래소와 같이 거래를 촉진시키기 위하여 설치된 기관도 포함된다.

유통기관은 기관에 따라서 특정분야의 기능에 전문화하고 있는 경우가 있으나 몇 가지의 기능을 함께 수행하는 기관도 있다.

콜(Richard L. Kohls)과 얼(Joshep N. Uhl)에 의하면 마케팅 과정에서 누구(who)가 무엇(what)을 하는가에 대한 질문에 대하여, 기능적 분석이란 무엇(what)에 대한 대답이며, 제도적 분석이란 누구(who)에 대한 문제를 취급하는 것이라고 말하고 있다.[10]

1-3. 상품별 분석

상품별 분석은 생산물의 상품 종류별로 분석하는 방법을 말하는데 여기서 말하는 상품종류별이란 개별 상품별, 상품 그룹별, 상품 부류별로 구분하여도 무방하다. 그러나 상품별 분석이라 하면 대부분 개별 상품별 분석을 이용한다.

2. 미시적 분석

2-1. 행동 시스템적 분석

기능적 분석 및 제도적 분석은 어느 쪽이나 시장 활동에서 발생하는 현상을 분석하는데 유효하다. 그러나 생산에서 소비에 이르는 여러 유통 단계를 결합하고 조정(coordination)하는 방법이나 유통 기능을 수행하는 방법은 끊임없이 변화하

10 Kohls & Uhl, 1972, p.29.

고 있다. 이러한 변화를 이해하고 어떻게 개선할 것인가 하는 문제의 분석에는 행동시스템적인 분석이 유효하다.

시스템이란 일정한 목적을 수행하기 위하여 투입된 제 요소를 결합하여 구성한 집합체이다. 그리고 행동 시스템(behavioral system)이란 여러 요소의 작용과 반작용 내지 여러 요소의 상호 의존 관계를 말한다.

시스템적 분석은 문제의 대상을 몇 개인가의 구성 요소 내지 하부 시스템의 문제를 세분화하는 것을 기본으로 한다.[11] 시장 시스템을 구성하는 하위 시스템으로서는 유통 기술 시스템(the technical system), 거래 교섭력 시스템(the bargaing power system), 정보 전달 시스템(the communication system)이 있다.

유통기술 시스템은 시장시스템의 물적 기반이 되는 시스템이다. 예를 들어 수송, 냉장 등이 기술 발달에 따라서 육고기나 생선의 수송이 산지에서 원격지까지 또는 소비지까지 가능해지게 됨으로써 산지 유통과 소비지 유통은 커다란 영향을 받고 있는 실정이다.

거래 교섭력 시스템이란 거래 당사자가 발휘할 수 있는 거래 교섭력에 관한 것이다. 기업은 가격 및 그 밖의 거래 조건을 유리하게 이끌려고 노력한다. 이때 기업이 얼마만큼의 힘을 발휘하고 있는 것인가는 기본적으로 시장구조(market structure)에 따라서 규제 당한다. 즉 순수 경쟁에 있어서 기업은 거래 교섭력을 발휘할 수 없다. 그러나 이와는 달리 과점에 있어서는 진입 저지 혹은 협조 등의 행동에 의하여 가격 및 교역 조건을 유리하게 이끌 수가 있다.

정보 전달 시스템에서는 여러 유통 단계간의 정보 전달의 문제가 중요한다. 예를 들면 가격 메커니즘은 상품 경제사회에 있어서 주요한 정보 전달 시스템이다. 소비지에서 거세한 숫소의 소비자 욕구가 높은 것을 알고 생산지에서 거세 숫소 사육 두수를 증가 시킨다거나 민물장어 양식어의 육질을 높이기 위하여 양식 방법을 개량하는 등이 정보 전달 시스템 발달의 영향이다.

그러나 유통단계간의 가격 메커니즘 만으로서는 충분한 정보전달 시스템은 어렵다. 예를 들면 양판점 체인은 일정 규격의 농수산물을 정량으로 계속적으로 입하시킬 계획을 세우고 있으나 그것은 산지, 생산자, 생산시기가 여건에 따라서 달라지면 당초 계획대로 입하하기 어렵기 때문에 가격 메커니즘만으로서 계획을 달성하기가

---

11 Purcell, 1979, p.21.

어렵다. 그러므로 양판점 체인은 시장의 중도매업자 및 농수축산업협동조합과 희망하는 상품의 명세서를 만들어서 계약거래를 행하는 경우도 적지 않다.

계약거래로서도 충분히 구매자의 요구가 전달될 수 없는 경우에는 생산자에게 생산에 따른 각종 원재료와 기술을 제공하여 구매자가 원하는 일정 조건의 상품을 계속적으로 입하할 수 있도록 도모하거나 또는 나아가서 구매자가 직접 농장이나 어장을 경영하는 수직적 통합시스템을 구축하여 구매자가 원하는 상품을 직접 생산하는 방법도 있다.

2

농수산물 가격의 특징과 물가

제2장 | 농수산물 가격의 특징과 물가

제1절 가격 결정 이론

1. 수요의 변화요인

어떤 재화나 용역에 대하여 수요자(소비자)들이 일정한 기간에 구입하고자 하는 어떤 재화량과 용역량을 그 재화 또는 용역에 대한 수요(demand) 또는 수요량(quantity demanded)이라 한다. 그러므로 수요는 어떤 기간 동안에 얼마라는 식으로 표현된다. 예를 들면, 월간 3만개, 주간 50상자 등으로 표현한다. 따라서 수요란 수요자들이 구매하려고 하는 의도된(desired) 재화의 양을 의미하는 것이지 실제로 구입한 양을 의미하지 않는다. 만약 재화의 양이 적으면 수요자가 구매하고자 하는 수요량은 그들이 실제로 구입한 양을 초과할 수 있을 것이다.

수요는 개별수요(individual demand)와 시장수요(market demand)로 구분된다. 개별수요란 개인 또는 개별기업의 수요를 의미하고, 시장수요는 각 개별수요를 모두 합계한 것을 의미한다. 시장수요는 국내수요와 해외수요, 생산재(혹은 생산수요)에 대한 수요와 소비재(혹은 소비용역)에 대한 수요로 구별할 수 있다.

일반적으로 어떤 재화에 대해서 수요에 영향을 주고 있는 요인들은 무수히 존재한다. 그러나 그들 중에서 비교적 영향력이 큰 요인은 그 재화의 가격, 소득수준, 인구의 크기, 다른 재화의 가격 변동, 소비자의 기호변화, 광고 선전 등 여섯 가지로서 그 내용은 다음과 같다.

1) 재화의 가격

가격이 상승하면 그 재화의 수요는 감소하고 가격이 하락하면 수요는 증가한다. 이와 같은 사실을 수요의 법칙(law of demand)이라고 한다.

2) 소득수준

정상재의 경우 소득의 증가는 일반적으로 그 재화의 수요를 증가시킨다. 그러나 소득이 증가함에 따라서 모든 재화의 수요가 언제나 소득과 동일비율로 증가하는 것은 아니다. 가난한 나라에서는 평균 가계 소득이 상승하면 의식주에 대한 수요가 소득의 증가비율보다 많이 증가하겠지만, 부유한 나라에서는 평균 가계 소득이 증가하면 자동차, 에어컨, 냉장고 등 내구 소비재와 고급주택, 서비스 등에 대한 수요가 보다 많이 증가한다.

3) 인구의 크기

일반적으로 인구가 증가하면 대부분의 재화에 대한 수요는 증가한다. 그러나 경제의 성장 없이 인구만 증가한다면 수요의 증가를 기대할 수 없다. 구매력을 가지고 있는 인구 증가만이 수요 증가를 가져오는 것이다.

4) 다른 재화의 가격 변동

어떤 재화가 다른 재화의 대체재(substitute goods)일 때, 다른 재화의 가격이 상승하면 그 재화의 수요는 증가하고, 보완재(complementary goods)이면 수요는 감소한다. 다른 재화의 가격이 하락하면 그 반대로 수요의 감소 현상이 나타난다.

5) 소비자의 기호(嗜好) 변화

수요는 소비자들의 기호변화에 따라서 영향을 받는다. 예를 들어서 전복에 대한 기호 경향이 높아지면 전복의 수요가 증가되고, 맨션 아파트에 대한 선호도가 높아지면 맨션 아파트의 수요가 증가된다.

6) 광고 선전

생산자의 광고 선전이 소비자들의 기호를 변화시켜서 수요를 불러일으키기도 하지만, 소비자들에게 재화에 대한 지식을 알려줌으로써 수요를 일깨우기도 한다. 수요자들은 어떤 재화가 어떤 목적에 어떻게 사용되며, 어떠한 효과가 있는지를 모르고 있는 경우가 많이 있기 때문이다. 그러므로 현대의 생산자들은 신문, TV,

라디오, 인터넷, 홈쇼핑 등의 광고매체를 통하여 수요를 창조하고 있다. 이러한 현상을 갈브레이스(J. K. Galbraith)는 의존효과(dependent effect)라고 하였다.

그 밖에도 수요에 영향을 주는 요인은 많다. 예를 들면, 소득의 분포, 경기 전망, 전쟁, 천재지변, 정치적 안정 내지 불안정, 타 재화의 존재량, 문화 수준, 경기의 변동 등이다.

한편, 어떤 재화에 대한 수요와 그 재화의 수요에 영향을 주는 요인들과의 함수 관계를 수요함수라 한다. 수요함수는 다음과 같이 나타낼 수 있다.

$$D_n = f(P_n, Y, P_0, T, P_1, P_2, \cdots, P_{n-1}, A, \cdots)$$

여기서 D_n는 n재의 수요량, f는 수요함수의 기호이고, P_n은 n재의 가격, Y는 가계의 소득수준, P_0는 인구수, T는 소비자의 기호, $P_1, P_2, \cdots, P_{n-1}$은 n이외의 타재화의 가격, A는 광고 선전 등을 각각 표시하고, 끝에 있는 점들은 기타의 요인들을 표시한다.

그런데 이 수요함수는 수요에 미치는 여러 가지 독립변수들로 구성되어 있어서, 현실을 충실히 반영한다는 면에 있어서는 적절하겠지만 이것에 의해서 어떤 경제 이론을 찾아내기에는 함수식이 너무나 복잡하다. 그래서 우리들은 이론을 단순화하고 또 수요·공급에 의한 가격의 결정 함수 및 가격기구의 자원배분 관계를 고찰하기 위하여 잠시 n재의 가격과 n재의 수요량과의 관계에 대해서만 문제를 한정시키기로 한다. 즉, n재의 수요량과 n재의 가격과의 관계를 보다 명백하게 분석하기 위하여 다른 요인들은 잠시 일정불변이라고 가정하여 둔다. 그러면 위의 수요함수는 다음과 같이 간략화 된다.

$$D_n = f(P_n)$$

위 식에서는 n재의 수요는 n재의 가격에만 의존하는 수요함수로 구성되어 있다. 이 식은 '다른 조건이 일정 불변(ceteris paribus; other things being equal)'이라면 n재의 수요는 n재의 가격의 함수라는 것을 말해 준다.

경제학에서는 일찍이 마샬(A. Marshall)이 사용했던 ceteris paribus라는 용어를 사용하여 이론을 전개하는 경우가 많다. 일반적으로 어떤 한 경제변수에 영향을 주는 요인들이란 왈라스(L. Warlas)의 일반균형이론[12]이나 레온티에프(W. Leontief)의 산업연관론[13]이 알려주는 바와 같이 무수히 존재한다. 그러므로 어떤 경제변수의 변화를 파악하기 위해서는 이 무수한 독립변수들의 변화를 전부 파악해야 하기 때문에 이론전개가 거의 불가능하게 된다. 따라서 수요함수에서도 '다른 조건이 일정불변'이란 가정을 전제로 하고 있다.

2. 공급의 변화요인

어떤 재화나 용역에 대하여 공급자(생산자)가 일정한 기간에 판매하고자 하는 의도된 어떤 재화와 용역의 양을 그 재화와 용역의 공급(supply) 또는 공급량(quantity supplied)이라고 한다. 그러므로 공급 또는 공급량이란 생산자들이 일정 기간에 실제로 판매한 양을 의미하지 않고 판매하려고 하는 의도된(desired) 재화의 양을 의미한다. 실제로 생산자들이 판매하고자 의도한 공급량이 시장 소비자들의 수요가 부족해서 전량 공급되지 못할 수도 있기 때문에 가격결정에 반영된 공급 또는 공급량은 실제로 시장에 공급된 양과는 다를 수도 있다.

공급 또는 공급량은 어떤 기간에 얼마, 예를 들면 1주일에 1,000개라는 식으로 표현한다.

공급함수는 공급과 공급에 영향을 주는 요인들과의 함수관계를 말한다. 공급에 영향을 미치는 요인들을 세밀하게 분석해 보면 무수하게 존재한다. 그러나 중요한 몇 가지를 간추려 보면 다음과 같이 그 재화의 가격, 기술 수준의 변화, 생산 요소의 가격 변동, 타 재화의 가격 변동, 기업 간의 경쟁 등 다섯 가지이다.

---

12 왈라스는 특정 시장 한 두 개에서 가격기능에 의해 자원이 균형을 이루며 효율적으로 배분된다고 해서 한 경제 내에 존재하는 다른 모든 시장의 자원까지 균형을 이루며 효율적으로 배분된다고 볼 수 없으며, 경제내의 모든 시장은 서로 연관되어 있기 때문에 이들 전체시장을 동시에 균형에 이르는 가격체계가 존재함을 수학적으로 증명하였다. 왈라스는 이를 종전의 특별한 시장 한 두개가 이루는 균형과는 차원이 다른 균형이라는 의미에서 일반균형이라고 칭하였다. 이 경우에 있어서도 '다른 조건은 일정불변'이라는 전제를 하였다.

13 레온티에프의 산업연관론은 왈라스의 일반균형이론을 실용화한 것이다. 그는 일정기간(보통 1년) 국민경제 내에서 발생한 재화와 서비스의 생산 및 처분과 관련된 거래내역을 종합적으로 기록한 통계표인 '산업연관표'를 작성한 공로로 1973년 노벨 경제학상을 수상하였다. 산업연관표에는 국민경제에 영향을 주는 수많은 요소를 열거하고 있다.

1) 재화의 가격

다른 조건이 일정불변이고 공급하고자 하는 재화의 가격이 상승하면 그 재화의 공급량은 늘어난다. 왜냐하면 다른 조건이 일정불변이고 재화의 가격이 상승되는 경우에는 공급량의 증가 수준에 따라서 이윤 수준도 달라지기 때문에 생산자는 이윤 증대를 목적으로 공급을 증가시키게 된다.

2) 기술 수준의 변화

생산 기술이 발달하면 노동자 1인당 생산성이 향상되기 때문에, 동일한 가격 수준 하에서도 공급량을 크게 늘릴 수 있을 뿐만 아니라, 제품 단위당 가격을 인하시키는 요인이 된다. IT 산업의 기술 발달로 텔레비전, 카메라, 휴대폰, 컴퓨터, 냉장고, 에어컨 등과 같은 전자 제품이 보다 값싸게 대량으로 공급되고 있는 것은 생산 기술 향상에 따른 것이다.

3) 생산 요소의 가격 변동

생산에 투입되는 생산 요소 가격의 변동에 따라서 공급은 영향을 받는다. 생산에 투입되는 생산 요소 가격(원료, 노동, 자본)이 인상(인하)되면 재화의 가격이 인상(인하)되어야 함으로 시장 수요가 감소(증가)될 수 있기 때문에 생산량이 감소(증가)된다.

4) 타 재화의 가격 변동

다른 조건에 변동이 없는데도 시장에서 다른 재화들의 가격이 상승하면, 상승한 재화의 공급량은 증가할 것이고 가격상승이 없는 재화의 공급은 줄어들 것이다. 반대로 타재화의 가격이 불변인데 한 재화의 가격이 상승하면 가격이 상승한 재화의 공급은 증가한다. 그 이유는 다른 조건이 일정할 때 재화의 가격이 상승(하락)하면 기업의 이윤은 증대(감소)할 것이므로 그에 따라 기업은 공급량을 증가(감소)시킬 것이기 때문이다.

5) 기업간의 경쟁

시장 점유율을 보다 크게 하고자 하는 기업은 단기적인 불이익을 감당할지라도 다른 기업보다 공격적으로 공급량을 증대시켜서 장기적인 이윤 증대를 도모하고자 한다. 이 경우에 경쟁 기업들은 상호간에 시장 점유율 확대를 위하여 상호 공급량을 증대하기도 하나 일정 기간이 경과하면 균형 수급량으로 조정된다.

이상의 요인들 이외에도 공급에 영향을 주는 요인으로서 경기 전망, 기후 변동, 기업 목표의 변화 등이 있다.

한편, 어떤 재화에 대한 공급과 그 재화의 공급에 영향을 주는 요인들과의 함수 관계를 공급함수라 한다. 공급은 그 재화의 가격, 기술의 변화, 생산 요소의 가격변화, 타재화의 가격 변화, 기업 간의 경쟁 상태 등의 함수로 표시할 수 있게 된다. 공급함수는 다음과 같이 나타낼 수 있다.

$$S_n = \mathrm{g}(P_n, T, P_1, P_2, \cdots, P_{n-1}, F_1, F_2, \cdots, F_n, C_n \cdots)$$

여기서 S_n은 n재의 공급량, g는 공급 함수의 기호, P_n은 n재의 가격, T는 기술 수준의 변화, $P_1, P_2, ..., P_{n-1}$은 타재화의 가격, $F_1, F_2, ..., F_n$은 각 생산 요소의 가격, C_n은 n재를 생산하는 기업 간의 경쟁, …은 기타 요인들을 표시한다.

그런데 단기적으로 보아 n재의 공급에 가장 크게 영향력을 미치는 것은 역시 n재의 가격이다. 그러므로 가격과 공급량간의 관계를 명료하게 분석하기 위하여, 다른 조건이 일정불변(ceteris paribus; other things being equal)일 때의 공급함수는 다음과 같이 간략화 할 수 있다.

$$S_n = g(P_n)$$

3. 수요 공급의 법칙과 균형 가격

우리가 일상적으로 시장에서 구매하여 사용하는 재화의 시장 가격은 그 재화에 영향을 주는 수요와 공급의 요인이 상호 작용하여 수요와 공급이 균등해지는 점에서 결정된다. 이렇게 작용하여 균형을 이룬 가격을 균형 가격(equilibrium price)이

〈표 2-1-1〉 사과에 대한 수요 · 공급표

(단위: 상자/주간)

	가격	수요량	공급량	초과수요+ 초과공급-	가격에 대한 압력
A	33,000	20	51	-31	하락
B	32,000	25	50	-25	하락
C	31,000	33	48	-15	하락
D	30,000	45	45	0	중립
E	29,000	58	38	+20	상승
F	28,000	75	28	+47	상승
G	27,000	95	10	+85	상승

라 하며, 이 균형 가격에 대응하는 수요량을 균형 수요량, 이 균형 가격에 대응하는 공급량을 균형 공급량이라고 한다. 단지, 수요와 공급에 영향을 주는 요인은 일정불변하다는 전제가 있다.

이와 같이 수요와 공급이 일치하는 점에서 가격이 결정되는 관계를 수요 · 공급 균등의 법칙 또는 수요 · 공급의 법칙(the law of demand and supply)이라 한다. 다른 말로 표현하면, 수요 곡선과 공급 곡선이 교차하는 점에서 수급량과 가격이 결정되는 관계가 수요 · 공급의 법칙이다.

〈표 2-1-1〉 및 〈그림 2-1-1〉에서 사과에 대한 수요와 공급을 일치시키는 가격, 즉 균형 가격은 오로지 사과 가격이 30,000원이 될 때 뿐이다.

이 균형 가격 30,000원이 성립할 때의 수요와 공급량은 각각 45상자로서 일치한다. 균형 가격 보다 낮은 가격, 예를 들면 가격이 28,000원 일 때 사과의 수요는 75상자, 공급은 28상자인데, 이 경우에는 공급량을 초과하는 초과수요가 47상자나 발생하게 된다. 이렇게 초과수요가 발생하는 경우에는 수요자들끼리 시장에 공급된 28상자를 서로 매입하기 위하여 매입 경쟁이 발생하기 때문에 가격은 상승하는 방향으로 힘이 작용한다.

반대로 30,000원이라는 균형 가격보다 높은 가격일 경우를 보자. 예를 들면 가격 31,000원에서 사과의 수요는 33상자인데 공급은 48상자나 되므로 초과공급이 15상자나 발생하게 된다. 이 경우에는 공급자들끼리 서로 자신들의 사과를 판매하

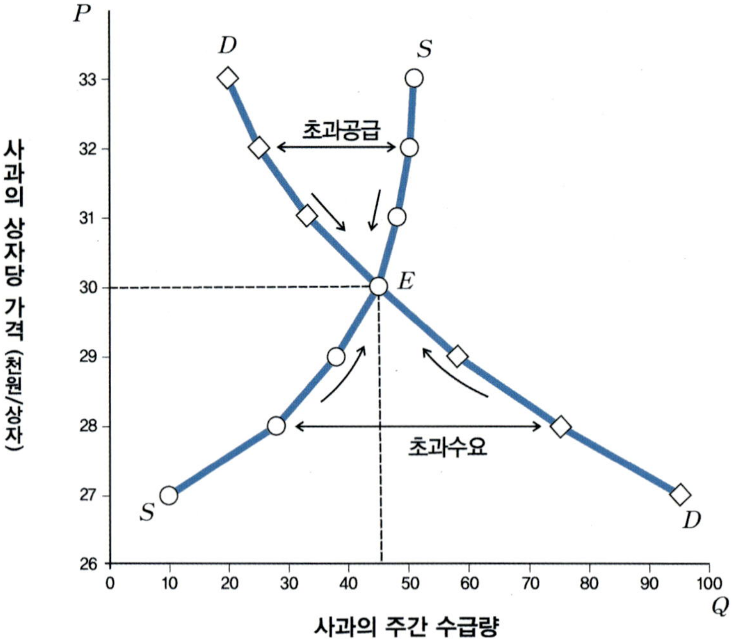

〈그림 2-1-1〉 수요 공급 곡선

기 위하여 판매 경쟁을 함으로써 가격이 하락되는 힘이 작용한다.

이상과 같은 상황이 계속되면 수요·공급이 상호 작용하여 균형 가격이 30,000원에 낙착하게 되면서 주간 균형 수급량은 45상자로 결정된다. 이렇게 작용하여 성립한 균형 가격과 균형 수요량은 다른 사정의 변화가 없다면 균형 가격은 그대로 오래도록 지속될 것이다.

4. 균형 가격의 변화

〈표 2-1-1〉 및 〈그림 2-1-1〉에서 설명한 가격 결정 이론은 수요와 관련된 다른 조건에 변화가 없다는 가정 하에서의 이론이었다. 그러나 실물 경제에서 수요와 공급에 영향을 주는 요인은 많을 뿐만 아니라 그러한 요인은 항상 변화하고 있기 때문에 가격은 항상 고정되어 있는 것은 아니다. 수요에 영향을 주는 요인은 앞에서 설명한 바와 같이 그 재화의 가격, 소득 수준, 인구의 크기, 다른 재화의 가격 변동,

소비자의 기호(嗜好) 변화, 광고 선전, 기타 소득의 분포, 경기 전망, 전쟁, 천재지변, 정치적 안정 내지 불안정, 타 재화의 존재량, 문화 수준, 경기의 변동 등이다.

한편, 공급에 영향을 주는 요인은 앞에서 설명한 바와 같이 그 재화의 가격, 기술의 수준 변화, 생산 요소의 가격 변동, 타 재화의 가격 변동, 기업간의 경쟁, 기타 경기 전망, 기후 변동, 기업 목표의 변화 등이다.

수요와 공급에 영향을 주는 요인이 변화하면 균형 가격은 어떻게 변화할 것인가?

먼저 수요에 영향을 주는 요인이 변화한다고 가정 할 경우에 균형 가격은 어떻게 될 것인가를 살펴보자.

〈그림 2-1-2〉는 수요에 영향을 주는 요인이 작용하지 않는 수요곡선 DD에 수요에 영향을 주는 요인이 발생(예를 들면 소득이 증대되어 사과를 많이 구매하고자 하는 현상이 작용함)하여 원래의 수요곡선에 변화가 나타난 수요곡선 D'D'를 한 도표 상에 함께 그린 것이다. 다시 말하면 〈그림 2-1-2〉는 공급의 변화는 없는데 단지 수요에만 증대요인이 발생하여 수요곡선이 DD에서 D'D'로 이동하였다고

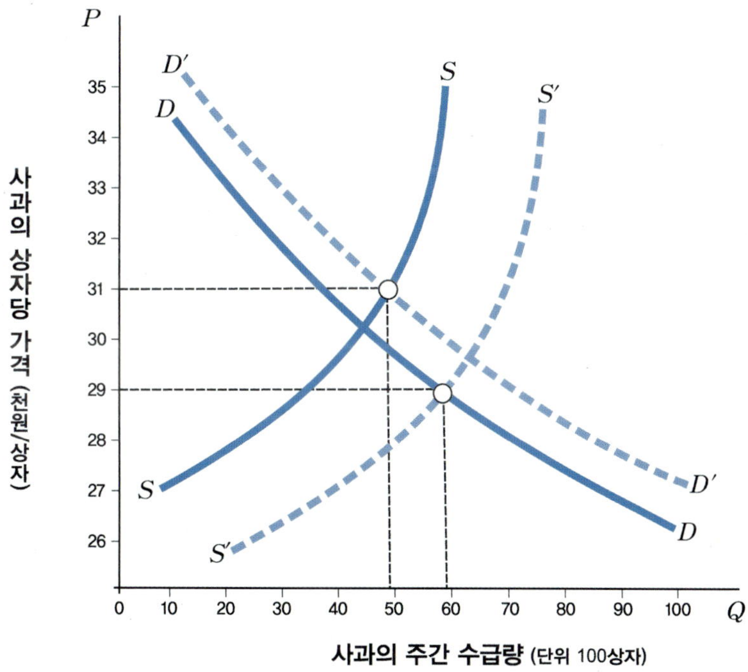

〈그림 2-1-2〉 수급 공급 곡선의 이동

가정하고 있다. 그러면 수요·공급의 법칙에 의하여 균형 가격은 30,000원에서 31,000원이 되고 균형 수급량은 45상자에서 48상자가 될 것이다. 이것은 수요의 변화가 없을 때의 균형 가격 30,000원에 비해서 1,000원의 가격 상승이 있었고, 균형 수급량은 45상자보다 3상자가 증가하여 48상자가 되었다는 것을 나타낸다.

반대로 만약 소득이 낮아져서 수요가 감소한다면 수요곡선은 좌로 이동하게 될 것이고, 이에 따라서 균형 가격도 하락하고 균형 수급량도 감소하게 될 것이다.

이번에는 수요의 변화는 없는데 공급측의 변화(예를 들면 기술의 진보)로 인하여 공급곡선이 SS에서 S'S'로 이동하였다고 하면, 균형 가격은 29,000원이 되고 균형공급량은 58상자가 될 것이다. 이것은 본래의 균형 가격 30,000원에 비해서 1,000원의 가격하락이 발생하였고 또한 본래의 균형 수급량 45상자에 비해서 13상자의 수급량 증가가 나타났다. 즉, 사과 생산에 대한 기술진보는 가격하락과 균형 수급량의 증대를 가져온 셈이다.

반대로 사과를 생산하는데 필요한 인건비, 농기구, 비료 등과 같은 생산 요소의 가격 상승이나 기타 요인에 의하여 공급 곡선이 좌측으로 이동하였다고 가정하면 균형 가격의 상승과 균형 수급량의 감소가 발생하게 될 것이다.

이상의 내용을 요약하여 수요·공급의 법칙을 보다 구체적으로 설명하면 다음과 같다.

(1) 수요의 증가(수요곡선의 우측이동)는 균형 가격의 상승과 균형 수급량의 증가를 가져온다.

(2) 수요의 감소(수요곡선의 좌측이동)는 균형 가격의 하락과 균형 수급량의 감소를 가져온다.

(3) 공급의 증가(공급곡선의 우측이동)는 균형 가격의 하락과 균형 수급량의 증가를 가져온다.

(4) 공급의 감소(공급곡선의 좌측이동)는 균형 가격의 상승과 균형 수급량의 감소를 가져온다.

(5) 수요·공급이 일치하는 점(수요곡선과 공급곡선이 교차하는 점)에서 균형 가격과 균형수급량이 결정된다.

제2절 수요의 가격 탄력성과 소득 탄력성

1. 수요의 가격 탄력성

1-1. 수요의 가격 탄력성의 의의

가격이 오르고 내리는 경우에 얼마만큼 수요량이 증감할 것인가는 생산자와 소비자를 포함한 모든 관계자들에게 중요한 관심사항이다. 가격의 변화에 따라서 변화하는 수요의 증감 정도를 수요의 가격 탄력성 또는 탄성치라고 한다. 수요의 가격 탄력성은 그리스문자 ε 또는 영문자 e 로 표현되는 것이 일반적인데, 이는 가격의 변화율에 대한 수요의 변화율로서 나타내며 그 산식은 다음과 같다.

$$\varepsilon = \frac{\frac{\Delta Q}{Q}}{\frac{\Delta P}{P}}$$

단, P = 원래 가격, △P = 원래 가격 - 새로운가격

Q = 원래 수요량, △Q = 원래 수요량 - 새로운 수요량

위 식에서 보는 바와 같이 가격의 변화율이 분모로 되어 있다는 사실에 주목할 필요가 있다. 말하자면 가격이 독립변수이고 수요량이 종속변수로써 취급되고 있음을 알 수 있다.

수요의 가격 탄력성은 품목에 따라서 틀리다. 〈그림 2-2-1〉은 가격이 P_1에서 P_2로 저하할 때 수요의 변화량을 나타내고 있다. 밀감, 사과, 고등어, 칼치 등과 같은 대중적인 소비품목은 수요량이 Q_1에서 $Q_{2.1}$까지 밖에 증가하지 않으나 송이버섯, 멜론, 전복, 광어, 새우 등과 같은 고급 소비 품목이라면 수요량은 훨씬 더 많은 $Q_{2.2}$까지 증가할 수 있을 것이다.

이와 같은 두 가지 예에서 볼 수 있는 바와 같이 고급품에 대한 수요의 가격 탄력성은 대중 소비품에 대한 수요의 가격 탄력성 보다 크다.

가격이 하락하면 수요량이 증대하는 것이 보통이다. 그러므로 분모의 △P는

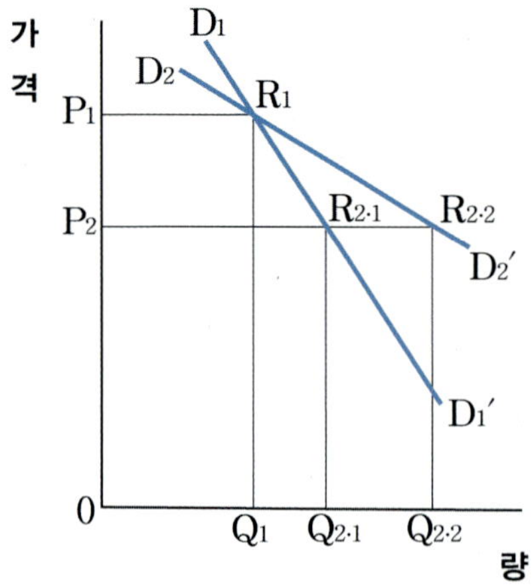

〈그림 2-2-1〉 가격 탄력성이 다른 경우의 수요 변화량

-(음)의 부호인데 반하여 분자의 △Q는 +(양)의 부호이기 때문에 수요의 가격 탄력성은 전체로서 -(음)의 값이 된다. 그러나 가격 탄력성은 -1을 곱한 값을 이용한다. 탄력성은 항상 양수로 표시한다.

숫자에 대한 가격 탄력성을 비교해 보면 탄력성 1을 기준으로 하여 가격 탄력적, 단위 탄력적, 비탄력적이라고 구분한다. 어떤 품목의 수요가 가격 탄력적(elastic)이라고 말할 때는 그 가격 탄력성이 1보다 큰 경우를 말한다. 그 값이 1이라고 하면 단위 탄력적(unit elastic)이라 한다. 1보다 적으면 비탄력적(inelastic)이라고 한다. 가격 탄력적이란 가격의 변화에 수요가 예민하게 반응하여 가격의 변화율 보다 수요의 변화율이 높다는 뜻이며, 단위 탄력적이란 가격의 변화율과 수요의 변화율이 동일하여 가격이 10% 하락하면 수요의 변화율도 10% 증가한다는 뜻이고 비탄력적이란 가격의 변화율보다도 수요의 변화율이 낮다는 뜻이다.

일반 생활필수품에 대한 수요는 비탄력적이고 사치품은 탄력적이다. 동일한 품목이라 할지라도 당초에는 사치품으로서 귀중한 것이었으나 해를 거듭할수록 필수품화 됨으로써 비탄력적인 경우가 많다. 우리 생활에서 한때 TV, 냉장고, 전화, 에어컨 등은 고소득층만이 구매하거나 이용할 수 있는 사치적인 가전제품이었으나 오늘날에는 모든 가정에서 필수품처럼 사용하고 있다. 이런 사실은 가격의 변화에 따라서 사치품이 필수품화 됨으로써 가격에 대한 수요가 비탄력적으로 변화된 좋은 예의 하나이다.

상품의 수요가 가격 탄력적인가 혹은 비탄력적인가 하는 것은 공급측에서 출하량을 조정하는데 중요하다. 탄력적인 품목에 대해서 출하량을 증가시키면 총판매액도 증가하지만 비탄력적인 품목은 출하량을 증가시킨다고 할지라도 총 판매액은 오히려 감소할 수 있다. 예를 들어서 고등어 가격이 마리당 1,000원으로서 1,000마리의 판매가 있을 경우에, 이 시장에 1,200마리를 출하하였다고 가정하자. 고등어 수요의 가격 탄력성을 0.67(1,000~1,200단위간의 평균탄력성)이라고 가정하면 가격은 740원으로 하락한다. 이 경우의 판매총액을 보면 당초 1,000마리를 출하하였을 경우에는 1,000원×1,000마리=1,000,000원이지만 출하량을 1,200마리로 증가시킨 경우에는 740원×1,200마리=888,000원이 되어 오히려 판매총액은 112,000원이 감소한다.

계산식에 의하여 탄력성을 계산하면, 가격이 상승한 경우의 탄력성은 0.77이고, 가격이 하락한 경우의 탄력성은 0.35로서 평균탄력성은 0.67이 된다.

1-2. 수요의 가격 평균탄력성

앞의 〈그림 2-2-1〉에서 설명하고 있는 수요곡선 D_1D_1'는 R_1과 R_{2-1} 사이에서 가격이 하락한 경우와 반대로 가격이 상승한 경우를 포함하여 탄력성을 설명하고 있다. 이와 같은 수요곡선에서 어떤 구간의 수요의 가격 탄력성을 수요의 가격 평균탄력성이라고 한다. 〈그림 2-2-1〉에서 수요곡선 D_1D_1'에 관한 R_1과 $R_{2.1}$ 사이에서 가격 P_1=100원, P_2=80원, Q_1=50kg, Q_{2-1}=70kg이라고 가정하여 평균탄력성을 계산해 보면 다음과 같다.

■ 가격이 100원에서 80원으로 하락한 경우의 계산식

$$\varepsilon = \frac{\frac{50-70}{50}}{\frac{100-80}{100}} = \frac{\frac{-20}{50}}{\frac{20}{100}} = \frac{-200}{100} = -2 \quad \text{(탄성치는 2임)}$$

(단, 탄성치는 음수가 없으므로 2임)

■ 가격이 80원에서 100원으로 상승한 경우의 계산식

$$\varepsilon = \frac{\frac{70-50}{70}}{\frac{80-100}{80}} = \frac{\frac{20}{70}}{\frac{-20}{80}} = -\frac{1,600}{1,400} = -1.1 \text{ (탄성치는 1.1임)}$$

이상에서 계산한 바와 같이 동일한 구간이라 할지라도 가격이 상승한 경우와 하락한 경우에 있어서 탄성치의 값은 각각 다르다는 사실을 확인하였다. 그러나 탄성치를 계산할 경우에 어떤 것을 기준으로 해야 한다는 규정은 없다.

이러한 불합리성을 제거하기 위해서는 어떠한 경우일지라도 동일한 구간을 대표할 수 있는 탄성치가 필요하며, 그것을 평균탄력성이라 한다. 평균탄력성의 계산법은 가격이 변동한 경우에 변동가격의 중간점을 기준으로 하여 변화율을 산출하는 계산방법이다. 위의 가격변화에 따른 평균탄력성을 계산하면 다음과 같다.

$$\varepsilon = \frac{\frac{50-70}{\frac{50+70}{2}}}{\frac{100-80}{\frac{100+80}{2}}} = \frac{\frac{-20}{60}}{\frac{20}{90}} = \frac{-1800}{1200} = -1.5 \text{ (탄성치는 1.5임)}$$

1-3. 수요의 가격 점 탄력성

점 탄력성은 수요곡선상의 특정한 점의 수요에 대한 가격 탄력성이다.

〈그림 2-2-2〉에서 직선형 수요곡선상 DD'상에 있어서 R_1점의 탄력성은 b/a로 나타낸다. 점 탄력성을 판단하는 방법을 알아두면 수요에 대한 가격 탄력성이 탄력적인가 또는 비 탄력적인가를 판단하는데 매우 편리한 경우가 많다. 그러한 예를 소개하면 다음과 같다.

우선에 직선형 수요곡선의 경우를 보면 R의 위치가 D에 가까우면 가까운 만큼 b/a값은 크고 D'에 가까우면 그만큼 값이 적어진다. 결국 DD'선상의 중간점을 R_1이라 하면 이때의 점 탄력성은 1이 되고 이보다 D에 가까우면 탄력적이며 거꾸로 D'에 가까우면 비 탄력적이 된다.

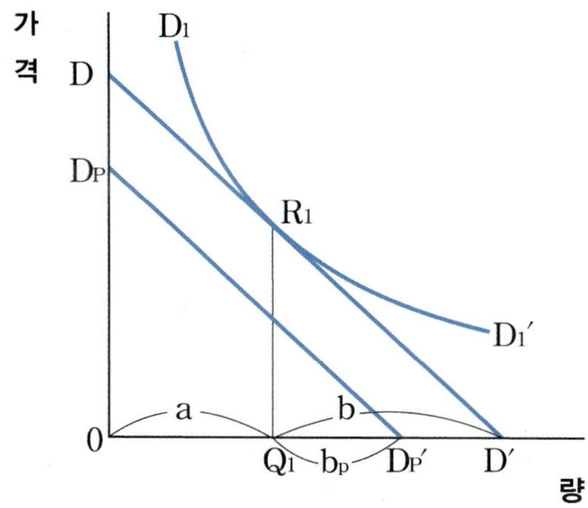

〈그림 2-2-2〉 수요의 가격 점탄력성

또한 DD'를 소매업자가 당면하는 최종 수요곡선이라고 하면 이것을 기본으로 하여 생산업자가 직면하는 파생된 수요곡선을 파생 수요곡선 D_PD_P'이라고 한다.

중간마진이 유통량에 관계없이 일정하다고 가정하면 D_PD_P'곡선은 DD'곡선에 평행하다. 시장 출하량이 Q_1일 때의 수요에 대한 가격 탄력성은 소매 단계와 생산자 단계에서 서로 다르다. 즉 소매단계의 가격 탄력성은 b/a이고 생산자 단계의 가격 탄력성은 b_P/a로 나타낸다. 결국 b 〉 b_P이기 때문에 소매단계에 비하여 생산자 단계에서 수요에 대한 가격 탄력성이 비탄력적이다.

수요곡선이 곡선형인 경우를 보자. 이런 경우에 있어서 곡선상의 특정 점에 대한 탄력성을 어떻게 계산할 수 있을 것인가. 앞의 〈그림 2-2-2〉 이용하여 설명하면 곡선형 수요 곡선상의 점 R_1에 대한 점 탄력성은 R_1점과 DD'곡선의 접선 DD'를 그어서 a/b로 나타낸다.

2. 수요의 소득 탄력성

2-1. 수요의 소득 탄력성의 의의

소득이 증가하면 농수산물의 수요량도 변화한다. 소득의 증가율에 대한 수요량의 증가율 비율을 수요에 대한 소득 탄력성이라고 한다.

수요의 소득 탄력성은 수요의 가격 탄력성과 함께 수요에 대한 경제 분석의 중요한 수단이다. 수요의 소득 탄력성은 그리스문자 η 또는 영문자 E로 나타내는 경우가 많으며 그 산식은 다음과 같다.

$$\eta = \frac{\frac{\Delta Q}{Q}}{\frac{\Delta I}{I}}$$

단, I = 원래 소득, △I = 원래 소득 - 새로운 소득

Q = 원래 수요량, △Q = 원래 수요량 - 새로운 수요량

2-2. 소득 탄력성에 의한 재화의 분류

소득 탄력성의 대소를 기준으로 하여 재화를 분류해 보면 〈그림 2-2-3〉과 같다. 〈그림 2-2-3〉에서 보는 바와 같이 소득이 증가할 경우에 수요량도 증가하는 재화를 상급재(superior goods)또는 정상재(normal goods)라고 한다. 이러한 재화는 소득 효과가 정상인 재화라고도 정의할 수 있다. 정상재라고 부르는 이유는 소득이 증가하면 수요량도 증가하는 것이 정상적인 현상이라 생각하기 때문이다. 이와는 반대로 소득이 증대됨에 따라서 수요가 감소하는 재화가 있는데 이러한 재화를

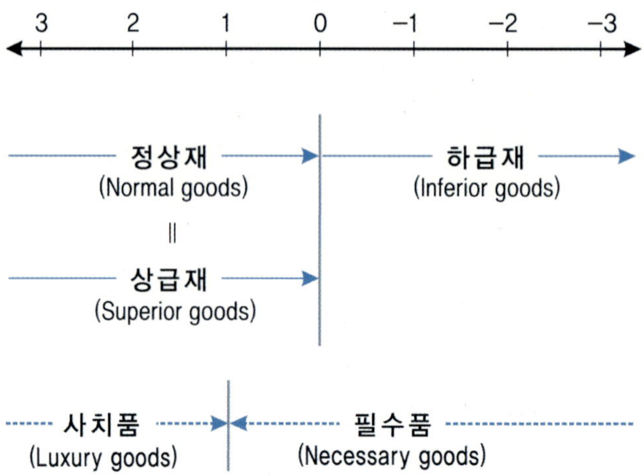

〈그림 2-2-3〉 소득 탄력성의 대소를 기준으로 한 재화의 분류

하급재(inferior goods) 또는 열등재라고 하며 소득효과가 -인 재화로써 정의된다.

한편 아주 엄밀하게 구분하여 쓰이고 있지는 않지만 사치품(luxuries)과 필수품(necessities)으로 나누는 분류도 있다. 수요의 소득 탄력성으로 구분하면 그 값이 1보다 큰 재화를 사치품, 1보다 적은 재화를 필수품으로 분류할 수 있다.

2-3. 소득 탄력성과 Engel의 곡선

소득 탄력성과 유사성이 깊은 관계가 있는 것이 유명한 엥겔의 법칙(Engel's law)이다.

엥겔의 법칙이란 가계비 총액에서 차지하는 식료비의 비율은 소득이 높을수록 낮아진다는 내용으로서, 가계비에서 식료비가 차지하는 비율을 엥겔 계수라 한다. 엥겔 계수는 소득 탄력성처럼 소득 변화율에 대한 수요의 변화율이 아니고 식료비 지출금액을 이용하여서 계수를 나타내고 있다. 그리고 소득 탄력성처럼 직접적으로 변화율을 나타내는 것이 아니라 가계비에서 식료비가 차지하는 비율이라는 사실에 유의하여야 할 것이다.

엥겔 곡선(Engel curves)은 재화의 구입량과 소득과의 관계를 나타내는 함수 관계로써 〈그림 2-2-4〉에서 나타내고 있다.

엥겔 곡선은 엥겔이 발견하지 않았고 가계비에 대한 식료비를 나타내지도 않았지만, 엥겔 곡선의 내용은 소득 변화에 따라서 가계에 필요한 재화의 구입량이

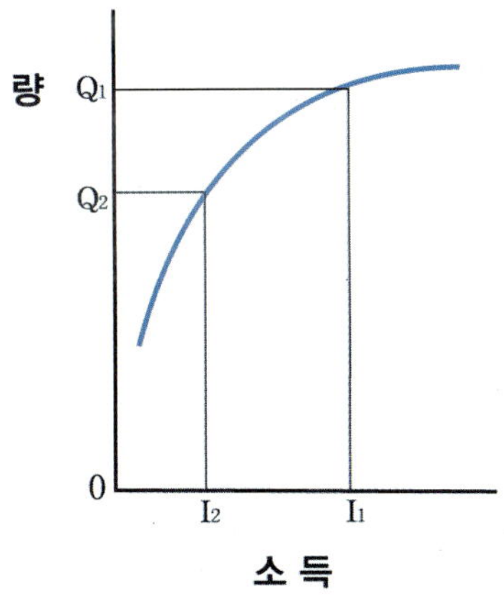

〈그림 2-2-4〉 엥겔 곡선

변화하고 있음을 나타내고 있다.

엥겔 곡선의 경사는 수요에 대한 소득 탄력성을 나타내고 있다는 것은 말할 것도 없다. 엥겔 곡선의 형태는 아래방향으로 오목 혹은 볼록하거나 직선인 세 가지 형태가 있다.

3. 교차 탄력성과 대체재 및 보완재

어떤 재화의 수요는 다른 재화의 가격 변동에 영향을 받는다. 예를 들면 소고기의 가격이 하락하면 소비자는 소고기의 구입량(소비량)을 증가시키는 대신에 돼지고기의 소비량은 감소하는 경우가 많다. 이러한 경우에 소고기와 돼지고기는 대체 관계에 있다고 말할 수 있으며 이러한 관계를 상호 대체재(complementary goods) 또는 경쟁재라고 한다.

이와는 달리 커피의 가격이 하락하여 커피의 소비량이 증대하게 되면 동시에 커피에 사용되는 설탕의 소비량도 증가하게 된다. 이와 같은 경우에 커피와 설탕은 보완적인 관계에 있기 때문에 이러한 관계를 상호 보완재(substiutional goods)라고 한다.

어떤 재화의 수요가 다른 재화의 가격 변동에 반응하는 정도를 수요의 교차탄력성(cross elasticity) 또는 간접 탄력성(indirect elasticity)으로 나타내고 있다.

예를 들어서 제1재화와 제2재화가 있을 경우에 제1재화와 제2재화의 가격과 수요량을 각각 P_1, Q_1 및 P_2, Q_2라 하자.

이 경우에 제2재화의 가격 P_2가 제1재화의 수요량 Q_1에 미치는 효과를 나타내 보면 다음과 같은 산식이 성립한다.

$$E_{12} = \frac{\frac{\Delta Q_1}{Q_1}}{\frac{\Delta P_2}{P_2}}$$

이와 같은 산식에 의하여 계산된 교차탄력성의 값이 음의 숫자일 때는 보완 관계에 있고 양의 숫자일 때는 대체 관계에 있으며 이와 같은 재화를 각각 보완재와 대체제라고 한다. 그러나 아무런 관계가 없으면 독립재이다.

예를 들어 대체 관계에 있는 소고기 가격에 대한 돼지고기의 교차 탄력성이 0.8이라 하고, 소고기 가격이 kg당 10,000원에서 12,500원으로 상승한다면 돼지고기의 수요량은 1,200톤에서 240톤이 증가한 1,440톤으로 증가할 것이다.

제3절 농수산물 가격 변동의 특징

1. 가격과 물가

어떤 상품의 가격이란 그 재화의 1단위를 구입하는데 지불하는 화폐 금액을 말한다. 동일한 상품이라 할지라도 구매(유통)단계, 구매하는 장소, 구매하는 시기 및 요구하는 서비스 수준에 따라서 가격은 달라진다. 예를 들면, 가계 소비자가 참치의 가격이 100그램당 얼마라고 하거나 참치 가격이 몇% 인상되었다고 말하는 경우에 있어서 참치 가격이란 소매 단계에서 소비자가 소매점에서 구매하는 구매 싯점의 참치와 서비스에 대한 소매점 가격을 말한다.

또한 재화의 가격은 생산지에서 소비자에게 이르도록 까지 각 유통단계마다 가격이 달라진다. 참치의 유통 단계를 살펴보자. 참치는 연근해에서 어획되기도 하지만 대부분 소비지로부터 멀리 떨어진 원양어장에서 어획된 후에 국내어항에 수송하여 통고기로 양육되고 그 후에 몇 단계의 과정을 거쳐서, 마지막에 부위별로 소매점이나 식당에서 팔리는데, 소비자들이 말하는 참치 가격이란, 소매점이나 식당에서 팔리는 부위별 가격을 말하며, 소비자가 말하는 가격이 도매업자가 도매시장에서 통고기로 구매하는 가격이나, 도매업자가 소매업자에게 판매하는 가격을 의미하는 것은 아니다.

다른 경우를 보자. 동일한 소매점 가격이라 할지라도 판매업자의 애프터서비스 수준에 따라서 소매가격이 달라진다. 전자 대리점에서 소비자가 에어컨, TV 등 대형 가전제품을 구입할 때에도 소비자는 대리점에서 소비자의 가정에까지 가전제품을 운반하여 설치해 주거나 혹은 설치 후에도 고장이 발생하면 전화 한 통화로 수선 서비스를 받을 수 있다는 기대감으로 상품을 구매하게 된다. 이 경우에는 상품 그 자체의 가격이 일정하다 할지라도 상품가격은 판매 후 서비스 요금까지 포함된 가격이다. 그러므로 소비단계에서 소비자가 요구하는 서비스의 수준이 높으면 최종적으로 소비자가 지불하는 가격은 상승할 것이고 반대로 이러한 서비스의 수준이 낮으면 최종가격도 낮아질 것이다.

가격과 유사한 용어로 물가가 있다. 물가는 가격과 동일한 의미가 아니다. 물가는 문자 그대로 물자(재화)의 가격을 줄여서 부르는 단어이다. 그러므로 물가라고 할 때는 몇 개 혹은 몇 백 개의 재화 및 용역의 가격을 하나로 통틀어서 사용하는 경우가 많다.

우리가 흔히 식료품 물가나 일반 소비재 물가가 어떻게 되었다고 할 때, 전자는 쌀, 야채, 식육, 가공식품 등의 식료품 전체의 물가를 의미하며 후자는 의류, 가구 및 전기 제품 등의 내구 소비재, 교육비, 이용 위생비와 같은 소비생활을 지탱하는 재화 및 서비스의 가격을 통 털어 가중 평균하여서 일반소비재의 물가를 나타낸다. 특히 후자는 더 공식적으로 소비자 물가 지수라는 종합적인 말로써 몇 %가 올랐다거나 내렸다고 표현한다.

우리들은 보통 배추의 물가가 2배가 되었다거나 배추의 물가가 1,000원 올랐으며, 혹은 얼마만큼 인상되었다거나 하락하였다고 말하는 경우가 많은데 그러한 표현을 사용하는 것은 적절하지 않으며 배추의 가격이 어떻게 되었다고 표현해야 한다.

2. 농수산물 가격 변동의 3대 특징

농수산물의 가격 변동은 일반 공산품의 가격 변동과는 달리 가격 변동에 다음과 같은 3대 특징이 있다.

첫째, 가격 변동의 폭이 크다.
둘째, 가격 변동의 기간에 일정한 주기성이 작용한다.
셋째, 유통 단계별 가격 변동이 항상 연동하지는 않는다.

농수산물은 생산의 자연 의존성에 의하여 흉풍이 작용하고 수요의 가격 탄력성이 낮기 때문에 가격 변동 폭이 크다.

농산물 가격 변동의 폭이 큰 특성을 두고 영국의 그레고리 킹[14](Gregory King)은 '곡물은 수확량의 산술급수적인 변동에도 가격은 기하급수적으로 변동한다.'고 하였다. 이를 '킹의 법칙'이라 한다.

농수산물 가격 변동을 규명함에 있어서 유의하여야 할 문제점은 가격 변동 대상 기간과 가격 변동 단계 두 가지이다. 가격 변동 기간과 가격 변동 단계에 따라서 가격 변동의 형태와 원인이 달라지기 때문에 가격 변동에 따른 대책도 달라진다.

가격 변동 기간은 일별 변동, 계절 변동, 연차 변동, 주기 변동, 장기 변동 등이 있다. 예를 들어 일별 변동은 당일 시장 입하량의 변동으로서 이는 당일의 기후와 축제일 등에 의하여 수요가 크게 영향을 받는다. 연차 변동은 그 해의 흉풍에 의하여 수확량이 큰 변동이 생긴다.

가격 변동의 단계는 생산자 가격단계(도매가격단계)와 소비자 가격단계(소매단계)가 있으며 일반적으로 농수산물 가격 변동 단계 분석에는 생산자 가격을 대상으로 하는 경우가 많다.

가격 변동의 3대 특징에 대해서는 이어서 설명하는 연차 가격 변동, 주기 가격 변동, 계절 가격 변동, 도매가격 신축성과 소매가격 경직성 편을 참고하기 바란다.

농수산물 가격은 가격의 변동 폭이 심한 현상을 특징으로 하고 있다. 그럼에도 불구하고 농수산물 가격의 변동 폭이 큰 현상을 잘못 이해하여 농수산물이 전체물가 상승을 주도하는 요소로 오해하는 경우가 있다. 다음 상자 속에 있는 글은 물가관련 고위 공무원이 농수산물 가격에 대한 정확한 이해를 당부하고 있는 어느 일간지에 실린 컬럼 기사이다.

---

14 영국의 그레고리 킹(Gregory King: 1648. 12.15.-1712. 8. 29.)은 스탠퍼드에서 출생하였다. 경제 통계학자 겸 문장학자(紋章學者)로서 영국의 도로조사도(道路調査圖,1675) 작성에 크게 공헌하였다. 그의 저서 '1696년 영국에 관한 자연적·정치적 고찰에 관한 결론(Natural and Political Observations and Conclusions upon the State and Condition of England)'에서 당시의 잉글랜드와 웨일스의 남녀별·직업별·연령별에 의한 인구수, 계층별 인구와 그 소득의 추계, 경지면적과 수확량을 조사하였고 이들의 국제비교 등을 포함하고 있어서 당시의 사회경제 상태를 아는데 귀중한 자료가 되고 있다.

과연 농수산물이 物價 상승의 주범인가

올해 설 차례상 비용이 지난해보다 3.1% 올랐다는 보도가 있었다(2010년 1월 21일자 B4면). 여러모로 어려운 시기에 물가마저 오를 경우 가계에 부담을 주기 때문에 걱정이 되는 것은 당연하다 하겠다. 물가 얘기가 나올 때마다 농수산물만 항상 큰 폭으로 올랐다고 말하는 경우가 많다. 마치 농수산물이 물가상승의 주범이라도 된듯하다.

그러나 작년 말 통계청이 발표한 전체 소비자물가 지수는 113.8이고, 이 중에서 농수산물 소비자물가 지수는 107.8이다. 2005년 이후에 전체물가는 13.8% 올랐지만 농수산물은 7.8% 올랐다는 뜻이다. 보도처럼 농산물 물가가 항상 오르기만 했다면 이런 결과가 있을 수 없다. 그런데도 왜 농산물 값은 항상 오르기만 하는 것처럼 보도될까. 농산물 값의 특성을 알고 나면 통계 속에 담긴 의미를 이해하는 데 도움이 될 것이다.

먼저, 농수산물은 공산품과 달리 생산시기가 한정되어 계절에 따라 가격이 오르내리는 특성이 있다. 배추의 경우 기후조건이 좋은 봄·가을은 생산량이 많아서 가격이 저렴하지만, 여름과 겨울철엔 생산량이 적어 당연히 값이 오르게 된다. 따라서 겨울 배추값을 가을 배추값과 단순비교하면 당연히 몇 십 %씩 가격이 오르는 것이다. 그러나 봄철에 값이 내려가도 이를 보도하는 언론은 없다. 배추값이 폭락해서 배추밭을 갈아엎을 때만 사회면에 보도될 뿐이다.

또한 농산물은 기상조건에 따라 생산량의 변동이 심하다. 여름철에는 태풍과 집중호우 등에 따라 풍작과 흉작의 차이가 크고, 겨울철에는 폭설·한파의 정도에 따라 작황의 변동이 심해 가격등락 현상이 나타난다. 이런 특성 탓에 어느 해에는 가격이 높지만 다른 해에는 다시 떨어지기도 하는 것이다. 이런 특성을 무시하고 생산기와 비생산기 가격을 단순비교하거나, 풍년이 들었던 해와 비교해 자극적인 증가율만을 강조하는 보도를 볼 때마다 너무 안타깝다.

농수산물 물가를 논할 때 간과하지 말아야 할 것은 농어업인의 심리적 박탈감이다. 농어업인들은 원자재값 인상과 개방의 파고에 맞서 힘든 싸움을 하고 있다. 특정 시기와 품목의 가격이 일시적으로 오른 것을 침소봉대 해 물가상승의 주범으로 몰고 가면 농어업인들은 허탈감에 빠지게 된다.

정부도 농산물 물가안정을 위해 계약재배나 비축사업으로 가격 완충 역할을 한다든지, 생산량 예측조사를 통해 민간이 자율적으로 생산조절을 하게끔 하고 있으나, 완벽하게 수요 공급을 맞추기는 불가능하다. 세계 어느 나라든 농산물의 가격 변동성은 공통적인 현상이다. 물가문제를 보도할 때 농수산물이 가지는 특성을 이해하고, 보다 객관적인 해석을 해주기를 바라는 마음 간절하다.

농수산식품부 채소특작과장 이재욱

(조선일보 2010년 2월 18일자 A37면)

3. 연차 가격 변동

일반적으로 농수산물 가격은 공업제품 가격에 비하여 연차 변동이 크다. 농수산물 가격 변동이 큰 이유는 농수산물의 공급변동이 공산품에 비하여 크고, 농수산물 수요의 가격 탄력성이 공산물의 가격 탄력성보다 낮은 두 가지 요인이 있기 때문이다.

먼저 농수산물 공급의 연차별 변동이 큰 이유는 다시 두 가지 요소가 있다.

첫째, 년도에 따라 흉풍작에 의하여 단위면적당 수확량이 다르다.

농수산물은 자연적 기상요인에 민감하게 작용하면서 수확량이 변동한다. 흉년의 단위 면적당 수확량은 적고 풍년의 단위 면적당 수확량은 많다. 기상상태는 매년 달라짐으로 단위 면적당 수확량도 매년 달라진다.

둘째, 당해 연도 가격에 따라서 다음해의 경작면적 증감이 크다.

다음해의 경작면적은 당해 연도의 농수산물 가격에 따라서 달라진다. 생산자는 제1차년도의 가격이 낮으면 제2차년도의 경작면적을 줄이려 하고, 반대로 제1차년도의 가격이 높으면 제2차년도의 경작면적을 증대한다. 이와 같이 가격고저에 부응하여 생산자의 경작면적이 결정되면 수확 시 최종 생산량은 변경된 경작면적에 따라서 결정된다. 농업보다 자연의존도가 높은 수산업에서는 가격고저에 따라서 양식장의 양식면적을 증감한다.

1차년도의 가격을 고려한 2차년도의 경작면적을 결정하는 것과 같은 생산자의

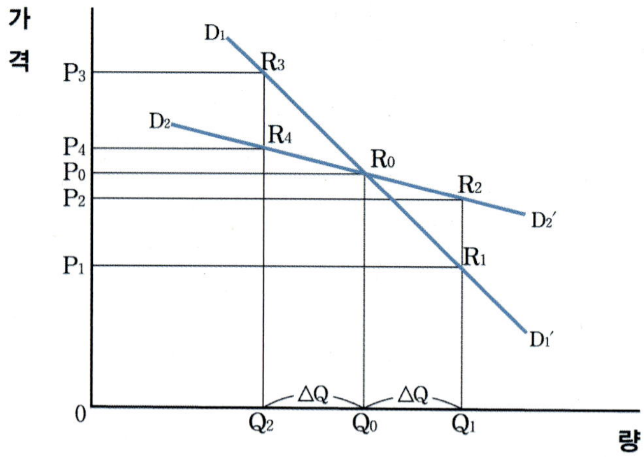

〈그림 2-3-1〉 수요의 가격 탄력성과 가격의 변동 관계를 나타내는 모델

대응행동은 기간에 따라 달라지는 변동임으로 본질적으로 주기변동에 포함되어야 할 것이지만 매년을 단위로 하여 작물이 생산되는 단년작물의 경우는 연차 변동 현상이라고 분류한다.

또 다른 하나의 농수산물 가격 변동이 큰 요인은 농수산물 수요의 가격 탄력성이 공산품수요의 가격 탄력성보다 낮기 때문이다. 일상적인 필수품은 수요의 가격 탄력성이 낮다. 〈그림 2-3-1〉은 공급량에 대한 변동비율이 동일하다 하여도 수요의 가격 탄력성이 낮으면 가격의 변동이 커지게 됨을 나타내고 있다.

그림에서 수요곡선을 D_1D_1'라 하고, 생산물의 시장 공급량이 Q_0에서 Q_1으로 증가한다고 하자. D_1D_1'곡선과 D_2D_2'곡선에 있어서 두 곡선의 공급량의 변동 비율은 $\frac{\triangle Q}{OQ_0}$로써 각각 동일하지만 D_1D_1'곡선의 가격은 P_0에서 P_1까지 하락한데 비하여 D_2D_2'곡선의 가격은 P_2까지 밖에 하락하지 않고 있다.

두 곡선에 대한 수요의 가격 탄력성($\frac{\text{공급량변화율}}{\text{가격변화율}}$)을 계산해 보면 계산식에서 분모에 해당하는 D_1D_1'곡선의 가격 변화율=$\frac{P_0 - P_1}{P_0}$이 D_2D_2'의 가격 변화율 =$\frac{P_0 - P_2}{P_0}$보다 큰데 비하여 산식에서 분자에 해당하는 공급량의 변화율=

$\frac{Q_0-Q_1}{Q_0}=\frac{Q_0-Q_2}{Q_0}=\frac{\triangle Q}{Q_0}$은 각각 동일하기 때문에 D_1D_1'곡선의 수요에 대한 가격 탄력성이 D_2D_2'곡선의 수요에 대한 가격 탄력성이 낮다. 이번에는 반대로 시장공급량이 Q_0에서 Q_2로 감소한 경우를 보자. 비탄력적인 수요곡선 D_1D_1'에 있어서는 가격이 P_3까지 상승하는데 비하여 상대적으로 탄력적인 수요곡선 D_2D_2' 곡선에 있어서는 P_4까지 밖에 가격이 상승하지 않는다.

일반적으로 농수산물 수요의 가격 탄력성은 1보다 적은 경우가 많으며 수요의 가격 탄력성이 1보다 낮을 경우에 공급량을 증대하면 할수록 총수입은 감소하고, 반대로 공급량을 축소하면 할수록 총수입이 증가한다.

4. 주기 가격 변동

4-1. 거미집 정리

거미집 정리(the cobweb theorem)는 주기적 가격 변동을 설명하는 대표적인 이론이다. 〈그림 2-3-2〉는 거미집 정리의 설명도이다. 〈그림 2-3-2〉에서 보는 바와 같이 어떤 요인에 의하여 균형 가격이 P_0에서 P_1으로 상승하였다고 할 경우에 제2기의 경작기에는 P_1가격을 기준으로 하여 생산계획을 세우고 경작면적을 확대한다. 이렇게 하면 수확기 생산·공급량은 Q_1이 되고 가격은 P_2로 하락한다.

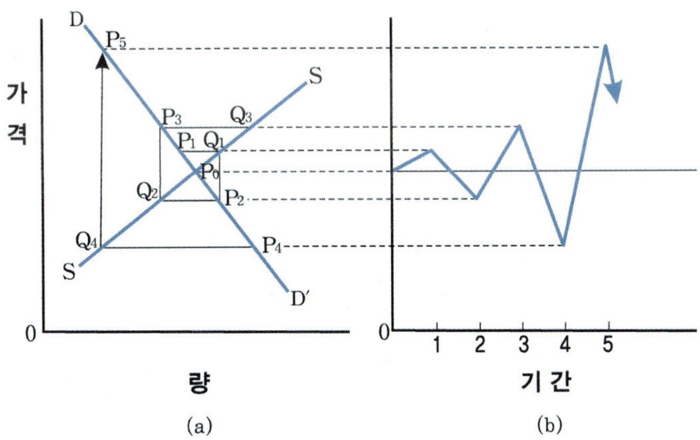

〈그림 2-3-2〉 거미집 정리 설명도

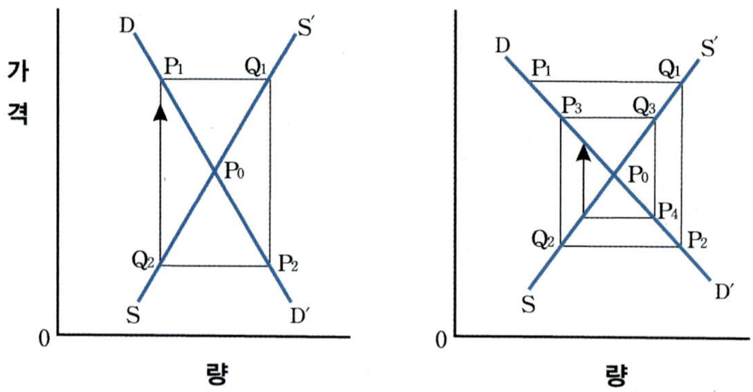

(a) (b)

〈그림 2-3-3〉 주기적 가격 변동의 형태

이어서 제3기에는 P_2가격을 기준으로 하여 경작계획을 수립하고 경작면적을 축소한다. 이 기간 수확기의 생산·공급량은 Q_2가 되고 가격은 P_3으로 상승한다. 제4기는 경작면적 확대 → 수확기에 생산·공급량 증가 → 가격 하락으로 이어진다.

이와 같이 가격과 생산·공급량간의 관계 변화에 대한 추이를 나타낸 그림이 거미집과 닮았기 때문에 '거미집 정리'라는 이름으로 부른다. 앞의 〈그림 2-3-2〉의 (b)는 (a)에 대응시킨 기간별 가격의 움직임을 나타낸 그림이다.

위에서 설명한 예는 기간이 경과함에 따라서 가격 변동이 커지는 확산형이다. 이와 같은 현상은 수요의 가격 탄력성이 공급의 가격 탄력성보다도 작기 때문이다. 〈그림 2-3-3〉의 (a)는 순환형이다. 이 경우는 수요와 공급의 가격 탄력성 값이 변하지 않는다. 그리고 〈그림 2-3-3〉의 (b)는 기간이 경과함에 따라서 가격 변동폭이 적어지는 수렴형이다. 이 경우는 수요의 가격 탄력성이 공급의 가격 탄력성보다 크다.

현실적으로 가격 변동폭은 기간의 경과에 따라서 무한정으로 클 수는 없다. 또한 기간의 경과와 더불어서 가격 변동이 점점 적어진다는 것도 명확히 예측할 수 없다. 오히려 가격 변동폭은 기간의 경과와 더불어 크게 변화하지 않는 순환형이 현실성이 높다. 이와 같은 이유로 '거미집 정리'는 순환형을 기준으로 설명하는 것이 일반적이다. 즉, 수요와 공급의 가격 탄력성이 동등하다는 아주 제한된 전제조건을 가정하고 있으며, 이러한 전제조건이 타당하지 않으면 거미집 정리는 타당성을 상실한다.

즉, 거미집 정리의 순환형 주기변동에 착안하여 거미집정리를 조화적 운동 모델 이론(harmonic motion model)이라 하였다. 조화적 운동모델은 시간의 경과와 더불어서 가격과 공급량이 변화하는 현상으로서 sine 또는 cosine함수로서 표시할 수 있다.

4-2. 주기 길이의 결정요인

농수산물 생산의 1주기의 길이는 대상품목의 생물적 생산기간과 경영행동 반응속도에 의하여 결정된다. 비육 돼지의 경우는 임신으로부터 출산까지 4개월, 육성기간이 3개월, 비육기간이 4개월 소요됨으로 임신에서부터 출하에 이르기까지 11개월을 필요로 한다. 그리고 번식시킬 수 있는 어미돼지(번식돈)는 따로 육성하여야 하는데 번식용 어미돼지의 육성기간은 8-9개월 소요된다. 그럼으로 임신-출산-번식용 어미돼지 육성-새로운 돼지의 임신 개시까지는 12-13개월을 필요로 한다.[15] 따라서 어미돼지로부터 태어난 새끼돼지를 육성, 비육, 출하시키기까지 소요되는 11개월을 합치면 총 23-24개월의 기간이 필요하다. 즉, 번식용 어미돼지를 육성하기 위하여 다른 돼지를 임신시키고 출산하여 비로소 번식용 어미돼지로 육성완료하기까지 12-13개월이 소요되고, 육성 완료된 번식용 어미돼지에게 다시 출하용 돼지의 임신-출산-비육기간 11개월을 추가하면 번식용 어미돼지 임신에서부터 출하용 돼지 비육완료까지 소요 기간이 총 23-24개월이 된다.

생산자는 돼지를 사육하는 기간 동안 돼지 가격이 상승할 경우에 사육중인 육성단계의 돼지를 매각할 것인가, 비육시킬 것인가 또는 번식용으로 삼아야 할 것 인가를 결정하여야 한다. 또 다른 선택의 방법으로서 다른 사람으로부터 어미돼지를 구입하여 급속히 사육두수를 증대시킬 것일까 하는 의사결정문제가 경영자에게 주어진다. 이러한 판단은 경영자 개인별로 차이가 있을 것이다. 또한 동일 경영자라 할지라도 주기의 단계에 따라서 판단의 내용이 동일하지 않을 것이다. 언제나 경영자는 의사 결정을 할 시점에 가격 변동을 고려하여야 함으로 경영 행동상의 반응

15 새로운 돼지 임신개시 기간은 임신으로부터 출산까지 4개월에 번식용 어미돼지 육성기간 8-9개월을 합산하면 12-13개월이 소요됨.

이 늦어진다. 돼지 생리상의 생산 기간과 경영 행동상의 반응 속도를 합한 기간이 18개월이면 3년 주기가 되고 24개월을 필요로 한다면 4년 주기가 된다. 주기적 가격 변동에 있어서 대상 기간은 가격 변동에 대한 생산자의 행동에 따라 달라진다. 즉, 생산자의 행동이 가격에 영향을 줌으로 생산자의 대응을 포함하는 기간이 주기의 길이를 결정하는 요인이다.

4-3. 거미집 정리의 전제

거미집 정리 이론은 왜 현실과 차이가 발생하는가?

농산물이나 돼지고기는 현실적으로 주기적 가격 변동에 있어서 주기의 길이와 주기의 고저 폭이 주기마다 틀린 경우가 많다. 그 이유는 무엇보다도 우선 거미집 정리가 전제로 하는 조건이 그대로 현실적으로 타당하게 적용하기 힘들다는 데 있다.

돼지고기 가격의 주기변동에 있어서 거미집 정리가 문제가 되는 전제 조건은 다음과 같은 4가지이다.

첫째, 생산계획과 결실(수확)시점과의 사이에 시간적인 차이가 있음에도 불구하고 계획시점의 가격을 기준으로 생산계획을 세운다는 전제이다. 〈그림 2-3-2〉에서 가격이 P_1 일때 Q_1의 양 만큼 생산할 수 있도록 임신시킨다고 계획되었다. 그러나 그 계획은 실질적으로 한 주기의 변동경험을 고려한 것임으로 실제 발생할 균형 수급량(Q_1)보다 임신마리수를 많게 할 가능성이 있다.

둘째, 생산 계획과 같이 결실기에 수확을 할 수 있다는 전제이다. 이것도 농어업의 흉풍 변동을 고려하면 불확실하다. 돼지사육에 있어서도 채소만큼은 아닐지라도 생산이 계획과 같이 정확하게 안정될 수는 없다.

셋째, 수요와 공급이 일정하다는 전제이다. 말하자면 수요와 공급의 두 곡선이 이동하지 않는다고 전제하고 있다. 현실적으로는 기호(嗜好)와 생산 기술은 결코 불변일 수 없다. 거미집 정리는 기호나 생산 기술 조건이 일정하다고 하는 정태 이론 임으로 만일 그 전제 조건에 변화가 생기는 동태적인 경우에는 설득력이 없다.

넷째, 대체재와 생산재의 영향을 무시하고 있다. 예를 들면 돼지고기의 주기적 변동은 대체재인 소고기 산업 및 생산재인 사료사업의 동향에 영향을 받는다.

4-4. 주기적 가격 변동의 대책

농수산물의 가격 변동은 주기적으로 발생한다. 이와 같은 주기적 가격 변동에 대한 대책은 정부와 개별 경영 양쪽에서 강구해야 한다.

먼저 정부측의 대책을 보자.

첫째, '농수산 관측 정보(농수산 outlook 서비스)'의 보급

농수산물 관측 정보의 목표는 수급조건 변동을 축소시킴으로써 가격 변동을 적게 하는 것이다. 농수산업의 개별 생산자는 씨를 뿌리거나 종묘를 입식 할 때는 입식 당시의 가격을 기준으로 하여 생산 계획을 세우기 때문에 정부는 종자 살포나 종묘 입식량을 근거로 하여 수확시의 수요와 가격을 전망하고 생산 계획의 안정화를 도모하고 있다. 우리나라의 농업 관측 정보는 농업 관측 센터에서 수산 관측 정보는 수산 관측 센터에서 매월 발표하고 있다. 그러나 생산자 전부가 농업 관측 또는 수산 관측 정보에 따라서 동일한 행동을 취하면 거꾸로 가격 변동이 커질 우려도 있다. 생산자 중에는 정보가 제공하는 관측과 반대로 대응하면 수입이 많아진다고 생각하는 사람도 생길 수 있다.

둘째, 가격 안정화 정책

가격 안정화 대책의 목표는 수급조건에 변동이 발생하면 가격 변동에 미치는 영향을 완하 시키는 데 있다. 정부가 시장에 개입하여 시장 거래량을 매입 또는 매도함으로써 시장 가격의 안정화를 도모하던가 또는 생산자에게 부족액을 지불함으로써 생산자 수취 가격에 미치는 영향을 적게 하는 방법이다.

이어서 농수산물의 주기적 가격 변동에 대하여 개별 경영체는 어떻게 대응하여야 할 것인가를 살펴보자.

개별경영체가 우선적으로 검토해야 할 사항은, 당면한 가격 변동이 주기적 가격 변동인가 혹은 주기적인 변동이 아닌가를 판단하여야 하고 그 결과에 따라서 대응하는 방안이 달라진다. 가령 돼지고기 도매가격이 Kg당 15,000원에서 20,000원으로 인상되었다고 하자. 이 가격 인상이 수요 증대에 의한 것인가 또는 주기적 변동에 의한 것인가를 구별하여야 한다. 〈그림 2-3-4〉은 가격 등귀의 두 가지 경우를 나타낸 그림이다. 이 그림에서 전자(수요증대)는 R_1의 경우이고 후자(주기적 변동)는 R_2의 경우이다. 전자의 경우에는 재빨리 생산 확대를 서둘러야 하지만

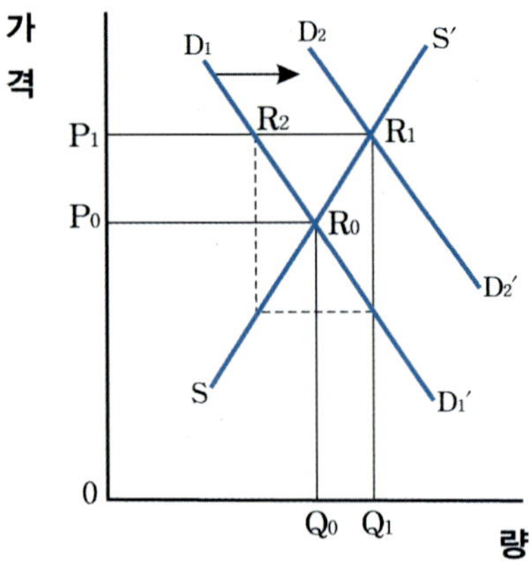

〈그림 2-3-4〉 가격등귀의 두 가지 경우

후자의 경우에는 단순히 생산 확대를 단행해서는 안된다. R_2의 경우와 같이 일단 주기적 가격 변동이라고 확인하였다 할지라도, 이어서 주기 변동의 어떤 단계에 있는가를 확인하여야한다. 만일 돼지 고기가격이 15,000원의 높은 수준에 있고, 그것이 주기 변동 사이클의 정상 부근에 있다고 하면 이 가격은 수개월이내에 하락으로 반전할 것으로 예상됨으로 생산 확대를 도모하기 보다는 생산 축소를 도모하여야 할 것이다.

이 경우에 있어서도 생산 축소의 방법으로서

첫째, 육성돼지를 번식용으로 전환시키지 말고 비육용으로 전환하여야 하고
둘째, 번식용 암돼지 사육두수를 점차 감소시키고
셋째, 비육돼지는 적정한 체중과 규격으로 만들어서 재빨리 판매해야 하는 조처를 취해야 한다.

5. 계절 가격 변동

농수산물 생산은 계절성이 작용하기 때문에 농수산물의 가격은 계절적으로 변한다. 그러나 이런 경우에 가격 변동 폭을 결정하는 요인은 계절성만이 아니다. 가격 변동의 폭을 결정하는 요인으로서 저장 비용도 중요한 변수가 된다.

〈그림 2-3-5〉 주년 보관이 가능한 농산물 (예를 들면 곡물)의 계절적 가격 변동

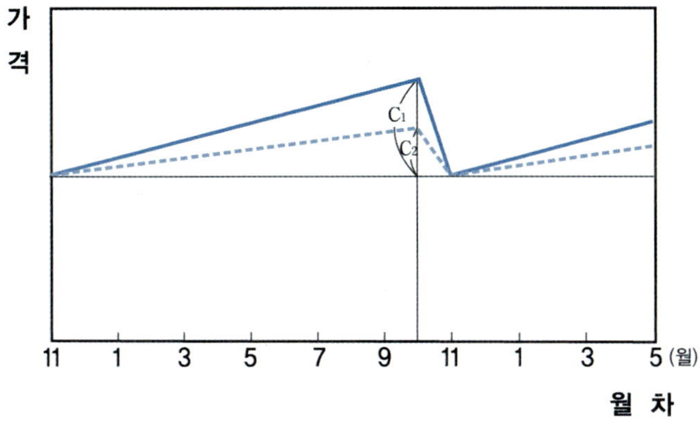

〈그림 2-3-5〉 계절적 가격 변동 모델

모델이다. 수확기(11월)의 가격은 아주 낮지만 시간의 경과와 함께 가격이 점차 높아지고 있다. 이것은 수확기로부터 다음 수확기 이전의 단경기(端境期: a between season = an off-crop = a pre-harvest season)[16]까지 저장 비용이 시간의 경과와 함께 비례하여 증가하기 때문이다. 그림에서 단경기는 10월을 나타내고 있다. 그림에서 수확기로부터 단경기까지의 비용을 C_1이라고 하면 실선과 같은 계절적 가격 변동을 나타낸다. 그러나 저장 기술이 진보함에 따라서 보관비용이 C_2로 하락하게 되면 가격 변동의 상하폭이 축소하게 되고 가격은 점선과 같이 된다. 그림에서 점선은 기술이 진보하여 보관비용이 한 수준 낮아졌음을 나타내고 있다.

계절적 가격 변동 축소책의 하나는 저장 비용 인하, 즉 보관기술의 진보이다.

또 다른 계절적 가격 변동 축소책의 하나는 생산·공급 시기의 조정이다. 연간 수확과 공급량이 일정시기에 집중되지 않도록 수확 공급량을 년 중에 걸쳐서 가능한 한 오래도록 분산 하는 방법이다. 만생종, 조생종의 품종 개량, 촉성·억재 재배기술 개발, 비닐하우스 등의 시설 재배 도입 등이 그것이다.

6. 도매가격 신축성과 소매가격 경직성

재화를 거래함에 있어서 도매 단계에 생산 원가의 변화 요인이 발생하면 도매가

16 단경기(端境期)란 경계의 끝이 되는 시기라는 뜻으로, 쌀의 경우에 철이 바뀌어 묵은 쌀이 다 소비되고 햅쌀이 나올 무렵을 이르는 말.

격은 이를 반영하여 신축적으로 변화하지만, 소매 단계에서는 소매가격 변화 요인이 발생하여도 소매가격이 잘 변화하지 않는 경직성이 작용한다. 이와 같은 가격 변동현상을 '도매가격 신축성'과 '소매가격 경직성'이라 한다. 다른 표현으로는 도매가격은 소매가격이 형성되기 이전에 형성됨으로 도매가격을 위쪽 방향에서 형성되는 가격이라고 하여 상방 가격이라고 하고 소매가격은 아래쪽 방향에서 형성되는 가격이라고 하여 하방 가격이라고 하면서 '상방 가격 신축성과 하방 가격 경직성'이라 한다.

일반적으로 재화의 소비자 가격은 한번 결정되면 가격이 오랫동안 고정적이다. 소매상이 재화를 구입하는 도매 단계에서 재화의 원료 및 도매가격이 하락하거나 상승하여도 곧바로 소매가격에 반영하지 않는다.

그 이유는 소매 단계에는 경쟁이 심해서 소매가격을 인상시키면 단골 고객들이 다른 소매점으로 거래선을 옮길 가능성이 높기 때문이다. 만일 소매 단계에서 인건비, 포장 자재비 등 판매 경비가 상승하였거나 또는 도매가격이 인상되어 소매가격을 인상할려고 하면 인상 시기 선택을 신중하게 판단한다. 보통 인상 시기는 도매상으로부터 여러 차례 매입가격이 인상된 경우에 이를 인상하는 구실로 삼아서 판매 가격을 인상시키는 경우가 많다.

소매상들은 소매가격을 어렵게 인상하였기 때문에 비록 도매가격이 다소 하락하였다 할지라도 소매가격을 인하시키지 않은 채 그대로 소매가격을 유지하는 경우가 많다.

소비자들 입장에서 보면 소매상들이란 가격을 인상하기만 하지 인하하는 경우를 거의 볼 수 없고 오히려 소매상들은 도매가격이 인상되면 곧바로 소매가격을 인상하지만 반대로 도매가격이 인하 되어도 소매가격은 인하하지 않는 형태로 인식된다.

이번에는 소매 단계와는 달리 도매 단계를 보자. 도매 단계란 도매상들이 생산자로부터 물품을 구입하여 소매상에게 판매하는 단계이다. 도매 단계에서 판매자가 되는 생산자들은 생산원가에 영향을 주는 요인이 발생하면 그대로 생산자 판매 가격에 반영시킨다. 그러므로 도매상들은 생산자들로부터 구입한 가격을 신축적으로 반영시켜서 소매상에게 판매할 도매가격을 결정한다. 그러므로 유통단계를 볼 때 소비단계보다 전방에 있는 도매가격이 신축적인 성질을 내포하고 있다. 이와 같은 성질을 일컬어서 도매가격 신축성 또는 전방가격 신축성이라 하거나 상방 신축성이라 한다. 한편 소비자 단계의 거래 가격은 상품에 따라서 다르기는 하지만 생산자와 도매업자간의 거래 가격 또는 도매업자 상호간의 거래 가격과 같이 매일 매일 변화하는 성질을 갖고 있지 않으며 앞에서 설명한 바와 같이 어느 정도는 경직적이라 할까 점착성을 갖고 있다. 즉, 소매가격은 단기간에 도매가격을 연동하지 않는 것이 일반적인 현상이다. 따라서 유통 단계에서 도매 단계보다 후방에 있는 소매가격이 잘 변하지 않는 현상을 일컬어서 소매가격 경직성 또는 후방 가격 경직성이라 하거나 하방 경직성이라 한다.

제4절 농수산물 수요와 공급의 경제적 특징

1. 농수산물 소비생활의 변화

농수산물 소비생활은 개개인의 문제이지만 여러 가지 사회생활과 가치관을 반영하면서 변화한다.

우리들의 농수산물 소비생활은 우리의 경제수준이 향상되기 시작한 1970년대부터 급격하게 변화하기 시작하여 최근까지 지속적으로 변화하고 있으며, 앞으로도 복잡한 변화가 계속될 것으로 예상된다. 특히 최근 약 4반세기 동안에는 엄청난 식생활의 변화가 나타났다.

일반적으로 가계의 풍족도를 나타내는 지표로 사용되는 엥겔계수가 우리나라에서 1970년대 경제 성장기부터 크게 저하하기 시작하였고, 그 때부터 일상생활에 필요한 공급 열량과 영양면에서도 양적으로나 질적으로 양호한 변화를 나타내고 있다. 최근에는 어떠한 영양분을 얼마나 섭취할 것인가 또는 보기 좋고 맛있는 음식을 누구와 언제, 어떤 곳에서 즐길 것인가가 일상적인 관심사가 되는 수준에 이르렀다.

최근 4반세기 동안에 나타난 우리나라의 농수산물 소비생활의 성격은 다음과 같이 크게 다섯 가지의 변화 형태를 나타내고 있다.

1-1. 식사의 다양화 · 서양화(西洋化)

우리나라의 전통적인 식생활이란 주식은 쌀이고, 부식은 감자, 배추, 무우이며, 조미료는 간장, 된장, 고추장으로 단순하였지만 70년대 이후 우리 국민의 식생활은 점차 다양화 되었고, 그 중에서도 서양화(양풍화: 洋風化) 비율이 점차 높아지고 있다. 즉 육류의 소비량이 증가하였고 소비 육류의 종류도 많아졌다. 뿐만 아니라, 부식의 종류도 다양해졌으며 이 중에는 양채류(洋菜類, 서양 채소류)의 소비량도

〈표 2-4-1〉 우리나라 쌀 소비량 변화

년도	소비량 (kg)	증감 (kg, 1976년 기준)
1976	121.0	0
1979	136.0	+25.0
1980	132.9	+11.9
1990	120.8	-0.2
2000	97.9	-23.1
2005	83.2	-37.8

〈표 2-4-2〉 우리나라 육류 소비량 변화

년도	소비량 (kg)	증감 (kg, 1976년 기준)
1976	9.7	0
1980	13.9	+4.2
1990	23.6	+13.9
2000	37.5	+27.8
2002	39.2	+29.5
2005	36.6	+26.9

〈표 2-4-3〉 우리나라 우유류 소비량 변화

년도	소비량 (kg)	증감 (kg, 1976년 기준)
1976	5.4	0
1980	10.8	+5.4
1990	31.8	+26.4
2000	49.3	+43.9
2005	54.0	+48.6

많아졌다. 또한 조미료류의 소비품목도 다양화 되고 있다.

쌀은 한국인의 주식으로서 특별한 지위를 차지하고 있으나 쌀 소비량은 70년대에 비하여 현저하게 감소하였다. 쌀은 소비자 가격의 상승에도 불구하고 식료비에서 차지하는 쌀 대금 지출 비율이 저하하였다. 우리나라의 1인당 연간 쌀 소비량은 〈표 2-4-1〉에서 보는 바와 같이 1976년 121.0kg이었지만, 1979년 136.0kg을 피크로 하여 1980년 132.9kg, 1990년 120.8kg, 2000년 97.9kg, 2005년 83.2kg로 현저하게 감소하였다. 1979년을 기준으로 2005년의 소비량은 약 40% 감소하였다. 쌀 소비량 감소는 서구인들의 식생활처럼 육류와 우유류의 소비량 증가로 대체되고 있다.

우리나라의 1인당 육류 소비량은 〈표 2-4-2〉에서 보는 바와 같이 1976년 9.7kg, 1980년 13.9kg, 1990년 23.6kg, 2000년 37.5kg으로 증가하였으며, 2002년 39.2kg으로 피크를 이루었으며 2005년 36.6kg의 소비량을 기록하고 있다. 육류의 주요 소비 품종은 돼지, 닭, 오리, 소고기이다.

우유류의 1인당 소비량은 〈표 2-4-3〉에서 보는 바와 같이 1976년 5.4kg, 1980년 10.8kg, 1990년 31.8kg, 2000년 49.3kg, 2005년 54.0kg로 매년 증가하는 추세이며, 2005년 소비량은 1976년보다 10배 증가하였다. 이와 같이 우리나라의 전통적인 쌀 중심 식생활은 서양인 식생활처럼 육류와 우유 소비량이 증대되면서 식생활의 다양화・서양화가 진척되었다.

더욱이 우리나라에서는 70년대 후반부터 밀가루를 이용한 서양식 빵, 스파게티, 라면 등의 소비가 증가하였다. 이와 더불어 부식메뉴도 풍부해지면서 종전까지 주식에서 섭취하던 필수적인 영양과 열량을 부식과 야채에서 섭취하고 있다. 70년대까지 한식야채인 감자류, 배추, 시금치, 무, 우엉 등의 소비가 대부분을 차지하였으나 80년대 이후에는 레트스, 토마토, 브로커리와 같이 샐러드에 사용하는 양채류(洋菜類, 서양 채소류)의 소비가 증가하고 있다. 뿐만 아니라 조미료도 전통적인 된장, 고추장, 간장에 머물지 않고 마요네즈, 케첩, 그 밖의 드레싱 등으로 양풍화가 진전되고 있다.

1-2. 시간 절약형 식품 소비의 증대

여성 취업 인구가 증대함에 따라서 여성들이 요리하는데 보내는 시간이 부족하게 되었고 여성들의 가정 내 발언권이 강화되어 가사에 대한 재량권이 높아지면서 시간 절약형 식품소비가 증대되었다. 식사를 위한 하루 3회의 조리 횟수를 1-2회로 줄이고 1회의 조리에 2-3회 식사분을 준비하거나, 1회의 조리에도 시간을 단축시키는 대신에 창조성이 있고 즐거움을 주는 개성적인 요리를 하는 방향으로 전환되고 있다.

일상적인 식사준비는 간편 조리 식품, 냉동 식품 및 레토르트 식품(retort food)[17]과 같이 조리에 시간과 수고를 줄인 식품을 이용하는 비율이 높아지고 있을 뿐만 아니라, 나아가서 조리와 설거지까지 생략하는 외식도 증가하면서 주부에 의한 조리시간 절약형 식품소비가 증가하고 있다.

1-3. 건강과 안전 · 안심 식품지향

건강과 안전 · 안심식품 지향은 21세기에 들어와 현저해지고 있다. '의식동원(醫食同源)'[18]이라는 말의 내용에 따라서 이왕 식사를 할 바에야 건강에 도움이 되는 식품이 인기가 높다. 소득수준이 높아짐에 따라서 전 국민이 여생을 건강하게 향유하고자 하는 의식이 높아지고 있다.

최근에는 조류 인플루엔자(AI: Avian Influenza)[19], 광우병(BSE: Bovine Spongiform Encephalopathy)[20], 농수산물의 허위표시, 인체에 유해한 첨가제의 사용 등으로 국

17 레토르트는 통조림 식품 등을 고온 살균할 때 사용하는 고압 살균솥을 의미하는데 레토르트 식품의 경우에는 레토르트에서 고온 살균해야하기 때문에 retort food라 한다. 레토르트 식품은 금속 용기를 사용하는 통조림과 달리 내열성 플라스틱 필름을 단독 혹은 금속박을 여러 층으로 접착하여 만든 재료로 봉지를 만들고 여기에 식품을 넣은 후 밀봉하여 121℃ 이상 살균한 제품이다.

18 의식동원(醫食同源)이란 중국의 고사로서 병의 치료나 일상적인 식사는 모두 인간의 생명을 지탱하고 건강을 유지하는데 있음으로 치료나 식사의 근본적인 목적은 동일하다는 사고방식을 말함. 의식동원을 약식동원(藥食同源)이라고도 한다.

19 AI(Avian Influenza)는 닭 · 칠면조 · 오리 · 철새 등 여러 종류의 조류에 감염되는 바이러스성 전염병으로 전파속도가 매우 빠르며, 폐사율 등 바이러스의 병원성 정도에 따라 고병원성 · 약병원성 · 비병원성으로 구분된다. 사람도 조류에 의하여 고농도의 변이 바이러스에 감염될 수도 있다.

20 BSE는 소해면 상뇌증 또는 광우병(MCD: Mad Cow Disease)이라 한다. 이 병은 본래 4~5세의 소에게 주로 발생하는 해면상뇌증으로 이상행동을 보이다가 죽어 가는 전염성 뇌질환으로 알려져 있으나 광우병이 인간에게 감염될 가능성이 제시되고 있다.

민의 식품에 대한 불안감이 확대되고 있다. 따라서 국민들은 건강을 유지하거나 증진시키는 식품을 선호하는데 그치지 않고 건강을 손상할지도 모를 식품에 대한 기피감이 강해지고 있다. 전자의 예로서는 요구르트, 천연과일 쥬스, 야채, 유기식품, 기능식품 등이고 후자의 예로서는 혈압에 해로운 염분, 열량이 과도하다고 우려하는 당분, 유해한 첨가물을 함유한 가공식품 등이다.

1-4. 식품 소비의 계절성 변화

농수산물은 지역별 풍토의 특성과 기후에 영향을 받아서 계절별로 출하하는 시기가 정해져 있었다. 그러나 근년에는 시설 원예와 양식 어업의 발전, 보존·가공기술의 진보, 해외로부터 수입의 증가로 인하여 식품의 계절성이 상실되고 식품의 주년(周年)소비가 확대되고 있다. 예를 들면 수박을 비롯한 여름 과일이 시설원예로 연중 공급되고 있으며, 가을 과일로 알려진 감은 보관기술의 발달로 연중 보급되고 있다. 뿐만 아니라 외국에서 생산되는 과일도 연중 수입되어 소비하고 있다.

1-5. 식사의 개식화(個食化) 증가

식사를 개인별로 하는 현상을 개식화라 한다. 전통적인 식사는 가족이 모두 모여서 환담을 나누거나 어른들의 말씀을 들으면서 식사를 즐기는 가족의 세레모니와 같은 가족식이었다. 그러나 근년에 핵가족 사회가 진전되고, 독신 세대가 증가함에 따라서 식사가 핵가족 단위로 이루어지고 있을 뿐만 아니라, 나아가서 핵가족도 분화되어 식사는 개인별로 이뤄지는 경우가 많아지고 있다.

핵가족 중에서 통학시간에 맞추어야 하는 자녀, 잔업으로 늦어지는 직장인 가장(家長), 아르바이트를 하는 주부는 각각 식사시간이 달라짐으로 가족들이 각각 개인별로 식사를 하게 된다. 이러한 개인별 식사의 증가에 대응하기 위하여 대형 냉장고와 전자레인지가 보급되고 조리 식품의 이용이 확대되는 추세이다.

2. 농수산물 수요의 경제적 특징

농수산물은 인간이 살아가는데 필요한 영양분을 공급해 주는 생활필수품으로 이

용되기 때문에 그 수요면에서 다음과 같이 일반적인 공산품과 다른 경제적 특징이 있다.[21]

2-1. 소량빈번 구매한다

다수의 영세한 가계가 소비 주체이다. 소비를 담당하고 있는 소비자들은 전국에 널리 분산하여 분포하고 있다. 농수산물의 대부분은 식료이고, 이를 가계에서 최종소비하고 있으며 많은 농수산물은 저장성이 부족하기 때문에 가계에서는 필요한 양만큼 소량씩 매일매일 구입하는 경우가 많다. 따라서 개별 소비자들은 가격형성에 큰 영향력을 가질 수 없다. 그러나 가공원료 농수산물 중에는 대형 식품가공업자가 독점적 수요(수요 독점)를 형성하고 있으면서 기업이 가격을 결정하고 있는 경우가 있다.

2-2. 수요의 소득 탄력성이 낮다

농수산물은 수요의 소득 탄력성이 대체적으로 낮다. 앞에서 설명한바 있는 수요의 소득 탄력성을 나타내는 다음과 같은 공식에 따라서 농수산물 수요의 품목별 소득 탄성치를 계산해 보면 필수품이라는 것을 반영하고 있어서 대부분이 1보다 적고 마이너스를 나타내는 것도 있다.

$$\text{수요의 소득 탄력성 } \eta = \frac{\frac{\triangle Q}{Q}}{\frac{\triangle I}{I}}$$

단, I = 원래 소득, △I = 원래 소득 - 새로운 소득
Q = 원래 수요량, △Q = 원래 수요량 - 새로운 수요량

탄성치가 마이너스를 나타내면 소득이 증가하여도 소비가 감소한다는 것을 의미한다. 이러한 상품을 열등재라고 하는데, 쌀, 된장, 간장과 같은 전통 식품의 수요는 소득이 상승함에 따라서 소비는 현저하게 감소하고 있다.

---

21 특징은 특질과 비슷한 말로서 다른 것에 비하여 외면적인 면에서 눈에 띄는 다른 점을 말한다. 특질이란 사물이나 현상에 대한 내면적인 특별한 기질이나 성질을 나타낸다.

한편 소득이 상승함에 따라서 소비가 증가하는 상품을 우등재 또는 정상재라고 한다. 그 중에서도 소득 탄성치가 1을 초과하는 상품을 고급재라고 하며 이러한 재화는 기호품적 성격이 강하다. 유제품, 소고기는 고급재이다. 고도 경제 성장기에는 축산물, 과일, 양채소류 소비가 증가 되었다.

농수산물은 식료이고 생활필수품으로서 소득이 2배 증가하여도 소비는 2배 증가할 수 없다. 개별 농수산물 마다 약간씩 차이가 있지만 전체적으로 보면 식료수요는 소득 증가에 대하여 아주 적은 탄성치 밖에 증가하지 않는다.

2-3. 수요의 가격 탄력성이 낮다

농수산물은 수요의 가격 탄력성도 아주 낮다. 이 말은 농수산물의 필수품적 성격을 나타내고 있다. 농수산물은 가격이 변동하여도 이에 비례하여 수요는 증가하거나 감소하지 않는다는 것을 의미한다.

$$\text{수요의 가격 탄력성 } E = \frac{\frac{\triangle Q}{Q}}{\frac{\triangle P}{P}}$$

단, P = 원래 가격, △P = 원래 가격 - 새로운 가격
Q = 원래 수요량, △Q = 원래 수요량 - 새로운 수요량

앞에서 설명한 바 있는 수요의 가격 탄력성을 산출하는 위와 같은 공식에 의하여 산출된 수요의 가격 탄력성(마이너스 값이 많기 때문에 절대치로 보자)이 1보다 큰 경우에 수요는 가격에 대하여 탄력적이라고 말한다. 그러나 정반대의 경우에는 비탄력적이라고 한다. 탄력적인 상품은 사치품이 많고 가격의 변화에 대하여 수요가 이에 민감하게 반응하는 식품이다. 가격 탄력성이 1보다 큰 것은 소고기, 유제품, 음료용 우유 등의 축산품이다.

한편 비탄력적인 상품은 필수적 성격이 강하고, 가격이 낮아져도 그 만큼 수요는 증가하지 않는다. 거꾸로 말하면 가격이 등귀하여도 가격의 상승률 만큼 수요는 감소하지 않는다. 어패류, 달걀 등의 탄성치는 극단적으로 낮아서, 가격이 변화하여도 수요는 거의 영향을 받지 않는다고 하여도 좋을 정도이다. 그러나 식품에 따라서는 가격 탄력성에 큰 차가 나타날 수 있다.

3. 농수산물 공급의 경제적 특징

3-1. 다수의 영세한 농어가가 생산 주체이다

우리나라 농민의 평균 경지 면적은 1ha 미만이고, 어민들의 소유 선박 규모는 평균 5톤 미만이다. 또한 농수산업은 소수의 가족노동에 의존하여 경영하는 소규모 농어가가 생산주체이다. 거의 모든 농어가가 비슷한 농수산물을 비슷한 시기에 생산 공급하고 있다. 개별적인 생산자의 공급량은 아주 소량으로서 산업에 대한 집중도는 낮다. 이렇기 때문에 시장에서 개별 생산자의 경쟁력도 낮다. 농수산물은 완전 경쟁시장을 형성하고 있다.

3-2. 유통기관의 시장 지배력이 크다

영세한 경영이기 때문에 개별 생산자는 가격 형성에 영향력을 가질 수 없지만 그 대신에 유통업자와 중간 상인들의 지배력은 강하다. 중간 상인은 생산자에 비하여 경제력 정보 수집력 등에 있어서 압도적인 우위에 있기 때문에 상인과 생산자의 가격 교섭 시에 상인의 교섭력(bargaining power)이 아주 크다.

3-3. 공급의 자연 의존도가 크다

농수산물의 공급량은 자연과 유기적인 관계가 있다. 농수산물의 생산량은 그 해의 기상 조건 등에 따라서 대단히 민감하게 증감한다. 또한 생산량에 반비례하여 농산물 가격은 변동을 되풀이 한다. 각종 기술 혁신, 기상 예보 등의 진보에 따라서 흉풍의 차는 어느 정도 축소시킬 수는 있으나 농수산업은 자연과 유기적인 생산관계인 이상 자연조건에 제약을 받음으로 생산량의 흉풍변동은 기본적으로 피할 수 없는 산업이다. 이런 특질로 인하여 농수산업은 가격의 불안정성을 내포하고 있다.

3-4. 공급의 가격 탄력성이 낮다

자연과 농수산물은 유기적인 생물 생산관계가 있고, 생산 시작으로부터 공급까지 일정한 재배와 생육기간이 필요로 하기 때문에 가격이 높다고 즉시에 공급량을 증대시킬 수 없는 바와 같이 농수산물은 공급의 가격 탄력이 낮다. 농수산물은 공업제품에 비하여 보관비가 많이 소요되고 시간의 경과와 함께 품질이 열등화 되는 문제가 있기 때문에 제품 재고에 따른 출하(공급)조절이 어렵다. 그럼으로 농수산물 공급은 거의 시장 가격에 관계없이 생산과 동시에 곧바로 판매하지 않을 수 없는 경우가 많다.

경작 농작물의 대부분은 년 1회 생산이고, 아무리 가격이 등락한다고 하여도 이에 대응하여 곧바로 당해 연도의 생산량을 증감하여 조절할 수는 없다. 시장 가격의 변동이 생산량(공급량) 증감에 작용을 미치는 것은 다음 년도에 들어가서야 가능하다. 농수산물 가격이 크게 변동하는 현상이 발생하는 것은 농수산물 공급의 낮은 가격 탄력성이 작용하기 때문이다.

제5절 농수산물과 물가 지수

우리는 일상생활에서 주가지수, 물가 지수(PI = price index) 등과 같이 지수라는 용어를 자주 사용한다. 특히 농수산물에 대하여 물가가 인상되었다거나 물가가 하락하였다는 말을 자주하지만 물가가 언제를 기준으로 얼마나 인상되었는지 정확하게 이해하지 못하고 있는 경우가 많다. 물가가 인상되었다는 말은 특정한 시점과 또 다른 시점 즉, 두 시점 사이에 물가가 상향으로 변동된 사실을 두고 하는 말인데 이와 같이 두 시점간의 물가를 비교하는데 이용되는 용어가 물가 지수이다. 여기서는 물가 지수를 이해하는데 필요한 기초지식인 지수의 개념에서부터 물가 지수의 산식에 이르기까지 일상생활에 자주 이용하는 물가 지수에 관한 일반적인 내용을 다루고자 한다.

1. 지수의 종류

1-1. 지수의 개념

지수(index numbers)는 동일한 통계집단에 있어서 그 통계 계열의 대소를 비교하기 위하여 어떤 특정시점의 수치를 기준으로 하여 다른 시점의 수치를 백분율로서 나타낸 표시이다. 그러므로 지수는 기준이 되는 수치를 100으로 하고, 이에 대한 비교 수치를 나타내면서 통계 계열의 시간적 변화를 파악하는 데 유용하게 사용된다. 그 계산식은 다음과 같다.

$$\text{지수} = \frac{\text{비교 시점의 수치}}{\text{기준 시점의 수치}} \times 100$$

지수는 기준 시점의 수치에 대한 비교 시점의 수치의 백분율이므로, 지수 계산에는 기준 시점이 결정되어야 한다. 기준 시점은 비교의 기준이 되므로 비교할 수 있는 가까운 시점이어야 하고 또 비교적 안정된 시점을 선택하는 것이 바람직하다. 이 기준 시점을 결정하는 방법으로서는 기준 시점의 변동유무에 따라 고정 기준법(fixed base method)과 연쇄 기준법(chain base method)이 있다.

고정 기준법은 통계 계열 중에서 어떤 특정 시점의 계열 또는 몇 개의 특정 시점의 계열의 평균치를 기준으로 하여 계산의 기준을 고정시키는 방법이다. 이와는 달리 연쇄 기준법은 기준 시점이 고정되어 있지 않은 경우로서, 지수를 산정

〈표 2-5-1〉 통화량 지수의 계산 예

년도	통화량 (단위: 1,000억원)	지수 계산	
		고정 기준법	연쇄 기준법
2010	118	100	–
2011	154	$\frac{154}{118}\times 100=131$	$\frac{154}{118}\times 100=131$
2012	217	$\frac{217}{118}\times 100=184$	$\frac{217}{154}\times 100=141$
2013	271	$\frac{271}{118}\times 100=230$	$\frac{271}{217}\times 100=125$
2014	327	$\frac{327}{118}\times 100=277$	$\frac{327}{271}\times 100=121$
2015	381	$\frac{381}{118}\times 100=323$	$\frac{381}{327}\times 100=117$

단, 해당년도의 통화량은 가정치임

할 때 마다 각 비교 시점의 지수는 바로 앞의 시점의 값을 기준으로 계산하는 방법을 말한다. 연쇄 기준법에 의해서 계산된 지수는 상품의 품목이나 가중치가 변경될 경우에는 편리하지만, 기준이 계산할 때마다 달라지므로 계열 전체의 일관적인 비교가 어려운 단점으로 인하여 지수 계산식에서는 고정 기준법이 많이 사용된다.

〈표 2-5-1〉은 년도 별로 가정된 통화량을 고정 기준법과 연쇄 기준법에 의하여 지수를 계산한 사례이다.

1-2. 개별지수와 종합지수

지수는 그 작성방법에 따라서 여러 가지 지수로 구분할 수 있다. 우리 일상생활에서 자주 이용하는 지수는 개별지수와 종합지수인데 이는 지수 작성의 대상이 되는 통계계열의 개수에 따라서 구분한다. 또한 지수를 작성함에 있어서 각 통계계열의 중요도를 고려하느냐 하지 않느냐에 따라서 단순지수와 가중지수로 구분한다.

1) 개별지수

개별지수(individual index number)란 단일 통계 계열에 대하여 기준 시점에 대한 비교시점의 상대적인 변화를 나타내기 위하여 계산되는 지수를 말한다. 특정 재화의 가격 지수는 개별지수이다. 예를 들어 2010년에 쌀 한가마의 가격이 200,000원이었던 것이 2015년에는 220,000원으로 올랐다면 2010년을 기준으로 한 2015년의 쌀의 물가 지수(PI: price index)는 다음과 같다.

$$PI = \frac{220,000}{200,000} \times 100 = 110$$

2) 종합지수

종합지수(general index number)는 여러 개의 통계계열에 대한 통계 변화를 종합적으로 나타내기 위하여 계산되는 지수이다. 즉, 여러 가지 상품을 일괄해서 판단하고자 할 때 그들에 대한 전반적인 통계의 변동을 나타내는 지수가 종합지수이다.

개별지수는 단일 통계계열을 비교하기 위한 지수이므로 비율 계산만하면 되지만 종합지수는 여러 개의 통계계열에 대한 종합적 변화를 표시하는 것이므로 종합지수를 구하기 위해서는 비율의 계산과 평균의 계산을 동시에 하여야만 한다.

종합지수를 작성할 때 평균의 계산과 비율의 계산중에서 어느 계산을 먼저 하느냐에 따라서 총화법(aggregate method)과 비율법(relative method)으로 나누어 진다.

총화법은 평균을 먼저 계산하고 그 후에 비율을 계산하는 방법이다. 즉, 여러 통계계열을 기준 시점과 비교 시점별로 평균하고 그것을 대비시켜 지수를 작성하는 방법을 말한다. 지금 n개 상품에 대한 기준 시점의 가격을 P_{01}, P_{02}, ..., P_{0n}, 비교 시점의 가격을 P_{11},P_{12}, ...P_{1n}이라고 하면, 기준 시점과 비교시점의 평균가격은 각각 $\frac{\Sigma P_{0i}}{n}$, $\frac{\Sigma P_{1i}}{n}$이므로 기준 시점에 대한 비교시점의 가격비율인 종합지수 PI는 다음과 같이 계산된다.

$$PI = \frac{\frac{\Sigma P_{1i}}{n}}{\frac{\Sigma P_{0i}}{n}} \times 100 = \frac{\Sigma P_{1i}}{\Sigma P_{0i}} \times 100$$

따라서 총화법은 양시점의 통계계열을 합계하여 그것을 대비시키는 방법이다.

이에 대하여 비율법은 비율평균법 또는 상대법이라고도 하는데, 이것은 여러 통계계열의 개별지수를 먼저 계산한 다음 그것을 전 계열에 대해 평균하여 종합지수를 작성하는 방법이다. 따라서 비율법에 의한 종합지수 계산식은 다음과 같다.

$$PI = \frac{1}{n}\left(\frac{P_{11}}{P_{01}} + \frac{P_{12}}{P_{02}} + \cdots + \frac{P_{1n}}{P_{0n}}\right) \times 100 = \frac{1}{n}\Sigma\frac{P_{1i}}{P_{0i}} \times 100$$

이와 같이 비율법에서 개별지수를 평균하여 지수를 작성할 때 일반적으로 산술평균이 사용되지만 기하평균을 사용하기도 한다. 기하평균을 사용하면 종합지수는 다음과 같은 식으로 된다.

$$PI = \sqrt[n]{\prod\left(\frac{P_{1i}}{P_{0i}}\right)} \times 100$$

〈표 2-5-2〉는 몇 가지 농작물에 대한 가격의 변화를 나타내고 있다. 총화법과 비율법에 의하여 2010년을 기준 시점으로 한 2020년의 농작물가격의 종합지수를 구해보자.

〈표 2-5-2〉 농작물의 가격 (단위: 1,000원)

년도	쌀(kg)	보리(kg)	콩(kg)
2010	376	101	247
2020	477	114	373

단, 해당년도의 농작물 가격은 가정치임

① 총화법

$$PI = \frac{\sum P_{1i}}{\sum P_{0i}} \times 100 = \frac{\frac{477+114+373}{3}}{\frac{376+101+247}{3}} \times 100 = \frac{477+114+373}{376+101+247} \times 100 = 133.2$$

② 비율법

$$PI = \frac{1}{n}\sum\frac{P_{1i}}{P_{0i}} \times 100 = \frac{1}{3}\left(\frac{477}{376}+\frac{114}{101}+\frac{373}{247}\right) \times 100 = 130.3$$

1-3. 단순지수와 가중지수

1) 단순지수

단순지수(unweighted index number)란 두개 이상의 통계계열을 종합하여 종합지수를 작성할 때, 각 통계계열이 동일한 비중을 가진다고 가정하여 작성된 지수를 말한다. 앞에서 각 통계계열의 가중치를 고려하지 않고 기준 시점과 비교시점의 계열을 대비시킨 것은 단순지수이기 때문이다.

2) 가중지수

가중지수(weighted index number)란 종합지수 계산에 각 통계계열의 중요도(weight)를 고려하여 작성된 지수이다. 물가 지수는 물가 지수 작성에 사용되는 각 상품들의 거래 또는 소비생활에 있어서 그 중요도가 각각 다르기 때문에, 각 상품들의 중요도를 고려하여 물가 지수를 산정하여야 정확도를 높일 수 있다.

각 상품의 상대적인 중요도를 Wi라 하면, 앞에서 설명한 총화법과 비율법에 의한 종합지수를 각 통계계열의 중요도를 고려하여 가중지수로 나타내면 다음과 같다.

$$\text{가중총화지수} = \frac{\omega_1 P_{11} + \omega_2 P_{12} + \cdots + \omega_n P_{1n}}{\omega_1 P_{01} + \omega_2 P_{02} + \cdots + \omega_n P_{0i}} \times 100 = \frac{\sum \omega_i P_{1i}}{\sum \omega_i P_{0i}} \times 100$$

$$\text{가중산술평균지수} = \frac{\omega_1 \frac{P_{11}}{P_{01}} + \omega_2 \frac{P_{12}}{P_{02}} + \cdots + \omega_n \frac{P_{1n}}{P_{0n}}}{n} = \frac{\sum \omega_i \frac{P_{1i}}{P_{0i}}}{n} \times 100$$

2. 물가 지수

2-1. 물가 지수의 의의

물가 지수(price index number)란 거래되는 상품의 가격 변동을 종합적으로 나타내는 숫자상의 표시이다. 물가 지수는 주로 물가의 시간적 변동에 따라서 발생하는 화폐의 구매력 변동을 측정하기 위하여 작성되지만 경우에 따라서는 동일한 시점에서 서로 다른 지역 간의 물가를 비교하기 위해서도 사용된다.

물가 지수에는 여러 가지 종류가 있으나 일상생활에서 자주 사용하거나 중요하게 이용하는 물가 지수로는 생산자 물가 지수(PPI: producer's price index)와 소비자 물가 지수(CPI: consumer's price index)이다. 생산자 물가 지수는 생산자와 도매상 간에 성립하는 도매거래 가격의 전반적인 변동을 나타내는 지수이다. 생산자 지수는 경제활동의 변동을 잘 반영하고 있어서 경제 분석에 많이 이용된다. 소비자 물가 지수는 소비자가 구입하는 각종의 상품과 서비스의 가격을 종합한 물가변동을 측정한 지수이다. 소비자들이 현실생활에서 느끼는 물가는 소비자 물가 지수가 더욱 실감이 있다. 이들 외에도 수출입 상품의 종합적인 가격 변동을 나타내는 수출입 물가 지수도 있다.

2-2. 물가 지수의 산식

물가 지수는 여러 종류의 상품가격이 종합적으로 변동하는 현상을 나타내는 종합지수이며 가중지수의 성격을 갖고 있다. 따라서 물가 지수 작성에 있어서는 물가 지수 산정에 이용하는 물품의 품목 선정 및 가중치의 결정이 중요한 요소로 작용한다.

물가 지수는 종합지수임으로 물가 지수를 산정할 때 모든 상품을 대상으로 계산할 수 있다면 가장 이상적이고 정확한 물가 지수를 구할 수 있겠으나, 이것은 이상적이고 이론적일 뿐 실제로 현실사회에서는 거의 불가능하다. 따라서 물가 지수를 계산할 때는 국민경제에 있어서 중요한 상품을 사전에 정해진 기준에 따라서 일부만 선택하여 작성한다. 또한 물가 지수 산정에 있어서 중요한 요인의 하나는 그 상품의 가격 중에서 어떤 단계의 거래 가격을 지수작성에 사용해야 할 것인가가 문제가 된다. 후자의 결정은 지수작성의 목적에 따라 선택하면 된다. 예를 들어서 생산재 가격의 변동을 알고자 할 때에는 생산자 가격(도매가격)으로 지수를 작성하는 것이 합리적일 것이며, 소비재 가격의 변동을 파악하려고 할 때에는 소비자 가격으로 지수를 작성하는 것이 합리적일 것이다.

물가 지수 계산에서 가중치를 부여할 때의 표준은 상품의 거래금액 또는 거래수량이다. 그런데 가중치를 부여함에 있어서 중요한 요인은 시점(時點)으로서 어느 시점의 숫자를 계산 기준으로 선택하느냐에 따라서 물가 지수가 갖는 의미는 달라진다. 왜냐하면 시간이 변동함에 따라서 소비 패턴의 변화, 기술의 진보, 기호의 변화 등으로 인하여 각 상품의 거래량이 달라짐으로 일상생활에서 상품의 비중과 가중치도 변동하기 때문이다. 따라서 어느 시점의 가중치를 선택하여 지수를 작성하느냐에 따라서 물가 지수의 산정방법은 여러 가지로 나눌 수 있다.

1) 라스파이레스식

라스파이레스(Laspeyres) 물가 지수 계산식은 기준 시점의 거래량을 가중치로 사용하여 작성된 물가 지수이다.

예를 들어 n개 상품에 대한 기준 시점의 가격 및 거래량을 각각 P_{01}, P_{02}, … P_{0n} 및 Q_{01}, Q_{02}, …, Q_{0n}이라고 하고, 비교시점의 가격과 거래량을 각각 P_{11}, P_{12}, … P_{1n} 및 Q_{11}, Q_{12}, …, Q_{1n} 이라고 하면, 라스파이레스 물가 지수 계산식 LI는 다음과 같이 표시된다.

$$\mathrm{LI} = \frac{P_{11} \cdot Q_{01} + P_{12} \cdot Q_{02} + \cdots + P_{1n} \cdot Q_{0n}}{P_{01} \cdot Q_{01} + P_{02} \cdot Q_{02} + \cdots + P_{0n} \cdot Q_{0n}} \times 100 = \frac{\sum P_{1i} \cdot Q_{0i}}{\sum P_{0i} \cdot Q_{0i}} \times 100$$

2) 파아쉐식

파아쉐(Paasche) 물가 지수 계산식은 비교시점의 거래량을 가중치로 사용하여 물가 지수를 계산하는 방식이다.

따라서 파아쉐 물가 지수 산식 PI는 다음과 같이 표시된다.

$$\mathrm{PI} = \frac{P_{11} \cdot Q_{11} + P_{12} \cdot Q_{12} + \cdots + P_{1n} \cdot Q_{1n}}{P_{01} \cdot Q_{11} + P_{02} \cdot Q_{12} + \cdots + P_{0n} \cdot Q_{1n}} \times 100 = \frac{\sum P_{0i} \cdot Q_{1i}}{\sum P_{0i} \cdot Q_{1i}} \times 100$$

이 파아쉐 계산식은 지수산식에서 비교시점의 거래량을 가중치로 채택하고 있다는 점에서 다소 발전된 산식이라고 할 수 있으나, 매 비교시점마다 가중치를 새로 선정해야 하므로 계산상 불편이 크다.

3) 피셔식

피셔(Fisher)의 물가 지수식은 라스파이레스식과 파아쉐식을 기하평균한 계산식이다. 이식은 라스파이레스식의 장점과 파아쉐식의 장점을 이용하였다 하여 이상적(理想的)인 계산식이라 하거나, 이를 간단히 줄여서 이상산식(ideal formula)이라고도 한다.

피셔의 물가 지수 계산식 FI는 다음과 같은 계산식으로 표시된다.

$$\mathrm{FI} = \sqrt{LI \cdot PI} = \sqrt{\frac{\sum P_{1i} \cdot Q_{0i}}{\sum P_{0i} \cdot Q_{1i}}}$$

이 피셔식은 지수산정에 있어서 가중치를 매 기준 시점마다 선택하여 지수를 계산한 후에 다시 기하평균 해야 하므로 실제로 이 식을 이용할 때는 번거롭고 복잡한 과정이 따른다.

4) 엣지워스-보울레이식

엣지워스-보울레이(Edgeworth-Bowley)식은 두 시점의 가중치를 산술평균하여 이것을 가중치로 채택하는 물가 지수의 계산식이다. 엣지워스-보울레이 물가 지수식 EI는 다음과 같은 계산식으로 표시된다.

$$\mathrm{EI} = \frac{\sum P_{1i}\ (\frac{Q_{0i}+Q_{1i}}{2})}{\sum P_{0i}\ (\frac{Q_{0i}+Q_{1i}}{2})} \times 100 = \frac{\sum P_{1i}(Q_{0i}+Q_{1i})}{\sum P_{0i}(Q_{0i}+Q_{1i})} \times 100$$

〈표 2-5-3〉은 물가지수 산정을 위한 2010년과 2011년의 상품 A, B, C의 가격 및 거래량을 나타내고 있다. 이 표를 이용하여 2010년을 기준으로 하여 2011년의 물가 지수를 라스파이레스식, 파아쉐식, 피셔식, 엣지워스-보울레이식에 의하여 각각 계산해 보자.

〈표 2-5-3〉 상품별 가격 및 거래량

년도		A	B	C
2010	가 격 (원)	184	79	131
	거래량 (kg)	28	12	4
2011	가 격 (원)	222	85	179
	거래량 (kg)	32	10	3

$$\mathrm{PI} = \frac{(222\times32)+(85\times12)+(179\times4)}{(184\times28)+(79\times10)+(131\times3)} \times 100 = 120.08$$

$$\mathrm{FI} = \sqrt{120.05\times120.08} = 120.06$$

$$\mathrm{EI} = \frac{222(28+32)+85(12+10)+179(4+3)}{184(28+32)+79(12+10)+131(4+3)} \times 100 = 120.07$$

3

농수산물의 상품적 특징

제3장 | 농수산물의 상품적 특징

제1절 상품의 구성 요소

1. 상품의 의의

상품(commodity, merchandise)이란 시장에서 거래의 대상이 되는 재화 또는 용역을 말한다. 엄밀히 말하면 생산되거나 가공된 제품이라 할지라도 거래대상이 되지 않는 물건은 시장 또는 점포 내에 있다 할지라도 상품(marketable product)이 아니다. 반대로 점포에 있지 않거나, 완제품이 아닌 상태에 있다 할지라도 거래의 대상물로 삼으면 상품이 된다. 예를 들어서 밭에 있는 인삼이라 할지라도 밭 한 마지기 혹은 밭 한 뙈기에 있는 '인삼이 얼마인가' 하는 형태로 구매자와 흥정을 하게 되는 경우에 밭에 있는 인삼은 그 상태로서 상품이다. 또 아직 논에서 이삭이 채 아물지도 않은 푸른 빛을 띠고 있는 '벼'의 상태라 할지라도 거래대상이 되면 그대로 충분한 상품이 되고, 양식장에서 재배중인 '김'이나 '미역'도 재배 상태 그대로 상품이 된다.

2. 상품의 구성 요소

상품은 여러 가지 요소로 구성되어 있으나 기본적으로는 '상품 기능'을 나타내는 요소와 '상품 형태'를 나타내는 요소로 구성되어 있다.

상품 기능이란 상품의 사용자가 상품을 사용하면서 사용자가 원하는 욕구를 상품으로부터 충족하는 작용을 말하는데, 상품은 사용자의 물리·화학적 욕구 충족기능과 심리적 욕구 충족기능의 두 가지 기본적인 기능을 가지고 있다.

상품의 물리・화학적 욕구를 충족 시켜주는 기능이란 상품 사용자의 물리・화학적 욕구를 충족 시켜주는 기능이다. 예를 들면 음료수는 사용자의 갈증을 해소 시켜주고 그림이나 음악 사용자에게 즐거움과 편안함을 제공하는 기능을 말한다.

상품의 심리적 욕구충족 기능이란 상품 사용자의 심리적 욕구를 충족시켜주는 기능이다. 예를 들면 유명 브랜드 상품을 사용하면 동료들 사이에서 지위나 품의가 높다고 생각하는 것은 상품이 사용자에게 주는 심리적 만족기능이다.

상품기능은 상품을 구성하는 본체와 부속체에 의해서 충족시킨다. 즉, 물리・화학적 욕구충족은 상품 그 자체인 '상품 본체'에 의해서 일어난다. 또한 심리적 욕구충족은 상품 본체에 부속하고 있는 '상품 부속체'에 의해서 일어난다. 그러므로 상품은 '상품 본체'와 '상품 부속체'로 구성되어 있음을 알 수 있다. 〈그림 3-1-1〉은 상품 A, 상품 B, 상품 C의 상품이 상품 본체와 상품 부속체로 구성되어 있음을 나타내고 있다.

〈그림 3-1-1〉에서 가로와 세로에 눈금은 나타나 있지 않지만 그림에서 상품 A는 상품 본체 약 60%+상품 부속체 약 40%의 비율로 구성된 상품을 나타내고 있으며, 상품 B는 상품 본체 약 35%+상품 부속체 약 65%의 비율로 구성된 상품을 나타내고 있으며, 상품 C는 상품 본체 약 15%+상품 부속체 약 85%의 비율로 구성된 상품을 나타내고 있다.

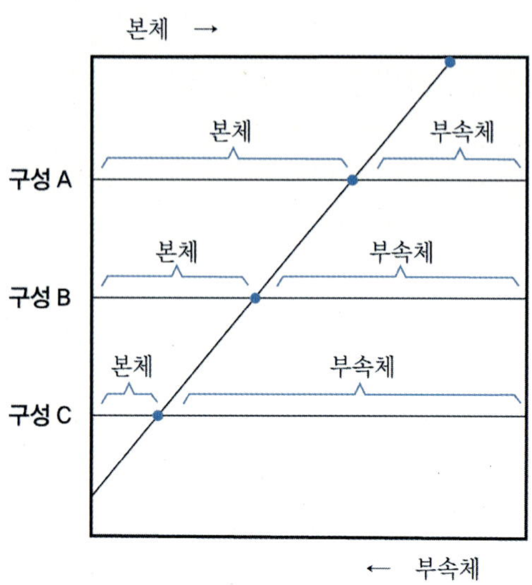

〈그림 3-1-1〉 상품의 구성

그런데 상품의 존재는 모양이 있는 유형물(有形物)과 모양이 없는 무형물(無形物), 두 가지 중의 어떠한 하나의 형태를 가지고 있다.

유형물은 상품을 눈으로 볼 수 있거나 손으로 만져봄으로서 그 존재를 확인 할 수 있는 접촉 가능한(tangible) 물건이며 상품의 구매자에게 상품의 교환가치와 사용 가치를 직접적으로 부여한다. 예를 들면 밀감이나 정원수 등은 '유형의 상품 본체'이다.

무형물은 상품을 눈으로 볼 수 없거나 접촉하여도 그 존재를 확인 할 수 없는 접촉 불가능한(intangible) 물건이지만, 상품의 구매자에게 유용한 가치를 부여하는 서비스를 말한다. 예를 들면 관광농원의 관광 안내 서비스, 미용 및 의료와 같은 접객 서비스 등은 무형의 상품 본체이다.

한편, 상품이 유형인가 무형인가는 본체로만 구분 하는 것이 아니고 부속체로서도 구분된다. 즉, 유형의 상품 부속체는 상품 본체에 부속하여 상품의 사용 가치, 교환 가치를 높여주는 유형물을 말하며, 포장지 및 라벨 등이 대표적인 예이다. 또한 무형의 상품 부속체란 그대로 상품 본체에 부속하여 상품의 사용 가치와 교환가치를 높여주는 무형물을 말하며, 브랜드 또는 상품의 보증 등이 대표적인 예이다. 브랜드는 식별하기 쉽도록 표식화 되어 있지만, 본질적으로 브랜드는 무형물이다.

3. 상품의 구성 방법

이상에서 설명한 바와 같이 상품을 구성하는 방법은 상품의 본체와 상품의 부속체를 어떻게 구성할 것인가에 따라서 〈표 3-1-1〉과 같이 여러 가지 유형(類型)이 있다. 표에서 알수 있는바와 같이 상품의 본체와 부속체를 구성하는 방법에 따라

〈표 3-1-1〉 상품형태의 유형(類型)

유형(예)	본체		부속체	사례
Ⅰ	유형(有形)	+	유형(有形)	멜론 + 고급 케이스
Ⅱ	유형(有形)	+	무형(無形)	수박 + 맛 보증
Ⅲ	무형(無形)	+	유형(有形)	밤 농장관광 + 밤 도시락
Ⅳ	무형(無形)	+	무형(無形)	관광 + 관광가이드

서 상품의 사용가치와 교환가치가 달라진다.

상품의 사용가치와 교환가치를 높이기 위해서는 상품의 본체와 부속체를 결합할 때 다음과 같은 두 가지 요소를 유의하여야 한다.

첫째, 상품본체와 부속체의 관계에 있어서 비용을 고려하여야 한다.

상품을 구성함에 있어서 본체에 역점을 둘 것인가 부속체에 역점을 둘 것인가 하는 문제를 살펴보자. 예를 들어서 '기술을 중시하는 회사'를 강조하고 싶으면 본체의 개발과 생산에 중점을 두어야 한다. 그러나 본체의 개발과 생산에 중점을 둘 경우에는 많은 비용이 소요된다. 반드시 본체를 중시한 상품이 최적의 상품 구성이라고 말 할 수 없다.

둘째, 상품형태를 중요하게 생각하여야 한다.

상품 형태를 중요하게 생각하는 경우에 있어서 기본적인 구성은 〈표 3-1-1〉 상품형태별 유형에서 보는바와 같이 유형물(有形物)과 무형물(無形物)을 결합하는 방법에 따라서 네 가지가 있다. 그러나 실제로 상품을 결합시키는 방법은 다종다양하다.

4. 상품의 그룹화

상품은 특정의 상품을 단품으로 판매할 때 보다는 복수의 상품을 그룹화 하여 판매하면 시장 또는 소비자에게 더 큰 영향을 주거나 판매 효율을 높일 수 있다.

복수 상품의 그룹화와 밀접한 관계가 있는 관련 용어로서 제품계열(제품라인: product line) 혹은 제품믹스(제품구성: product mix)가 있다.

제품계열이란 제품 라인이라고도 말하는데 특정기업 혹은 산지에서 생산 판매하는 상품 중에서 물리적 또는 기술적 특징이 유사하거나 아니면 고객층이 같다거나 혹은 판매경로나 용도, 원재료, 제조 공정 등 어느 것이 한 개 이상 같은 제품의 집단을 말한다.

예를 들어 자동차 메이커가 승용차, 트럭, 승합차의 세 계열을 보유하는 것은 보편화되어있다. 이 세 계열은 크게 차량이라는 점에서 같지만 제품의 특징 면에서나 용도 면에서 커다란 차이를 나타낸다. 즉, 승용차와 승합자동차는 승객운반 능력에 있어서 차이가 있고, 이들 두(승용차와 승합자동차) 차량과 트럭은 용도가 승객운반과 화물의 수송이라는 면에서 각각 다르다.

농수산물의 경우에 있어서 산지를 중심으로 하는 제품계열을 예로 들면, 제주도에서 생산하는 보통의 밀감, 여름 밀감, 한라봉, 천혜향, 오렌지 등은 제주도를 산지로 하는 '밀감류'라고 하는 동종 상품의 제품계열이다. 제주도에서 생산되는 밀감제품을 단품으로 판매하기보다는 두 종류 이상의 단품을 그룹화 하여 판매하는 방안이 제품계열 판매의 한 형태이다.

제품믹스란 제품구성이라고도 말하며, 특정기업 혹은 산지에서 생산 · 판매하는 모든 상품을 말하거나 또는 전체 생산 · 판매물의 품목을 구성하는 집합을 의미한다. 특정 기업의 제품믹스를 예를 들면, 자동차 메이커가 승용차를 대형, 중형, 소형의 3종을 생산하고, 승합자동차도 대형, 중형, 소형의 3종을 생산하며, 트럭을 일반화물, 덤프트럭, 레미콘, 탱크트럭의 4종을 생산 판매한다고 하면 이 회사는 총 10종의 자동차를 생산하고 있음으로 제품믹스는 10가지 제품의 집합(集合)이 되어서 제품믹스의 숫자도 엄청나게 많아진다.

농수산물 중에서 특정 산지를 중심으로 하는 제품믹스를 예를 들면, 여수에서 생산되는 돌산 갓김치, 갯장어(하모), 새조개, 쥐포, 멸치, 문어 등도 산지를 중심으로 제품믹스를 구성 할 수 있는 좋은 상품이 된다.

상품 그룹 구성은 상품을 단품으로 판매할 때보다도 시장 혹은 소비자에게 어필하는 힘을 높이는 효과가 있다.

제2절 농수산 상품의 분류

1. 일반 상품의 분류

우리가 일상생활에서 이용하는 상품의 숫자나 종류는 헤아릴 수 없을 정도로 많다. 그럼으로 상품의 종류를 구분하기 위해서는 일정한 기준에 의하여 분류하고 정리하여야 한다. 그런데 그 분류기준 자체도 기준을 어떻게 설정하느냐에 따라서 상품의 종류별 숫자가 달라진다. 일반적으로 상품을 분류하는데 이용하는 기준은 다음과 같다.

1) 물리적 또는 화학적 성질에 의한 분류

부패성이나 손상성이 강한 상품인가 여부에 따라서 내구성 상품과 신선 상품으로 구분하고, 가치집중의 정도에 따라서 종량상품(從量商品)과 종가상품(從價商品)으로 구분하며, 단위의 형태에 따라서 액체상품, 기체상품, 고체상품, 분말상품 등으로 분류할 수 있다.

2) 생산양식 또는 출처에 의한 분류

생산 장소가 농장, 어장, 광산, 공장인가 등에 따라서 농산품, 수산품, 광산품, 공산품 등으로 구분하고, 생산동력에 따라서 천연상품, 수공생산품, 기계생산품 등으로 구분하며 가공도에 따라서 자연품, 반제품, 완제품 등으로 분류할 수 있다.

3) 소비양식 또는 용도에 의한 분류

상품이 최종적 소비에 충당되는지, 생산적 소비에 충당되는지에 의한 구분으로서 전자를 소비재, 후자를 생산재라 한다. 소비재는 다시 일상생활에서 이용하는 정도에 따라서 필수품과 편의품으로, 일용품과 임시품으로, 소비품과 설비품 등으로 구분할 수 있다. 소비재는 내용(耐用)기간에 따라서 내구 소비재, 비내구 소비재로 구분할 수도 있다.

4) 유통 특질에 의한 분류

가. 집하권에 의한 분류: 근교산(近郊産), 원격지산

나. 구매범위, 고객권, 수요자의 구매 패턴에 의한 분류: 편의품, 선매품, 전문품

편의품(便宜品: convenience goods)이란 가장 가까운 곳에서 구매하는 상품이며, 선매품(選買品: shopping goods)이란 여러 상점을 돌면서 품질 · 가격 · 의장 등을 비교 선택하여 구입하는 상품을 말하고, 전문품(專門品: specialty goods)이란 특수품, 고급품, 고가품으로 불리며 소비자가 구입을 위하여 시간과 노력을 대단히 많이 쏟는 상품을 말한다.

다. 상품 유통의 시장 범위에 의한 분류: 지역 혹은 지방상품, 전국상품, 국제상품

5) 생산관련 산업에 의한 분류

농산물, 수산물, 축산물, 임산물, 광산물 등

6) 기타 분류

위에서 예를 든 분류방법 이외에도 각종 분류 기준에 따라서 규격품과 특별 의장품, 일반품과 계절품, 상표품과 무상표품 등으로 분류할 수 있다.

2. 농수산물과 식량, 식료, 식품의 관계

우리들은 일상생활에서 농수산물과 식량, 식료, 식품 및 먹을거리라고 하는 용어는 서로 관련이 있다고 느끼고 있으나 엄밀히 그 상호관계를 의식하면서 사용하고 있지는 않다.

먼저 식료에 대하여 해석해보자. 우리가 일상생활에서 직접 소비하든가 또는 가공식품으로서 소비하든가 간에 최종적으로 인간의 먹을거리 소재가 되는 것을 식료라 한다. 식료는 기본적으로 농산물과 수산물로부터 이용한다는 것은 말할 필요도 없다. 여기서는 농산물의 식료를 예를 들어 보자. 식료로서 사용되는 농산물은 쌀, 보리, 콩, 감자, 야채, 과일, 축산물 등 다종다양하다. 그리고 인간의 생존이라고 하는 관점에서 보면 농산물은 탄수화물, 지방, 단백질 등의 영양소를 다량으로 함유하고 있다. 인간이 소비하는 농산물은 많거나 적거나 영양소를 함유하고 있다. 특히 영양의 중요한 공급원은 곡물과 축산물이다. 그리고 축산물의 생산에는 목초와 벼잎 등도 필요하지만 기본 적으로는 농후사료(濃厚飼料: concentrated feed stuff)[22]로서 곡물이 대단히 중요하다.

곡물이 없으면 계란, 우유, 돼지고기 등의 축산물을 생산할 수가 없다. 닭고기 1kg에 대한 곡물사료는 2kg, 돼지 생체 1kg에는 곡물사료 4kg, 소고기 생체 1kg에는 곡물사료 7kg이 필요하다. 소고기 정육 1kg에는 약 23kg의 곡물이 필요

22 농후사료란 영양가가 높은 가축 사료를 말하며, 콩깻묵, 옥수수, 쌀겨, 보리 따위가 있다. 이 사료는 가소화(可消化) 성분은 많으나 성분이 한쪽으로 집중되어 있는 것이 많으므로 실제 사료를 배합할 대는 여러 종류의 농후사료를 잘 배합하여 사용한다. 비육(肥肉)하는 가축과 젖이나 알 등을 생산하는 가축에게 많이 쓰인다. 이와는 대립되는 용어가 조사료(組飼料: bulky feed stuff)로서 섬유질이 많은 사료이다.

하다. 이와 같은 뜻으로 해석하면 축산물은 곡물의 전화물(轉化物)이라고 말할 수 있다.

인간생존에 기본적으로 필요한 양식을 식량이라 한다, 식량의 기본은 곡물이다. 세계적으로 식량(식량부족)이 문제가 될 때는 주로 곡물수급의 문제이다. 또한 세계 각국의 식량 자급률 수준이 문제가 되면 곡물자급률이 지표로서 사용되는 것은 이상과 같은 이유가 있기 때문이다. 우리나라의 곡물 자급률은 2008년에 겨우 28.4%이고 2010년에 26.7%에 지나지 않는다는 것을 유의할 필요가 있다.

그러나 인간이 풍요하게 살아가기 위해서는 비타민, 미네랄, 섬유질 등을 다양하게 함유하고 있는 먹을거리가 필요하기 때문에 식료로서 야채와 과일을 경시할 수 없다.

일상적으로 식품이라고 말하는 경우에는 가공식품을 가리키는 말이다. 여기서도 가공식품을 식품이라고 한다. 그리고 먹을거리라고 하는 경우에는 식료를 직접 소재로 하거나 혹은 가공품과 함께 일정하게 조리를 한 것을 먹을거리라고 한다.

이와 같이 농산물, 식량, 식료, 식품, 먹을거리라고 하는 용어는 농가가 생산한 농산물이 가지고 있는 기본적인 성격의 차이 및 생산자로부터 소비자가 있는 곳에 당도하기까지 유통 · 가공 · 조리 · 소비과정의 차이를 반영한 단어이다. 농산물로서 출발하고 나서 이러한 다양한 용어가 발생하는 것은 농산물이 생산자의 손을 떠나고 나서 최종소비자가 있는 곳에 이르기까지 그 목적에 알맞게 여러 가지 가공 및 조리를 거친 이후이다.

이와 같은 용어를 명확하게 구별해 두지 않으면 품질문제 및 가격문제가 발생한 경우에 어떤 단계에서 발생한 문제인가가 애매해진다. 최근 우리나라는 먹을거리의 안정성에 관하여 관심이 강하나 그것이 이미 생산단계에서 발생한 것인가 아니면 식품이라고 불리게 된 가공단계에서 발생한 것인가를 명확히 구별하지 않으면 그 원인규명이나 대책도 세울 수 없다.

3. 농산물의 분류

농산물을 앞에서 설명한 일반적인 상품의 분류 기준에 따라서 구분할 수 있지만 한마디로 농산물이라고 말하여도 정말로 다종다양한 농산물이 존재하고 있기 때문에 농산물을 농산물의 특성에 적합한 기준에 따라서 분류하여야 분류의 내용이 더욱 명확할 것이다.

농림수산통계에서는 농산물을 미곡, 맥류, 콩류, 잡곡, 서류(薯類: 감자류), 채소(과채, 엽채, 근채, 조미채소[23], 양채류), 과실, 유지작물(참깨, 들깨, 유채, 땅콩), 섬유작물(면화, 삼, 모시, 완초, 인초, 수세미), 기호작물(차, 호프, 박하), 약용작물, 화훼류, 버섯, 전매작물(연초, 인삼), 볏짚, 가축, 축산물(계란, 오리알, 메추리알, 우유, 벌꿀), 양모와 같이 18종류로 분류하고 있다.

농민이 토지를 기본적인 생산수단으로 하여 생산한 재배생산물과 이를 이용하여 가공한 누에고치 명주나 축산물을 농업생산물이라 하고 있다. 이러한 분류는 농산물의 생산 기술적인 관점에서 나눈 분류이다. 아래에서는 여러 가지 기준에 의하여 농산물을 분류하고 있다.

1) 물적 속성에 의한 분류

가. 형태에 의한 분류: 근채류(根菜類), 과채류(果菜類), 엽채류(葉菜類)

나. 성분에 의한 분류: 알카리성 식품, 비타민 식품, 전분질 식품, 단백질 식품, 지방성 식품

다. 조성(組成)에 의한 분류: 연약한 것, 딱딱한 것

2) 사용가치에 의한 분류

농산물을 사용가치에 의하여 분류하면 직접소비 농산물과 가공원료 농산물로 분류할 수 있다.

식료 농산물은 최종적으로 소비자에 의하여 구입되고 소비된다. 그러나 농산물은 몇 사람인가의 유통업자와 가공업자의 손을 거치는 것이 일반적이다. 농가의 입장에서 보면 농산물은 직접소비 농산물과 가공원료 농산물로 구별할 수 있다. 전자는 대부분의 경우에 생산자에 의하여 직접 판매 또는 유통업자를 경유하여 마지막에 드디어 최종 소비자에게 도달하며, 후자는 필히 가공업자의 손을 거치게 된다. 특히 근년에는 가공식품 소비수요의 증대를 배경으로 하여 식품공업이 급속히 대형화되고 있으며, 대규모 가공자본이 개입하여 가공원료 농산물의 수요가 증

23 음식에 맛을 내는데 쓰이는 채소(고추, 마늘, 양파, 파, 생강 등).

대하고 있다. 이와 같은 현상에 대하여 농가는 어떻게 대응할 것인가 혹은 식품가공업자는 어디에서 가공원료 농산물을 조달할 것인가 하는 문제가 아주 중요한 과제가 되고 있다.

직접소비 농산물과 가공원료 농산물은 수요의 성격과 가격결정의 체계가 다르고 농산물의 흐름도 다르다. 직접소비 농산물이란 흔히 말하는 생것인 채로 소비하는 농산물이라는 의미는 아니다. 소비자는 어떠한 농산물도 먹을거리로서 소비할 때는 몇 차례의 손을 거친다. 먹기 전에 아무런 수고도 하지 않는 과일, 예를 들면 밀감과 감, 배, 사과 등도 최소한 껍질을 깎아서 먹는다.

일반적으로 조리과정이 선행되어야 소비할 수 있는 쌀과 같이 농가가 수확한 그대로의 형태로는 소비할 수 없다. 벼는 정미라는 과정을 거쳐서 소비자가 조리(취사) 하여 소비한다. 이와 같이 농산물이 최종 소비되기까지 도중에 인간이 수고를 하는 과정을 엄밀하게 찾아내면 직접소비 농산물이라고 불리는 농산물은 아주 적을 것이다.

그러나 여기서는 농산물의 기본적인 성격인 사용가치가 최후까지 변화하지 않는 농산물을 직접소비 농산물이라고 한다. 야채와 과일은 물론이고 식사에 이용되는 쌀, 정육으로 이용되는 소고기, 돼지고기, 닭고기 등은 직접소비 농산물이다.

이와는 달리 공업적으로 가공하면 농산물의 사용가치가 기본적으로 변화하는 경우가 많다. 쌀을 원료로 하여 제조한 술, 보리를 원료로 한 맥주, 고구마를 원료로 한 소주, 육고기를 원료로 한 햄 소시지, 우유를 원료로 한 버터 및 치즈, 밀감과 사과를 원료로 한 주스, 그 밖에도 수많은 사례를 들 수 있다. 이와 같이 가공원료로서 사용되는 농산물을 가공원료 농산물이라고 한다.

가공원료 농산물에는 전면적으로 가공원료가 되는 농산물과 가공원료로도 사용되지만 직접소비도 가능한 농산물도 있다. 비식료 농산물인 누에고치, 연초, 박하 등은 거의 전부 가공원료로서 사용되지만 식료농산물인 사탕수수는 거의 완전한 가공농산물이다.

이와 같이 농산물은 식품산업의 원료가 되는 것과 비식품산업의 원료가 되는 것으로 구분할 수 있다. 농산물 및 수산물을 원료로 하는 식품산업은 축산 식료품, 수산식료품, 농산식료품, 조미료, 정곡·제분, 사탕, 빵·과자, 음료, 사료, 유기질사료, 동식물유(油), 그 밖의 식료품으로 분류할 수 있다.

3) 농약 사용여부에 의한 분류

농산물은 화학비료와 농약의 사용기간이나 농약사용 정도에 따라서 유기 농산물, 무농약 농산물, 저농약 농산물, 일반 재배농산물로 구분할 수 있다. 유기농산물은 화학비료와 농약을 전혀 사용하지 않고 퇴비를 이용하여 3년 이상 재배한 지역에서 생산한 농산물을 말하며, 무농약 농산물은 농약만 사용하지 않은 농산물을 말한다. 무농약으로 재배했다 하더라도 화학비료를 사용하는 경우와 화학비료를 사용하지 않는 경우가 있다.[24]

가. 유기 농산물

3년 이상 유기농법[25]으로 재배한 땅에서 생산된 농산물로서 화학비료와 유기 합성 농약(농약, 성장 조절제, 제초제, 살충제 등)을 일체 사용하지 않은 농산물.

나. 무농약 농산물

유기 합성 농약은 사용하지는 않으나 화학비료는 권장하는 성분량의 1/3 이하를 사용하고 잔류 농약 기준은 농약 잔류 허용 기준의 1/10 이하인 농산물.

다. 저농약 농산물

유기 합성 농약을 안전 사용 기준의 1/2 이하로 사용하고, 잔류 농약이 농산물의 농약 잔류 허용 기준의 1/2 이하인 농산물.

4) 사용목적에 의한 분류

농산물은 기본적으로 판매를 목적으로 생산하는 상품 농산물임으로 상품화 되는 농산물은 〈표 2-1-1〉과 같이 식료 농산물과 비식료 농산물로 분류가 가능하다.

---

24 푸른 소비자 생활협동조합 http://www.pureun.or.kr/menu2_3.html#3.

25 파종 전에 화학 비료 대신 톱밥, 축분, 깻묵, 쌀겨 등을 넣고 발효시킨 퇴비를 사용하여 작물을 키워 낼 수 있는 기름진 토양을 만들어 재배하며, 자연광, 미생물 등 유기자재와 미생물 자재, 화학 자재, 물리적 방제, 한방약제, 천적, 설비자재 등을 사용하여 예방위주의 병해 대책을 세운다. 잡초제 대신 기계 제초, 김매기, 동물(오리, 우렁이 등)을 이용하여 잡초를 제거하고 윤작, 객토, 태양열 살균 등으로 토양을 개량하는 농법.

〈표 3-2-1〉 농산물의 기본적인 분류

농산물	식료 농산물	식료 소비부분 / 비식료 소비부분
	비식료 농산물	
	농업용 생산수단 농산물	

농업이 간혹 식료산업이라고 불리우는 것처럼 농민이 생산하는 농산물은 최종적으로 인간의 먹을거리로 제공되는 것은 식료 농산물이 대부분이다. 그러나 농업에는 누에고치나 공예 농작물과 같이 식료를 목적으로 하지 않은 농산물=비식료농산물도 포함된다.

한편 가축, 예를 들면 소나 돼지는 대부분 식용으로 제공되지만 도축해체 및 정육과정에서 발생하는 껍질, 뼈, 혈액은 식용으로 이용되지 않는 경우도 있다. 성우 한 마리가 도축해체되면 약 60%가 지육이 된다. 약 40%는 껍질, 뿔, 뼈, 내장, 혈액 등이다. 지육을 다시 정육으로 만드는 과정에서 갈비 등을 제거하여야 한다. 정육의 수율은 70% 정도이다. 이렇게 하여 얻은 정육과 내장은 인간의 식용으로 될지라도 소나 돼지가 통째로 식용이 되지 않는 다는 것은 명확하다.

식료로 이용되는 부분도 각각 서로 다른 수요와 유통형태를 가진다.

오늘날과 같이 농업경영의 전문화와 분화가 진전하여 농업경영의 수직적 분화의 결과로서 축산에서는 번식경영과 비육경영이 분화되면서 새끼돼지와 새끼소가 번식경영에서 비육경영으로 판매되고 있다. 더욱이 새끼 돼지와 새끼소는 농업용의 생산수단으로서 독자시장 및 유통이 발달하게 되었고, 비육용 소, 비육용 돼지를 거래하는 과정에서 가축시장이 중요한 역할을 담당하고 있다.

과수의 묘목을 취급하는 묘목시장 등도 생산재시장으로서 중요한 역할을 하고 있다. 그 밖에도 퇴비거름, 계분, 조사료(粗飼料, roughage)[26] 등도 농업경영 내부를 순환하는 중간 생산물로서 시장가치는 없지만 농업경영의 전문화와 경영간 분업이 진전됨에 따라서 상품으로서 유통되기에 이르렀다. 일반적으로 퇴비거름, 계분은 유기질 비료로서 축산농가에서 재배농가로 지역 내 유통이 되고 있다. 이러

26 지방, 단백질, 전분 등의 에너지 함량이 적고 섬유질이 18% 이상되는 목초, 옥수수, 과일의 껍질, 청초, 건초 따위의 사료.

한 농산물은 농가가 만들어 내는 농산물임에는 틀림이 없지만 판매자와 구매자가 농가라는 특수한 성격을 가지고 있는 농업 내부 거래용 농산물이기 때문에, 식료 농산물과는 구별하여 농업용 생산수단이라고 말할 수 있다. 근래에는 새끼돼지 및 새끼소와 같은 비육용 가축을 비롯하여 조사료, 종묘, 계분, 퇴비거름 등과 같은 농업용 생산수단을 둘러싼 농업 내부거래가 확대되어가고 있다.

5) 자급용과 상품용에 의한 분류

농산물은 농가의 자급을 위한 자급용 농산물인가 또는 외부에 판매를 위한 상품용인가에 따라서 가계 자급용 농산물과 상품용 농산물로 분류할 수 있다.

우리나라 농가에서 생산되는 농산물은 전부 상품으로서 판매되는 것이 아니다. 대부분의 농산물은 상품으로서 판매되지만 농가의 소비용, 동식물의 사료 또는 비료용, 재고용으로도 이용되고 있다.

농가의 상품 생산화율이 높아지는 과정에서 농가는 시장경쟁에서 이기기 위하여 농업경영의 전문화를 지향하면서 잡다한 작목종류를 줄이는 경향이 있음으로 농산물의 가계 자급은 점차 상대적으로 축소되고 있다. 그러나 농가는 많던 적던 간에 농산물의 가계자급에 따라서 식생활의 다양화와 현금 가계비를 절약하고자 하는 경향도 있다. 근년 농가가 식생활을 개선하는 일환으로서 농산물의 가계 자급강화 및 농가 가공의 저차가공 상품화 경향이 장려되고 있다. 이러한 움직임은 생산자로부터 공급이라고 하는 측면만이 아니고 농가의 식료구입이라고 하는 측면에도 일정한 영향을 미치고 있다.

6) 생산 주체에 의한 분류

농산물의 생산 주체가 누구인가에 따라서 농민적 농산물과 자본가적 농산물로 분류할 수 있다.

우리나라에서는 압도적인 부분이 농민적 농산물이다. 농민적 농산물이란 자신의 생산수단(농지, 농업기계, 농업자재 등)과 자가 노동력을 기본으로 하여 생산된 농산물이다. 쌀, 보리, 대두, 과실, 연초, 난초 등의 재배생산물의 대부분은 농민적 농산물이다. 그러나 천수만의 현대서산(아산) 농장에서 생산되는 농산물은 대규모 자본가적 농산물의 대표적인 예이다. 그 밖의 많은 곳에서도 양돈, 육우와 같은 자본가형 경영에 의하여 산출되는 농산물도 증가되고 있다. 축산물 특히 채란용, 튀김용 양계는 대규모 자본가 경영으로 생산되고 있다.

7) 기타 분류

위에서 예를 든 분류방법 이외에도 농산물은 사용목적 및 용도, 유통형태 등의 각종 분류 기준에 따라서 다음과 같이 분류가능하다.

① 신선농산물과 저장성 농산물(유통기술적 기준)

② 자유시장 농산물과 관리시장 농산물(국가 및 독점자본의 시장관리 기준)

③ 지역유통 농산물과 광역 유통 농산물(유통권의 기준)

④ 국내산 농산물과 수입 농산물(민족적인 기준)

8) 쌀농산물의 분류

우리나라의 대표적인 농산물인 쌀을 예로 들어서 어떠한 농산물인가를 분류해 보면 다음과 같이 다양하게 분류할 수 있다.

첫째, 쌀은 대부분 판매되기 때문에 기본적으로는 상품 농산물이지만 농가의 가계자급 농산물로서의 역할도 무시할 수 없다.

둘째, 쌀은 대부분 농가가 생산하기 때문에 농민적 생산물이다. 이와 대조적으로 현대서산 농장에서 생산되는 쌀은 대규모 자본가 농산물이다.

셋째, 쌀의 대부분은 직접적인 소비의 대상이지만 술과 과자의 원료로서도 사용되는 가공원료 농산물도 있다.

넷째, 쌀은 저장성이 높은 농산물이다.

다섯째, 쌀은 생산되는 지역에서 소비되는 지역까지 상당히 광범위하게 유통되기 때문에 광역 유통 농산물이다.

쌀 하나의 상품을 두고도 이상과 같이 여러 가지 관점에서 분류가 가능한 것처럼 다른 종류의 동일한 농산물이라도 몇 가지의 얼굴을 가지고 시점과 장소별로 얼굴을 달리하고 있다.

4. 수산물의 분류

수산물의 분류도 일반 공산물이나 농산물의 분류 기준에 따라서 분류할 수 있으나 수산물은 수산물이 갖는 상품의 특성에 따라서 다음과 같이 구분할 수 있다.

1) 생산어장에 의한 분류

가. 생산수면의 위치에 의한 분류: 내수면산, 연안산, 근해산, 원양산

내수면산이란 육지의 강이나 호수와 같이 민물에서 생산되는 수산물로서 흔히 민물산이라고도 한다.

육지와 비교적 가까운 해역을 연안[27]이라 하고 이곳에서 생산되는 수산물을 연안산이라 한다. 연안산 중에는 육지와 가까운 포구나 만(灣)의 안쪽(내만)에서 생산되면 내만산(內灣産)이라 하고, 포구나 만(灣)의 바깥 쪽(외만)에서 생산되면 외만산(外灣産)이라 한다.

연안과 근해의 차이도 명확히 구분하기가 어려우나 육지와 비교적 가까운 해역을 연안이라 하고 연안과 원양 어장의 사이를 근해라 한다.

우리나라의 경우에는 동해 먼 바다와 서해, 제주 먼 바다 등을 근해어장이라고 하며 근해어장에서 어획된 어획물을 근해산이라 한다. 근해어장에는 우리나라의 어선만이 아니고 일본, 중국어선도 조업하고 있어서 동일한 근해어장에서 생산한 동일한 어종이라 할지라도 한국 어선이 어획하면 국내산, 중국이나 일본 어선이 어획하면 외국산이 되고 있다.

나. 어장의 수심에 의한 분류: 조간대산, 천해산, 심해산

조간대란 대조 때 만조선과 간조선 사이를 말하며 만조 때는 해면이 되지만 간조 때는 간석지가 된다. 조간대에서 생산된 수산물을 조간대산이라 한다.

천해와 심해를 구분하는 수심의 깊이는 명확하지 않지만 일반적으로 수심이 얕은 해역을 천해, 수심이 깊은 해역을 심해라 하고 천해에서 생산된 어획물을 천해산,

27 연안은 바다에 접해 있는 육지의 한 부분을 말하지만, 일반적으로 바다와 육지가 맞닿아 서로 밀접한 영향을 미치는 지역 및 해역을 총칭한다. 연안 해역이라 하면 육지와 비교적 가까운 해역을 통틀어서 말함으로 엄밀히 육지에서 몇 Km까지의 거리나 범위가 연안해역이라고 규정하지 않는다.

심해에서 생산된 어획물을 심해산이라 한다. 수산물은 품종별로 수심에 따라서 품질에 차이가 있다.

2) 양식 여부에 의한 구분: 양식산과 자연산

양식 수산물이란 종묘를 자연산으로 확보하여 그 다음 단계부터 인위적인 방법으로 양성하여 어획 또는 채포한 수산물을 말하고 자연산이란 자연 상태에서 어획한 수산물을 말한다. 자연산을 천연산이라고도 한다. 양식산 중에는 양식에 필수적인 종묘를 확보하는 단계부터 인위적인 방법으로 종묘를 양성하여 양식한 수산물을 완전 양식산 수산물이라 한다. 그러나 대부분의 양식산은 자연산 종묘를 획득한 후에 양성한 수산물이다.

3) 육질의 색깔에 의한 분류: 흰살 수산물과 붉은살 수산물

어류는 육질의 색깔에 따라서 흰살 수산물과 붉은살 수산물로 구분한다. 광어류, 명태류 등과 같이 해저에 서식하는 어류의 육질은 흰색을 많이 띄고 있어서 흰살 수산물이라 하고, 참치, 방어 등과 같이 해수 표층을 회유하는 어류의 육질은 붉은색을 많이 띄고 있어서 붉은(빨간)살 수산물이라 한다.

4) 제품에 의한 분류: 생선 수산물과 가공 수산물

생선 수산물이란 자연 상태 또는 양식한 수산물을 가공하지 않은 상태로 상품화한 수산물로서 선도가 상품 등급을 판단하는 중요한 기준이다.

가공 수산물이란 생선 수산물에 어떠한 물질을 첨가하거나 또는 형태상에 변화를 시켜서 상품화한 수산물을 말한다.

가공 수산물은 생선 수산물에 비해 보존력이 강한데 특성이 있다.

5) 용도에 의한 분류

(1) 식용품

가. 생선 수산물: 어류, 조개류, 갑각류, 기타

나. 냉동 수산물: 냉동어류, 냉동새우, 냉동굴, 기타

다. 건제 수산물

ㄱ. 마른치(소건품, 素乾品): 자연 상태로 말린 수산물(명태, 오징어, 양미리, 대구, 다시마, 미역, 김, 상어 지느러미, 기타)

ㄴ. 삶은 마른치(자건품, 煮乾品): 삶아서 말린 수산물(멸치, 새우, 양미리, 해삼, 조개류, 기타)

ㄷ. 구운 마른치(소건품, 燒乾品): 구워서 말린 수산물(도미 소건품, 정어리소건품, 기타)

ㄹ. 훈제 마른치(훈건품, 燻乾品): 훈제하여 말린 수산물(청어, 연어, 오징어, 기타)

ㅁ. 절인 마른치(염건품, 鹽乾品): 소금에 절여서 말린 수산물(굴비, 대구, 정어리, 정갱어, 기타)

ㅂ. 얼린 마른치(동건품, 凍乾品): 얼려서 말린 수산물(북어, 기타)

라. 염장품: 소금에 절인 수산물(고등어, 전갱이, 갈치, 정어리, 꽁치, 오징어, 기타)

마. 조미 가공품

ㄱ. 젓갈류: 발효시켜서 조미한 수산물(멸치, 오징어, 성게, 해삼 창자, 어장유 - 魚醬油, 기타)

ㄴ. 연제품(煉製品: fish jelly product)[28]: 생선을 잘게 갈아서 조미 가공한 수산물(기름에 튀긴 어묵, 소시지, 기타)

ㄷ. 자숙 조미품: 조미료와 함께 간장, 물엿 등으로 조린 수산물(오징어, 조기, 김, 새우, 도미, 가자미 조개류, 다시마, 기타)

바. 통조림

ㄱ. 수자 통조림(水煮 통조림: canned boiled) :물을 끓이면서 조미한 수산물 통조림(연어, 고등어, 정갱어, 방어, 조개류, 게, 꽁치, 기타)

ㄴ. 유적(油滴) 통조림: 다랑어, 정어리, 굴, 기타

ㄷ. 조미(調味) 통조림: 고등어, 정어리, 정갱어, 꽁치, 방어, 조개류, 어단

사. 식용어분: 청어, 정어리, 기타

28 생선살을 잘 갈아서 3% 정도의 식염과 조미료, 녹말 등의 부원료를 넣고 다시 갈면 소금 때문에 생선단백질이 젤라틴화 되어 '찰기'라는 연제품 특유의 탄력성이 생긴다. 이것을 각각의 형태로 성형하고 가열하여 제품화하는데 연제품의 종류에는 찐 어묵, 소용돌이 어묵, 구운 어묵, 마어묵, 삶은 어묵, 생선 소시지, 튀김 어묵, 어단 등이 있다.

(2) 공용품

가. 어유: 정어리유, 고등어유, 고래유

나. 피혁: 장어 가죽, 가오리 가죽, 상어 가죽, 고래 가죽, 물개 가죽

다. 아교: 어교(魚膠), 젤라틴(gelatin)

라. 알긴산(alginic acid)

마. 공예품(工藝品): 인조 진주, 산호, 자개류, 고래수염 세공품, 기타

(3) 농어업용품

가. 어박(漁粕): 멸치, 정어리비료

나. 어분(魚粉: fish meal): 멸치, 정어리 등 어류 및 동물의 사료

(4) 약용품

가. 간유(liver oil): 상어 간유 등

나. 인슐린(insulin)

다. 기타 파란 홍합입살을 비롯하여 수산물을 이용한 의약품의 개발이 최근 급속하게 발전하고 있다.

6) 기타 분류

위에서 예를 든 분류방법이외에도 각종 분류 기준에 따라서 여러 가지 형태로 농산물을 분류할 수 있다.

제3절 농수산물의 상품 품질과 규격

1. 품질의 성격과 구성

품질(quality)은 상품(본체)의 소유 및 사용에 대한 본래적 가치를 판단하는 요소이며 가치가 높은 품질은 고품질 상품으로서 사용가치와 소유가치가 높고, 저품질 상품은 사용가치와 소유가치가 낮다. 고품질과 저품질 중간에 중품질이 있다.

고품질 · 중품질 · 저품질을 구분하는 기준은 개인별, 지역별, 문화별로 다르다. 그럼으로 동일한 농수산물이라 할지라도 개인별, 지역별, 문화별로 고품질 · 중품질 · 저품질에 대한 평가가 서로 다를 수 있다.

맛과 같이 지각으로 품질을 판단하는 경우에 많은 사람들은 어릴 적 고향에서 익힌 맛을 최고의 맛으로 삼는 경향이 있다.

1) 품질의 성질

품질은 다음과 같은 두 가지 성질을 가지고 있다.

가. 지각 품질: 식료품의 맛, 향 및 요리의 모양과 같이 상품의 미각, 시각, 후각 등으로 지각(知覺)할 수 있는 품질이 있다. 이와 같은 성질을 가진 품질을 지각 품질이라 한다.

나. 기능 품질: 섭취한 식품이 포함하고 있는 성분의 효능에 따라서 건강을 촉진시키거나 건강을 해치는 품질이 있다. 이와 같은 성질을 가진 품질을 기능 품질이라 한다.

보통식품을 선택할 때는 지각 품질을 중시하지만 근년에는 식품의 안전성에 대한 의식이 높아지고 소득 수준이 향상됨에 따라서 기능품질을 중시하는 경향이 강화되고 있다.

2) 품질의 구성

상품의 품질은 개별 품질, 종합 품질, 그룹 품질과 같이 계층적으로 구성되어 있으며 품질에 대한 평가는 거래단위마다 최종적으로 평가된다.

가. 개체 품질

품질의 최소단위는 상품 개체이며, 그 상품 한 개에 대한 품질이 개체 품질이다. 개체 품질은 개별 품질과 종합 품질로 나누어서 판단한다. 개체 품질은 개개의 품질(개별품질) 구성 요소로부터 종합적으로 파악한 종합 품질이다.

다시 말하면 개체 품질과 유사한 용어인 개별 품질은 종합 품질을 구성하는 한 가지, 한 가지의 품질 요소를 말한다.

예를 들면 한 개의 과일(개체품질)에 대한 광택, 향기, 단맛, 시큼한 맛(味), 육질 등 각각의 개별적인 요소가 개체품질을 구성하는 개별 품질이라 한다. 이러한 개별 품질을 종합하여 개체품질(개체의 품질)을 평가한다. 그럼으로 개체품질은 개별 품질을 종합적으로 평가하는 종합품질이다.

예를 들어서 과일 한 개의 품질이 광택 + 향기 + 단맛 + 시큼한 맛 + 육질 등으로 구성되어 있다면 종합품질은 이들 개별 품질을 합계한 품질이다. 즉, 과일 한 개의 개체품질 = 개별품질(광택, 향기, 단맛, 시큼한 맛, 육질 등)의 종합품질로 표현한다.

그러나 종합품질에 대한 판단은 개별 품질에 대한 산술적인 합계가 아니고 개별 품질 복합적인 평가로서 판단된다.

말하자면, 과일에 있어서 광택, 향기, 단맛, 육질의 4요소가 우수하다 할지라도 시큼한 맛이 빠져있다면 우수한 과일이라고 말 수 없는 것과 같이 품질구성은 단지 맛의 산술적인 합계라기 보다도 개별품질은 복합적으로 판단하여야 한다.

나. 그룹품질

여러 개의 상품을 한꺼번에 거래하는 경우에 상품거래 단위에 대한 상품 품질을 그룹품질이라 한다. 예를 들면 과일 1상자, 과일 1트럭분, 과일 한 컨테이너분과 같이 거래 단위별로 복수의 개체를 한꺼번에 평가하는 품질이다.

만일 멜론 1상자 중에 단 1개만이라도 단맛이 부족한 멜론이 포함되어 있다면, 다른 멜론이 아무리 우수하여도 그 상자의 멜론은 저품질 멜론으로 평가될 수 있다.

2. 농수산물의 규격

상품의 규격을 결정하는 방법에는 여러 가지가 있다. 상품의 규격에는 상품의 생산 처리 및 작업의 합리화를 도모하기 위하여 정하는 생산 방법에 관한 규격(생산방법규격), 용어를 통일시키기 위한 규격(용어규격), 안전 확보를 위한 규격(안전규격)과 같은 세 가지 규격이 대표적이다.

우리나라의 농수산물 규격은 위에서 설명 한 대표적인 3가지 규격과는 다른 별도의 표준규격을 정하여 품질을 결정하고 있다.

표준 규격품이라 함은 정부에서 정한 포장규격 및 등급규격에 맞게 출하하는 농수산물을 말한다. 다만, 등급규격이 제정되어 있지 않은 품목은 포장규격에 맞게 출하하는 농수산물을 표준규격이라 한다.

우리나라의 농산물 표준규격은 사과를 예를 들고, 수산물의 표준규격은 굴비를 예로 들고, 외국의 농산물은 EC의 달걀 판매규격을 사례로서 설명하고자 한다.

1) 한국의 사과 표준 규격

사과의 표준규격은 국내에서 생산되어 신선한 상태로 유통되는 사과에 적용하며, 가공용 또는 수출용에는 적용하지 않는다.

〈표 3-3-1〉는 우리나라 사과의 등급규격을 나타내고 있고 〈표 3-3-2〉와 〈표 3-3-3〉는 각각 우리나라 사과의 등급규격을 결정하는 사과의 크기 구분과 사과의 품종별・등급별 착색비율을 나타내고 있다.

단, 사과의 등급규격에서 사용하는 용어의 뜻은 다음과 같다.

① 착색비율은 낱개별로 전체 면적에 대한 품종 고유의 색깔이 착색된 면적의 비율을 말한다.

② 큰 결점이 있는 과일인 중결점과는 다음의 것을 말한다.

㉠ 이품종과: 품종이 다른 것

㉡ 부패, 변질과: 과육이 부패 또는 변질된 것(과숙에 의해 육질이 변질된 것을 포함한다.)

㉢ 미숙과: 당도, 경도, 착색으로 보아 성숙이 현저하게 덜된 것(성숙 이전에 인공 착색한 것을 포함한다.)

㉣ 병충해과: 탄저병, 검은별 무늬병(흑성병), 겹무늬 썩음병, 복숭아 심식나방 등 병해충의 피해가 과육에 까지 미친 것

㉤ 생리 장해과: 고두병, 과피 반점이 과실표면에 있는 것

㉥ 내부 갈변과: 갈변증상이 과육에 까지 미친 것

㉦ 상해과: 열상, 자상 또는 압상이 있는 것. 다만 경미한 것은 제외한다.

㉧ 모양: 모양이 심히 불량한 것

㉨ 기타: 경결점과에 속하는 사항으로 그 피해가 현저한 것

〈표 3-3-1〉 사과의 등급규격

구분	특	상	보통
낱개의 고르기	크기 구분표 〈표 3-3-2〉에서 정한 무게에 다른 것이 섞이지 않은 것	크기 구분표 〈표 3-3-2〉에서 정한 무게에 다른 것이 5% 이하인 것. 단, 크기 구분표의 해당 무게에서 1단계를 초과 할 수 없다.	특·상에 미달하는 것
색택	품종별·등급별 착색비율 〈표 3-3-3〉에서 정하는 '특' 이외의 것이 섞이지 않은 것. 단, 쓰가루(비착색계)는 적용하지 않음.	품종별·등급별 착색비율 〈표 3-3-3〉에서 정하는 '상'에 미달하는 것이 없는 것. 단, 쓰가루(비착색계)는 적용하지 않음.	품종별·등급별 착색비율 〈표 3-3-3〉에서 정하는 '보통'에 미달하는 것이 없는 것
신선도	윤기가 나고 껍질의 수축현상이 나타나지 않은 것	껍질의 수축현상이 나타나지 않은 것	특·상에 미달하는 것
중결점과	없는 것	없는 것	5% 이하인 것(부패·변질과는 포함할 수 없음)
경결점과	없는 것	10% 이하인 것	20% 이하인 것

③ 경결점과는 다음의 것을 말한다.

㉠ 품종 고유의 모양이 아닌 것

㉡ 경미한 녹, 일소, 약해, 생리장해 등으로 외관이 떨어지는 것

㉢ 병해충의 피해가 과피에 그친 것

㉣ 경미한 찰상 등 중결점과에 속하지 않는 상처가 있는 것

㉤ 꼭지가 빠진 것

㉥ 기타 결점의 정도가 경미한 것

〈표 3-3-2〉 사과의 크기 구분

구분 \ 호칭	3L	2L	L	M	S	2S	3S
g/개	375 이상	300 이상 375 미만	250 이상 300 미만	214 이상 250 미만	188 이상 214 미만	167 이상 188 미만	130 이상 167 미만

〈표 3-3-3〉 사과의 품종별·등급별 착색비율

품 종 \ 등 급	특	상	보통
홍옥, 홍로, 화홍, 양광 및 이와 유사한 품종	70% 이상	50% 이상	30% 이상
후지, 조나골드, 세계일, 추광, 서광, 선홍, 새나라 및 이와 유사한 품종	60% 이상	40% 이상	20% 이상
쓰가루(착색계) 및 이와 유사한 품종	20% 이상	10% 이상	-

2) 한국의 수산물 규격

우리나라 수산물 중에서 굴비의 등급규격은 〈표 3-3-4〉와 같고, 포장규격은 〈표 3-3-5〉와 같다. 다른 수산물의 등급규격과 포장규격도 별도로 정해진 경우가 많다.

〈표 3-3-4〉 굴비의 등급규격

항 목	특	상	보 통
1마리의 크기(전장, cm)	20 이상	15 이상	15 이상
다른 크기의 것의 혼입율(%)	0	10 이하	30 이하
색 택	우 량	양 호	보 통
공통규격	- 고유의 향미를 가지고 다른 냄새가 없어야 한다. - 크기가 균일한 것으로 엮어야 한다.		

〈표 3-3-5〉 굴비의 포장규격(10마리) (단위: mm)

구 분	포 장 규 격
포장치수	겉포장 외치수: 395×85×280(장×폭×고)mm
포장재료	겉포장 상자: KS A1502(외부포장용 골판지)에 규정된 B골 양면골판지 1종, 파열 강도 10kg/㎠ 이상, 수분함량 9±2% 발수도 R2로 한다.
포장방법	골판지 상자 속에 엮은 굴비 두름을 평편하게 넣은 후 뚜껑을 덮어 손잡이를 조립한다.
포장 표시사항	품명, 산지, 생산년·월, 등급, 무게, 취급상 유의사항, 생산자, 성명, 주소, 전화번호

* 발수 골판지란 단시간 물이 닿아도 물이 튕겨서 물이 침투하지 못하도록 가공한 골판지 임.

3) EC의 달걀 판매규격

달걀은 EC 판매규격에 적합할 때에만 EC 내에서 판매 가능하다. EC 규정의 예외는 농가 혹은 그 지역 공영시장에서 생산자와 소비자가 직거래를 할 경우에만 허용된다. 〈표 3-3-6〉과 〈표 3-3-7〉은 각각 EC의 계란 등급과 EC의 계란 중량 등급을 나타내고 있다.

〈표 3-3-6〉 EC의 계란 등급

등급	A급(신선)달걀	B급(2등급)	C급(등외품)
껍질 및 껍질막	정상, 청결, 무상처	정상적이고 무상처	A, B급에 해당되지 않은 달걀
기공(氣孔)의 크기	6미리 미만으로 단단할 것	9미리보다 크지 않을 것	
흰자위	명확, 투명, 제리형으로서 어떠한 종류의 이물질을 혼입하여도 형태가 부서지지 않을 것		C급은 선란장(選卵場 : 달걀생산자), 식품산업 또는 비식료품 생산공장에서만 이용할 수 있다.
노른자위	빛을 투과한 경우에 명확한 윤곽선이 없고, 단지 그림자처럼 보이며, 달걀을 회전시켜도 기본적으로 중앙 위치를 벗어나지 않을 것. 어떠한 종류의 이물질을 혼입하여도 형태가 부서지지 않을 것		
태	발달이 명확하지 않음		
냄새	다른 냄새가 없음		
기타	- A급 달걀은 선란(選卵) 이전에 물로 씻어서는 안되며, 다른 방법으로 청결하게 하여야 한다. * 방이나 다른 시설 중에서 5℃ 이하의 온도로 인위적으로 냉장보관(保冷)되면 안된다.		

〈표 3-3-7〉 EC의 계란 중량등급

중량등급	계란 1개의 중량(g)	30개 이상 담긴 팩의 계란 1개 최소 중량(g)
1	70 이상	70
2	65-70	66
3	60-65	61
4	55-60	56
5	50-55	51
6	45-50	46
7	45 미만	-

한편 EC의 달걀에 라벨을 표기할 경우에는 다음과 같은 방법에 따라야 한다. 중량등급에 의한 A급 달걀은, 가정용 팩에 넣는 경우를 제외하고 라벨을 붙일 필요가 없다. 그러나 빨간 스탬프를 찍는 경우에 한하여 다음 항목을 선택하여 스탬프를 찍을 수 있다.

- 품질 등급 표시 (직경 12미리 원형 내)
- 중량 등급 (2-3미리 크기의 숫자)
- 팩 시간 또는 일자 (5미리 크기의 숫자)
- 팩 장소번호 (5미리 크기)
- 기업표시 혹은 생산자 표시
- 광고적 문구는 다음과 같은 조건을 충족시킨 경우에 한하여 허용된다.
  - ○ 자연 양계 달걀: 1ha당 최대 양계 암탉 100마리까지 = 암탉 1마리당 10㎡
  - ○ 준 자연 양계 달걀: 1ha당 최대 양계 암탉 400마리까지 = 암탉 1마리당 2.5㎡
  - ○ 개방형 평마루 양계 달걀: 3분의 1은 짚을 깐 마루 면적 ㎡당 최대 양계 암탉 7마리
  - ○ 축사 양계 달걀: 닭 양계 축사 마루 1㎡당 최대 양계 암탉 25마리
  - ○ 우리양계달걀: 우리에서 양계한 경우
- 생산지 표기가능: 달걀이 생산된 부락, 지명 등
- 그밖에 가능한 표시: 산란 일자, 판매일자, 유통기한 일자
- '최상급(extra)'이라는 문구는 다음의 조건이 충족되었을 경우에만 사용가능하다.

○ 달걀을 작은 팩에 담을 때
○ 품질 등급 A에 속할 때
○ 팩에 넣었을 때 달걀 기공의 크기가 4미리 미만일 때.

단, 작은 팩일 경우에는 팩 일자를 기재하고 '최상급'이라는 어귀가 위쪽에 인쇄되고 밀봉되어야 한다.

제4절 농수산물의 상품적 특징

여러 가지 상품은 여러 가지 상품이 공통적으로 가지는 상품의 일반적인 성질을 가지고 있을 뿐만 아니라 상품의 종류에 따라서 각각 다르게 가지는 어떤 특별한 성질을 가지고 있다. 그러므로 상품을 개발하거나 판매하기 위해서는 상품의 일반적인 성질과 상품의 종류마다 다르게 가지는 특별한 성질을 중요시해야 한다. 만일 상품의 특성을 고려하지 않고 상품을 개발하거나 판매하면 상품의 기본적 기능, 즉 사용자에 대한 물리·화학적 욕구 충족이나 사용자의 심리적 욕구를 충족시키는데 차이가 발생하여 상품의 소비에 막대한 영향을 주게 된다.

여기서는 상품의 특성에 관하여 상품의 일반적인 특성과 농수산물의 상품적 특성으로 구분하여 설명한다.

1. 상품의 일반적인 특징

모든 상품은 마치 살아 있는 생물체와 같이 라이프 사이클(상품수명주기: life cycle)을 가지고 있다. 이와 같이 모든 상품이 라이프 사이클을 가지는 성질을 상품의 일반적 특징이라 한다.

상품은 일단 시장에 도입되면 시간의 경과와 함께 그 상품의 매상고가 점차 증대하지만 한참 시간이 경과하면 매상고는 점차 감소하기 시작하고 이어서 시장에서 소멸되고 만다. 〈그림 3-4-1〉은 상품의 라이프 사이클을 나타내고 있다. 라이프 사이클의 각 단계에 대해서는 여러 가지로 분류할 수 있지만 대체로 다음과 같은 사이클로 분류 한다.

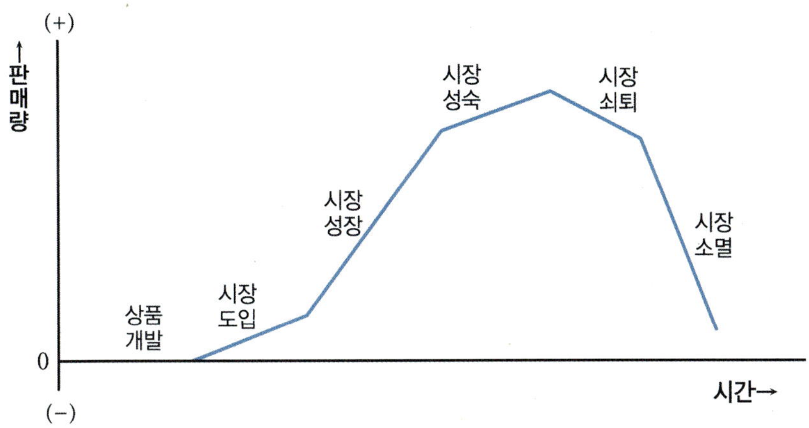

〈그림 3-4-1〉 상품의 라이프 사이클

1) 상품 개발기

상품을 개발하는 기간으로서 시장에서는 아직 판매하지 않는 단계.

2) 시장 도입기

개발된 상품을 시장에서 판매를 개시하고, 이어서 점차로 소비자에 의하여 상품이 인지되고 판매되는 수요형성 단계를 말한다. 신상품에 대한 수요의 형성과정을 보면, 신상품을 시험하기 위하여 소수의 소비자가 구입하여 사용하기 시작한다. 이 단계는 소비자에 의한 체험기이기 때문에 만약 선구적 소비자에 의하여 품질이 인정되면 다른 소비자에게 상품 정보가 전달되어 추가적인 소비자의 수요가 발생한다. 이러한 순환과정이 되풀이 되는 동안에 상품수요는 증대되어 간다.

3) 시장 성장기(수요 개발기)

추가적인 소비자들의 수요 증대에 의하여 상품수요가 폭발적으로 확대되는 단계이다.

4) 시장 성숙기(수요 포화기)

시장 성장기를 지나면 더 이상의 판매량 성장은 정지하고 이윽고 수요 성장이

침체하여 일정량 밖에 판매되지 않는 단계가 나타난다. 이 시기를 시장 성숙기라 한다.

5) 시장 쇠퇴기(수요 쇠퇴기)

수요 감퇴에 따라서 상품 판매고가 감퇴하기 시작하는 단계를 말한다.

6) 시장 소멸기

시장에서 상품 수요가 없어짐에 따라서 상품이 시장에서 모습을 감추는 단계를 말한다. 그러나 옛날 마차가 새롭게 등장하는 것처럼 없어진 상품이 부활하여 나타나는 수가 있는데 이러한 상품은 리바이블 상품으로서 새로운 라이프 사이클이라고 판단하여야 타당하다.

한편, 상품에 라이프 사이클 현상이 발생하는 이유는 첫째, 경쟁 대체상품의 출현, 둘째, 상품에 대한 기호의 변화 등 때문이다.

그러므로 라이프 사이클 패턴은 일정하지 않고 상품에 따라서, 시대에 따라서 다르게 나타난다. 어떤 상품의 라이프 사이클은 시간이 오래 소요되는 경우가 있으나 어떤 상품은 라이프 사이클이 짧아서 시장에서 쉽게 모습을 감추는 경우도 있다. 때로는 상품의 개발과정에 머무르고, 시장판매가 되지 않는 상품도 있다.

2. 농수산물의 상품적 특징

농수산물은 일반 공산품에 비하여 다음과 같은 특성을 가지고 있다.

첫째, 판매 가격에 비하여 상품이 무겁고 부피가 크다.

농수산물은 가격대비 중량과 가격대비 용적의 비율이 큰 상품이다. 결국은 가격에 비하여 무겁고 부피가 크기 때문에 가격대비 유통 비용의 비율도 커지는 상품이다. 단가에 비하여 수송비가 많이 발생하는 상품은 가능한 한 유통범위를 협소화시킬 필요가 있다. 따라서 일반적으로 농수산물의 유통은 다른 상품에 비하여 국지적인 거래 경향이 있다.

둘째, 손상되기 쉽고 부패되기 쉬운(perishable) 상품이다.

선도변화가 심한 상품은 유통상 선도 유지가 중요시된다. 그러므로 상품이 생산자로부터 소비자 또는 사용자에게 이르도록 까지 유통시간의 단축과 선도유지를 위한 방안을 강구하여야한다.

농산물은 물론 수산물 등 생선식품(生鮮食品)[29] 공통의 특성으로서 장거리 수송이나 장기간 저장에 어려움이 있다.

셋째, 규격품, 표준품 생산과 가격의 평균화가 어렵다.

농수산물의 생산은 자연에 의존하고 있기 때문에 인위적인 규격품, 표준품 생산이 어려울 뿐만 아니라 부패성 상품의 특성으로 인하여 가격의 평균화가 어렵다. 이러한 상품은 현물을 확인하지 않고는 상품의 정확한 평가가 어렵기 때문에 상표(brand)거래, 견본거래나 선물거래가 쉽지 않고 점검(inspection)거래[30]에 의존하는 경우가 많다.

따라서 잘 알려진 공산품과 같이 전화 한통화로 거래를 성립시키기가 어렵기 때문에 판매자와 구매자가 일정장소에 모여서 현물을 앞에 두고 현물을 점검하면서 거래교섭을 하는 경우가 많다. 농수산물 도매시장에서 거래 물량이 대량인데도 현물을 모두 확인하면서 거래하는 이유도 이와 같은 농수산물의 상품적 특성에 기인하는 이유가 크다.

넷째, 지각 품질평가가 간단하면서도 개별적이다.

농수산물의 맛과 향기, 육질 및 외관과 같은 지각품질은 상품 구입자가 개인별로 쉽게 평가할 수 있지만 품질의 상・중・하에 대한 평가는 개인별로 대단히 다양하다. 소비자들은 어릴 때부터 입에 익숙한 맛과 향기 등을 선호하는 경향이 있기 때문에 농수산물은 상품 차별화에 따른 광고, 선전 효과를 거두기가 쉽지 않다.

다섯째, 건강・안전에 대한 감정이 어렵다.

농수산물은 함유물의 내용을 소비자가 알기 어렵다. 즉, 상품의 기능 품질(섭취한 식품이 포함하고 있는 성분의 효능)의 평가가 곤란하다. 이러한 점은 최근 건강・안

29 생선이라 하면 우리나라에서는 물고기를 통틀어서 부르는 명사로 사용하고 있지만, 생선이라는 단어가 가지고 있는 뜻은 신선(fresh)함을 말한다. 그럼으로 생선식품(生鮮食品, fresh food)이라 하면 시간에 따라서 신선도 품질이 변화하는 물고기를 비롯한 해조류, 조개류, 농산물, 축산물, 달걀, 우유와 같은 식품을 말한다. 한편 생선상품이라 하면 생선식품은 물론이고 화훼(꽃)도 포함된다.

30 확인거래 또는 검품거래라고도 한다.

전에 대한 의식이 높아지면서 문제가 되고 있다. 기능 품질면에서 상품을 차별화 한 농산물로서 무농약 야채, 유기 농산물(쌀, 과일 등)이 있다.

농수산물의 상품계획을 수립할 때는 농수산 상품의 일반적인 특성인 라이프 사이클과 이상과 같은 농수산물 고유의 상품적 특성을 동시에 고려하여야 한다.

4 농수산물의 유통 기능과 유통조직

제4장 | 농수산물의 유통 기능과 유통 조직

시장론의 목적은 '상품이 시장에 유통됨에 있어서 상품의 적품(適品), 적소(適所), 적시(適時)의 발견과 실현이다.'라고 제1장에서 설명한 바 있다. 여기서 상품 유통에 있어서 '누구'가 '무엇'을 하여 상품의 적품, 적소, 적시를 발견하고 실현할 것인가 하는 의문이 발생한다. 이러한 의문에 대하여 유통 조직(distribution organization)이 '누구(who)'에 해당하고, 유통 기능(distribution function)이 '무엇(what)'에 해당한다. 즉, 시장론의 목적을 수행하기 위하여 행하여 할 활동이 유통 기능(distribution fuction)이며, 유통 기능의 담당 주체 및 유통 시설과 유통 시설을 관리하는 주체가 유통 조직(distribution organization)이다.

제1절 유통 기능

유통 기능은 일반적으로 소유권 이전(移轉)기능, 물적 유통 기능, 조성 기능으로 대별하는데 소유권 이전기능과 물적 유통 기능을 기본적 유통 기능이라 하고, 조성 기능을 보조적 유통 기능이라 한다.〈표 4-1-1〉은 유통 기능을 분류하고 있다.

〈표 4-1-1〉 유통 기능의 분류

기본적 유통 기능		보조적 유통 기능
소유권 이전기능	물적 유통 기능	조성 기능
- 구매 - 판매	- 수송 - 보관 (- 가공)	- 표 준 화 - 금　　융 - 위험부담 - 시장정보

기본적 유통 기능이란 유통에 있어서 기본적으로 필요한 기능으로서, 이러한 기능이 없으면 근본적으로 유통이 성립될 수 없는 기능을 말한다. 기본적인 기능 중에서 소유권 이전기능에는 구매와 판매기능이 있고, 물적 유통 기능에는 수송과 보관 기능이 있는데 물적 수송과 관련하여 발생하는 간단한 가공기능을 물적 유통 기능에 포함하기도 한다. 보조적 유통 기능이란 보조적 유통 기능이 수행되지 않는다 할지라도 유통은 성립되지만, 유통을 대량으로, 광범위하게 또는 원활하게 수행하게 하기 위하여 도움이 되는 기능을 말하며 이에는 표준화, 금융, 위험부담, 시장정보기능 등이 포함된다.

유통 기능은 생산자로부터 소비자에 이르는 상품 유통 과정에 유통 조직이 단 한 번만 수행하는 경우가 있으나 여러 번 반복 수행하는 경우도 있다. 단 한번 수행하는 경우란 생산자와 소비자 간의 직접거래(직거래)에서 발생하며, 여러 번 반복 수행되는 경우란 유통과정에 중간상(middle man)이 개입된 경우이다.

직접거래에서처럼 중간상이 개입되지 않은 유통 경로에서는 유통 기능이 배제되는 듯이 보일 수 있으나 실제로는 중간상이 수행하는 유통 기능을 생산자나 소비자가 수행하였을 뿐이기 때문에 유통 기능 그 자체가 배제되는 것이 아니고 유통 조직 간에 전가될 뿐이다. 즉 유통 경로가 길거나 짧거나 혹은 복잡하거나 간단하거나 간에 어떠한 유통 경로에서라도 소유권이 이전되고 상품이 수송, 보관되는 등의 유통 기능은 수행된다. 유통 경로가 복잡하고 긴 경우에는 중간에서 동일한 유통 기능이 반복하여 발생하지만, 동일한 유통 기능이 반복하여 발생한다고 할지라도 새로운 부가가치가 창조되는 한 반드시 비효율적인 유통 경로라고 말할 수 없다.

1. 소유권 이전 기능

소유권 이전기능(functions involving transfer of title)은 기본적인 유통 기능의 하나이며, 물품의 매매와 매매 촉진에 필요한 활동을 말한다.

제1장에서 '시장론이란 소비자 또는 사용자가 바라는 적격품(適格品)을 생산하여 적시(適時), 적소(適所)에서 소비자 또는 사용자에게 인도할 것을 목적으로 하는 연구 분야이다.'라고 하였는데 이를 중심으로 소유권 이전기능을 해석해 보면, 소유

권 이전기능은 '수요와 공급의 적합(適合)을 발견하고 적합 실현에 필요한 활동'을 말한다. 구체적으로는 매매에 직접적으로 관계있는 활동(거래, 결제, 기장)외에도, '適'을 발견하기 위한 시장조사, 시장조사에 의하여 수행하는 제품계획(혹은 구색상품 계획), 그리고 상품의 판매촉진과 관련된 여러 가지 활동을 포함한다.

소유권 이전 기능을 교환기능(function of exchange) 또는 상거래 기능이라고도 하며 물적(物的) 유통 기능에 대비하여 상적(商的) 유통 기능이라고도 한다. 소유권 이전 기능은 거래 당사자 간에 소유권이 이전됨으로써 소유효용(possession utility)이 창조된다.

소유권 이전기능에는 구매(buying)기능과 판매(selling)기능이 있다. 상품을 거래함에 있어서 일방이 구매하면 다른 한편에서는 반드시 판매가 수반되어야 한다. 그러므로 구매와 판매의 양 기능은 소유권 이전에 반드시 수행되어야 하는 상호 보완적인 관계에 있으며 동전의 양면과 같이 구매가 수행되면 판매도 수행된다.

1-1. 구매

구매란 상품을 매입하기 위하여 계약을 준비하고, 계약에 따라서 상품을 인도받으면서 대금을 지불하는 활동과 과정을 말한다. 따라서 구매기능은 구매가 필요한 것인지 여부에 대하여 판단하는 과정에서부터, 구매 상품에 대하여 어떠한 품종을 결정할 것인가를 포함하여, 어떤 거래처와 어떠한 거래조건(가격조건 · 인도조건 · 지불조건 · 품질조건 · 수량조건)으로 거래할 것인가를 결정하는 모든 과정이 포함된다.

거래 조건이라 할지라도 각 거래조건의 내용을 살펴보면 여러 가지 종류가 있고 또한 그 구체적인 조건도 다양하다. 거래는 일상생활에서 빈번하게 발생하고 있음으로 자세한 거래조건에 해당하는 가격조건 · 인도조건 · 지불조건 · 품질조건 · 수량조건은 거래 또는 계약과 관련된 전문서적을 이용하여 보다 더 자세하게 학습할 필요가 있다. 여기서는 거래조건의 내용이 얼마나 다양하고 복잡하게 구성되어 있는가를 알아보기 위하여 여러 가지 거래조건 중에서 품질조건 하나를 예를 들어서 간단히 설명하고자 한다.

상품의 품질에 관한 거래조건을 크게 나누어 보면 품질을 결정하는 조건, 품질을 결정하는 시기에 관한 조건, 품질을 증명하는 조건 등으로 구분 할 수 있다.

먼저 품질을 결정하는 조건을 보면 ①현물 점검 거래(sales by inspection) ②견본 거래(sales by sample) ③명세서 거래(sales by description) ④상표 거래(sales by brand or trade mark) ⑤규격품 거래(등급 거래: sales by type or grade) ⑥표준품 거래(sales by standard)에 의하여 거래하는 방법 등이 있다.

생선, 과일 등과 같은 농수산물은 부패하기 쉽고 표준화되기 어렵기 때문에 거래할 때 마다 매번 상품을 확인하고 점검하면서 거래하는 현물 점검 거래의 대표적인 예이다.

견본으로 품질을 결정하는 거래에는 먼저 매매 당사자 간에 견본을 결정한 후에, 견본과 동종, 동질, 동형의 상품을 거래한다. 거래 후 견본과 다른 상품일 경우에는 구매를 거절하거나 가격을 낮출 수 있는 요인이 된다.

명세서 거래는 정밀한 기계류, 거대한 선박류, 첨단 기술을 이용한 의료기구 등과 같이 부피가 크거나 가격이 비싼 고가품일 경우에 많이 이용한다.

상품의 상표가 널리 알려진 경우에는 상표거래를 이용하기도 하며, KS 표시품과 같이 규격이나 품질이 정해진 상품은 규격품으로 거래하는 경우가 많다.

현품이 없이 농장이나 어장에서 수확이 예상되는 농수산물 및 냉동 어류나 목재 등과 같이 정확한 견본의 제공이 어려운 상품에 대해서는 사전에 일정한 기준에 의한 표준품을 정하여 두고 실제 상품 인도(引渡)시에 인도상품과 표준품에 차이가 있을 경우에는 실제 상품과 표준품의 차이 정도에 따라서 물품대금을 증감하여 거래를 한다.

표준품 거래에 있어서 표준품의 표시방법은 평균 중등 품질(F.A.Q.: fair average quality)조건, 판매 적격 품질(G.M.Q.: good merchantable quality)조건이 있다.

다음은 품질을 결정하는 시기에 관한 조건을 보자. 이해를 돕기 위하여 구매자와 판매자가 서로 다른 나라에 있어서 무역거래를 한다고 가정하자. 무역에 있어서는 일반적으로 품질의 결정시기를 수출자의 공장 출고 시점, 선적 시점, 수입지의 양육 시점, 수출지의 보세창고 반입 시점, 그리고 수입자의 공장인도 시점으로 다양하게 구분하고 있는데, 품질결정시기는 이 중에서 하나를 선택하여야 한다.

이어서 품질을 증명하는 조건을 보면, 수출품의 경우에 선적품질 인도조건이면 수출지의 품질인증 기관으로부터 품질 증명서를 발급받아서 수입자에게 제출하면 품질의 책임이 면제되고, 양육품질 인도 조건이면 수입자가 품질 이상 유무를 확인하기 위하여 양육지의 품질인증 기관으로부터 품질증명서 또는 감정보고서(survey report)를 발급 받아서 이상이 있으면 수출자에게 제출하여 품질손해에 대한 손해배상을 청구 할 수 있다.

1-2. 판매

판매란 상품을 예상 구매자에게 구매하도록 하거나 구매하도록 설득하는 인적, 비인적인 활동과 과정을 말한다. 인적 판매는 판매원을 통하여 파는 것을 말하고, 비인적 판매란 광고를 통하거나 벤딩머신(자동판매기), 전자상거래 등을 통하여 파는 것을 말한다. 따라서 판매기능이 수행되기 위해서는 판매 촉진활동이 전제되어야 한다.

판매기능은 예상고객에 대한 수요의 창조, 예상 고객의 발견, 판매장소 결정, 소유권의 이전과 같은 세부적인 기능이 포함된다.

판매와 구매는 동전의 양면과 같이 밀접한 관계가 있어서, 동일한 거래를 두고 구매자의 입장에서는 구매, 판매자의 입장에서는 판매가 된다.

2. 물적 유통 기능

상품의 물적 유통 기능(functions involving physical distribution)이란 생산과 소비 사이에 발생하는 장소적 거리와 시간적 차이를 조정하는 기능을 말하며 장소적 거리를 조정함으로서 장소효용(place utility)이 창조되고, 시간적 차이를 조정함으로서 시간효용(time utility)이 창조된다.

2-1. 수송

유통에 있어서 교환기능이 수행되면 소유권의 이전이 이루어짐으로서 유통이 완료 될 수 있지만 일반적으로 소유권 이전은 상품의 수송(transportation)과 보관이라는 물적 유통을 수반한다. 농수산물과 같은 식품의 수송에 있어서는 수송하는 동안에 품질관리에 특별히 유의하지 않으면 상품의 품질이 악화되거나 부패되어 상품의 가치가 상실된다. 청과물, 어패류, 육류, 가공식품 중에서 저온을 유지해야

되는 식품은 적정온도를 유지하여 수송하여야 한다.

농산물은 수확기와 비수확기가 있는데, 수확기에는 산지에서 소비지로 수송이 집중되고 비수확기에는 수송되는 횟수나 수송량이 적어진다.

농수산물의 수송에는 저온수송차량이나 컨테이너(container)를 이용하는 경우가 많고 활어의 수송에는 주로 수조(水槽: 물탱크)가 구비된 차량을 이용한다.

2-1-1. 저온수송 차량과 컨테이너

저온수송에 사용되는 차량은 알루미늄 또는 FRP를 외장재로 이용한 단열구조의 몸체를 구비하고 있으며, 냉각장치의 유무에 따라서 냉동차와 냉장차(보냉차)로 구분한다. 〈표 4-1-2〉는 저온수송차량을 구분하고 있다.

기계식 냉동차는 프레온(fleon) 가스를 기화시키면서 흡수하는 기화열을 이용하여 차고 내부를 차갑게 하는 증발기와 기화한 프레온 가스를 다시 액화하는 응축기로 구성되며, 응축기의 동력을 주행용 엔진에서 얻으면 메인 엔진식이라 하고, 응축기의 동력을 별도의 엔진을 이용하여 얻으면 서브 엔진식이라 한다.

〈표 4-1-2〉 저온 수송 차량의 구분

<table>
<tr><th colspan="6">저 온 수 송 용 차 량</th></tr>
<tr><th colspan="4">냉 동 차</th><th colspan="2">냉 장 차</th></tr>
<tr><td colspan="2">기계식냉동차</td><td rowspan="2">축냉판식
냉동차
(저온, 중온용)</td><td rowspan="2">액체질소식
냉동차
(저온용)</td><td rowspan="2">드라이
아이스
(중온용)</td><td rowspan="2">얼음
(중온용)</td></tr>
<tr><td>메인엔진식
(저온, 중온용)</td><td>서브엔진식
(저온, 중온용)</td></tr>
</table>

2-1-2. 수송 수단별 수송의 특징

일반적으로 수송에 이용되는 수송수단은 철도, 차량, 선박, 항공기가 있으며, 이들 수송수단은 다음과 같은 장단점이 있다.

가. 철도수송

철도수송의 장단점은 다음과 같다.

장점

1) 대량의 물자를 한꺼번에 능률적으로 수송하는데 적합하다.
2) 원거리 수송에는 운임이 비교적 경제적이다.
3) 웬만한 악천후에도 영향을 받지 않고 수송이 가능하다.

철도수송과는 달리 선박수송은 악천후가 발생하면 결항하기 쉽고, 기상상태가 나쁜 경우에는 항구에 도착하였다 할지라도 화물을 하역하거나 적재작업을 중단하는 경우가 많다.

4) 수송에 있어서 궤도를 달리기 때문에 안전도가 높다.

단점

1) 근거리 수송의 경우에는 자동차 수송에 비하여 운임이 비교적 비싸다.
2) 원거리 수송의 경우에는 자동차 수송에 비하여 장시간이 소요되는 경우가 있다.
3) 긴급 시에는 수송을 하고자 하여도 열차 운항시간이 결정되어 있어서 발송시간의 융통이 불가능하다. 철도 수송과는 달리 자동차 수송은 출발시간을 유연하게 운용하여 쉽게 30분이나 1시간을 늦출 수가 있다.
4) 배차시간이나 열차용량 관계로 이용이 불가능한 경우가 있다. 이에 비하여 자동차 수송은 긴급 시에도 대응이 쉽다.
5) 철로가 없는 장소에는 철도 이용이 불가능하다. 이를 보완하기 위하여 집하나 배송을 위하여 자동차가 이용되고 있으나 옮겨 쌓는데 시간 노력이 소요된다.

철도수송의 수송단위는 화차 혹은 컨테이너 단위이다. 화차의 적재 중량은 15-30톤 정도이고, 컨테이너는 5톤, 10톤, 20톤 정도이다. 그럼으로 수송량이 많은 경우에는 1열차 단위로 거래가 가능하지만 소량인 경우에는 다른 화물과 혼적시켜서 수송하여야 한다.

특수한 화물에 대해서는 특수 화차 또는 특수 컨테이너를 준비하여야 한다. 예를 들면 액체용 탱크화차, 분말용 에어슬라이드 차, 석탄·자갈 등을 운송하는 호퍼차(hopper car)[31] 등이 있다. 저온을 유지해야하는 화물을 위하여 냉장화차, 냉동화차 또는 냉동 컨테이너, 냉장 컨테이너가 사용된다. 수송량이 많고 지속적으로 이용될 것으로 전망되면 그 화물에 적합한 화차 또는 컨테이너를 제작하여 수

31 철도 화차의 일종으로서 밑바닥을 열수 있도록 장치한 화차를 말함.

송에 이용할 수 있다.

나. 자동차 수송

자동차 수송의 장단점은 다음과 같다.

장점

1) 철도 수송에 비하여 화물의 환적이 적고, 직송 가능하기 때문에 신속한 운송이 가능하다.
2) 소량이거나 많지 않은 화물의 근거리 수송에서는 철도수송에 비하여 운임이 싸다.
3) 문 앞에서 문 앞까지(door to door) 일관 수송 서비스가 가능하다. 철도수송, 선박수송 등에서는 발송화주와 수취화주의 문 앞에서 문 앞까지의 서비스가 어렵다.
4) 수송수요에 대하여 기동성이 있다. 자동차 수송은 철도수송이나 선박수송처럼 대규모의 시스템을 필요로 하지 않는다. 따라서 수송수요가 발생하면 기동성 있게 대응가능하다. 긴급한 수송에도 부응할 수 있다.
5) 문 앞에서 문 앞까지 직접 서비스가 가능하기 때문에 중간 하역이 거의 필요하지 않고, 도로가 잘 정비되어 있어서 수송 중에 충격이 경미함으로 화물의 포장을 간편하게 해도 된다.
6) 철도에는 선로를 부설하여야 함으로 거액의 투자가 필요하지만 자동차는 기존의 도로를 이용하기 때문에 설비비가 크게 소요되지 않는다.

단점

1) 원거리 수송이 되면 거리가 길어 질 수록 철도수송에 비하여 운임이 비싸진다.
2) 1회당 수송량이 철도 수송에 비하여 적다. 그럼으로 대량수송은 철도수송에 비하여 불리하다
3) 대기오염과 소음공해를 유발한다.

엔진의 배기가스에 의한 대기오염이 인구가 과밀한 지역에서 문제가 되고 있고, 동시에 자동차의 주행에 따른 소음문제도 야기되고 있다. 그러나 이러한 문제는 자동차 화물 수송만의 문제가 아니고 승용차에서도 야기되고 있는 문제이다.

4) 자동차 운전 인력이 부족해지고 있다.

자동차에 의한 화물수송량이 증대해짐에 따라서 자동차 운전요원의 부족이 문제가 되고 있다. 근거리 수송과는 달리 장거리 수송의 경우에는 수송거리가 길어짐에 따라서 자동차 한 대에 두 사람의 승무가 필요해지고, 때로는 몇 일간 귀가하지 못하는 근무상태가 있어서 운전자 확보가 곤란해지고 있다. 철도 수송에 비하면 운전자의 숫자가 압도적으로 많음으로 이 문제는 자동차 수송이 안고 있는 고유의 문제가 되었다.

화물 수송용 차량에는 보통형 자동차, 세미 트레일러(semitrailer)[32], 풀 트레일러(full trailer), 더블 트레일러 등이 있다.

세미 트레일러는 엔진부분과 화대부분이 분리되어 있어서 필요에 따라서 연결하여 수송한다. 그럼으로 트레일러에 화물을 싣거나, 내리는 사이에 트럭이 정지하여 대기할 필요가 없이 다른 일을 할 수 있는 장점이 있다. 예를 들어 장거리 훼리를 이용하는 경우에 엔진부분의 차량을 분리하여 트레일러만 수송하면 된다.

풀 트레일러는 자동차의 뒤에 또 한대의 트레일러를 견인하여 운행한다.

더블 트레일러는 세미 트레일러 뒤에 또 1대의 트레일러를 견인하여 운행한다. 그럼으로 각각 다른 목적지의 화물이나 서로 다른 품목의 화물이라도 같은 차량에 수송할 수 있다

자동차도 특수한 용도에는 특수한 차량을 이용할 수 있다. 예를 들면 액체에 대해서는 탱크로리, 분말화물에 대해서는 에어 슬라이드 자동차, 덩어리 형태의 화물에 대해서는 덤프차 등을 이용할 수 있다.

저온 보관을 필요로 하는 화물은 보냉차, 냉동차를 이용하고 있다. 특히 살아있는 생선에 대한 기호도가 높아짐에 따라서 활어차의 개발이 활발하게 진행되고 있다.

다. 선박수송

선박수송의 장단점은 다음과 같다.

장점

1) 대량 화물의 장거리수송에 아주 경제적이다.

---

32 앞 끝을 견인차 뒷부분에 얹게 된 구조의 트레일러.

2) 원재료 등 흩어진 화물을 대량으로 수송하는 경우에는 전용선을 이용함으로써 적제 효율을 높임과 동시에 하역을 합리적으로 할 수 있다.

단점

1) 수송속도가 자동차 수송이나 철도수송에 비하여 대단히 느리다.
2) 항만에서 하역비 등 항만이용에 따르는 부대비용이 많다. 따라서 선박 운임만을 고려하여 선박수송을 결정하면 예상비용에 차질이 발생하기 쉽다. 하역에도 상당한 시간이 소요된다.
3) 기상 조건에 따라서 항행이나 하역이 좌우된다. 기상조건에 따라서 하역을 중지하거나 항행을 중지해야한다. 이 조건은 육상수송에 비교하여 커다란 결점이다.
4) 수송의 안전성과 정확도에서 철도수송과 자동차 수송에 비하여 열등하다.

이상과 같이 선박수송은 대량화물의 장거리 수송에 적합하기 때문에 국제간의 거래나 원재료 등의 장거리 수송에 이용되고 있다.

선박 수송의 단점으로 열거한 내용에서 알 수 있는 바와 같이 선박 수송은 항만 하역에 시간과 비용이 소요되고 있는데, 이러한 점을 극복하기 위해서는 컨테이너 전용선이나 카페리를 이용하는 경우가 있다. 컨테이너 전용선은 컨테이너 단위로 하역하기 때문에 선적과 하역이 아주 신속하다. 또한 선박 수송의 단점을 극복하기 위하여 선박의 항행속도도 종래에 비하여 대단히 고속화되고 있다.

컨테이너선 수송은 주로 잡화 수송에 이용되고 있다. 최근에는 냉동 컨테이너에 생선 식료품과 냉동식품 등을 많이 수송하고 있고, 액체 및 분말 화물은 탱크 컨테이너를 이용하기도 한다.

카페리는 자동차가 스스로 주행하여 승선하고, 그대로 수송되는 데 이용된다. 카페리는 본래 섬과 섬, 섬과 육지의 도선으로 이용되었으나 장거리 페리가 등장함에 따라서 해상 바이패스로 이용되고 있다. 페리의 항행 중에는 자동차의 운전자가 전혀 필요하지 않기 때문에 무인수송이 되는 경우가 많다. 이에 따라서 인건비 절약과 운전기사 부족에 대처할 수 있게 되었지만 도착지에는 운전기사가 대기하고 있어야 한다.

라. 항공수송

항공수송의 장단점은 다음과 같다.

장점

1) 수송속도가 대단히 빠르다. 그러나 항공수송을 이용할 경우에는 항공기가 화물을 수송하는 시간과는 별도로 발송화주와 수취화주가 각각 공항까지 인도, 인수하는데 소요되는 시간을 고려하여 전체 수송 소요시간을 추정하여야 한다.
2) 손상, 분실, 도단 등의 사고가 극히 적다.

항공수송은 지상 및 해상수송과 비교하여 수송중의 진동이 아주 적으며, 해상수송에서 발생할 수 있는 해수 비말(飛沫) 및 습기가 거의 없다. 그럼으로 수송 중에 손상이 발생할 위험성이 거의 없다. 이러한 이점으로 인하여 포장, 보관, 보험, 재고 로스 등에 대한 비용을 현저하게 절약할 수 있다.

단점

1) 운임이 다른 수송수단에 비하여 대단히 비싸다. 따라서 비싼 운임을 감당할 수 있는 고가품이 아니면 이용하기 어렵다.
2) 1회 수송량이 적다. 그러나 대형 화물 전용기가 등장함에 따라서 1회 수송량을 증가시키고 있다.

항공수송을 이용하는 농수산물은 선도 저하가 빠른 고급 청과물 및 어패류이다. 항공기를 이용하여 단시간에 대소비지까지 수송이 용이해짐에 따라서 선도유지가 용이하여 높은 가격으로 판매할 수 있게 되었다. 일본 내에서 동경 인근의 나리다 공항은 연안 항구를 제치고 수산물 최대(금액면) 양육항이 되었으며, 우리나라 인천 공항에서도 농수산물 양육액은 해마다 점차 많아지고 있다.

특히 농수산업이 공항 인근에 입지하면 유리한 점이 많아짐에 따라서 공항인근에 농수산업이 입지하는 '임공농수산업(臨空農水産業)'의 사례가 증가되고 있으며, 이를 정책으로 육성하여야 한다는 주장이 제기되기도 한다.

2-2. 보관

보관(storage)이란 상품을 생산시기로부터 판매시기까지 보유하는 것이며, 개별

창고를 기준으로 판단하면, 상품의 창고 입하시기로부터 출고시기까지 보유하는 것을 말한다. 보관은 수요와 공급을 조절하여 시간효용을 창조한다.

보관기능이 수행되는 이유는 다음과 같다.

1) 계절 상품은 생산시기와 소비시기가 일치하지 않음으로 이를 조절하기 위함이다. 농수산물은 대부분 계절적 생산이지만, 소비는 연중에 걸쳐서 안정적임으로 안정적인 소비를 도모하기 위하여 보관한다.
2) 상품의 가격 인상시기를 예상하여 보관한다. 가격이 일시적으로 인하되어 가격 회복을 기다리거나, 투기적인 목적으로 앞으로 가격이 인상될 것이라는 예상으로 상품을 보관한다.
3) 단위 수송비용을 줄이기 위하여 보관한다. 1회 수송에 필요한 적정수량이 부족한 분량이면 1회 수송에 필요한 적정수량이 될 때까지 이전의 상품을 보관한다.
4) 상품에 따라서는 제품 가공 공정상 보관을 필요로 한다. 예를 들어서 과실의 숙성(ripening), 포도주의 숙성(aging), 담배 · 목재 등의 공기 건조(curing)에는 시간이 소요된다.

2-2-1. 보관 방법과 저장고

다음에서 보는 〈표 4-1-3〉은 농수산물의 보관 방법과 보관시설을 나타내고 있다.

〈표 4-1-3〉 농수산물의 보관 방법과 보관 시설

보관 방법	보관 시설
냉기 보관	환기 저장고
	송풍 저장고
	지하 저장고
	터널 저장고
저온 보관	냉장 · 냉동고
기체조절 보관	CA 저장고
	감압 저장고

가. 냉기보관법

냉기보관 방법은 겨울, 고랭지(高冷地), 지하동굴 등에서 저온인 자연 대기를 이용하는 방법을 말한다. 보관에 소요되는 에너지를 필요로 하지 않는 성(省)에너지적인 보관방법이다. 그러나 보관물의 보관기간은 기온에 따라서 한정되어 있다. 주로 청과물 보관에 이용되고 있다.

㉮ 환기 저장고

자연의 대류를 이용하는데, 외부의 공기를 저장고내에 도입하여 환기한다. 저장고의 구조는 자연 대류만으로서 저장고내 공기의 환기가 충분히 이루어질 수 있도록 환기구, 창, 배기구 등의 배치가 고려되어야 한다. 또한 흙벽 등을 사용한 건물을 이용하여 열효율을 높이고, 환기에 의한 저장고 내의 온도 변동이 크게 되지 않도록 충분히 고려하여야 한다.

㉯ 송풍 저장고

이 저장고에서는 저장고내에 팬을 이용하여 강제적으로 환기시킨다. 컴퓨터로 외기 온도에 적절하도록 환기를 제어하며, 저장고 온도를 적절한 온도로 유지하면서 저장의 자동화, 성력화를 도모한다.

㉰ 지하 저장고

지하의 채석, 갱도 등의 공간을 성(省)에너지 방법으로 청과물의 보장에 이용할 수 있다.

㉱ 터널 저장고

철도나 도로 중에서 사용하지 않는 터널 등에도 청과물의 저장시설로서 이용될 수 있다.

나. 저온 저장

냉동기를 이용하여 식품을 소정의 온도까지 낮추어서 보관 저장하는 방법이다. 이를 위하여 저장시설은 냉장창고 혹은 냉장고이다.

저온저장은 식품의 저장온도에 따라서 냉각저장과 동결저장으로 구분한다. 냉각저장은 식품을 단순히 냉각한 상태의 냉장으로서 0℃~17℃ 온도범위이다. 이와는 달리 동결저장은 식품을 동결하고 동결상태에서 저장하는 것을 말한다. 온도범위

〈표 4-1-4〉 야채 및 과일의 빙결점

종류	빙결점(0℃)
딸기	-1.2
양배추	-1.0
배	-1.1
감	-2.2

는 보통 -15~-30℃이다. 최근 저장온도가 냉각냉장과 동결저장의 중간에 위치하는 빙온저장, 파셜프리징(partial freezing)이라고 불리는 저장방법이 보편화 되고 있다.

빙온 저장이란 〈표 4-1-4〉에 나타난 농수산물의 빙결점 가까이까지 저장온도를 낮추도록 하여 0℃ 이하의 온도에서도 야채 및 과일을 동결시키지 않고 선도를 유지하면서 보관할 수 있게 되었다.

또한 잎과 뿌리에서 부동액을 흡수시킨다거나 가공식품을 부동액에 침적되도록 하여 빙결점을 인위적으로 하강시킴으로서 식품의 선도를 유지하면서 보관할 수 있게 되었다.

파셜프리징은 식품을 -3℃ 근처에서 저장하는 방법이다. 이 온도에서는 대부분의 식품이 빙결점이 생기면서 반동결상태가 된다.

다. 기체조절 저장

기체조절 저장방법은 CA저장방법과 감압저장방법이 있다.

㉮ CA저장고

CA는 Controlled Atmosphere Storage(기체조절저장)의 약칭이며, 저장고내의 공기 중에서 특히 O_2, CO_2 온도를 인위적으로 바꾸어서 청과물과 식품을 냉장하는 방법이다. 청과물의 저장에 적합한 O_2, CO_2 농도조건은 청과물에 따라서 다르지만 CA저장에 있어서는 대기의 공기 조성보다도 O_2 농도를 저하시키고, CO_2 농도를 높인다.

CA저장법에 의한 가스 조성 및 적정온도를 나타낸 것이 〈표 4-1-5〉이다

〈표 4-1-5〉 농산물의 CA저장에 의한 적정온도

종류	가스조성		온도	적정수준
	O_2 (%)	CO_2 (%)		
사과	3	2~8	0~3.3	매우적합
바나나	5~10	5~10	12~14	매우적합
감	2~3	5~10	0	매우적합
도마도	3~10	5~10	6.6~9.0	매우적합
매실	2~3	3~5	0	적합
인삼	2~5	5~10	0	적합
복숭아	2	4~5	0	약간적합
포도	0.5~1	1~2	-0.5	약간적합
레몬	5~10	5~10	12~14	부적합
오렌지	3~5	2~4	4~6	부적합

CA저장고는 저장고 내에 O_2, CO_2를 일정한 농도로 유지하여야 하기 때문에 밀폐되어야 한다. 냉장창고 내의 밀폐는 비닐텐트(vinyl tent)를 설치하여 CA저장을 하는 방식이 있는데 이 경우에는 냉장고 구조 자체의 밀폐성을 요구하지 않는다.

㉯ 감압저장고

이 저장방식은 vacuum storage, hypobaric storage, subatmospheric storage, low storage 등으로 불리며, 저온저장 온도하에서 공기압(空氣壓)을 대기압보다 낮은 압력으로 저장하는 방식이다. 압력이 낮아지기 때문에 O_2분압이 내려가고, CA저장과 동일하게 청과물의 호흡작용이 억제되며, 세균류의 활동도 저하한다. 또한 청과물 내부의 에치렌 가스가 쉽게 제거되어 저장효과가 높아진다.

2-2-2. 냉동창고

냉동창고는 농수산물 유통의 필수적인 시설로서 냉장실을 보관의 저장 공간으로 하고, 온도를 일정하게 유지시키는 냉동장치 및 농수산물의 입출고를 용이하게 하는 부대시설로 구성되어 있다.

〈표 4-1-6〉 창고의 종류

분류 기준	창고의 종류	비고
구조	재래 창고	창고바닥이 평면
	랙(rack) 창고	선반시설로 구성된 창고 랙의 높이에 따라 저층랙(5m 이하), 중층랙(5~15m), 고층랙(15m 이상)으로 분류 된다
	자동화 창고	컴퓨터에 의한 정보시스템과 창고의 하역시스템이 온라인으로 일체화 운영되는 창고
보관 형태	보통 창고	상온의 일반적인 창고
	저장 창고	지반에 정착한 저장 탱크로서 내화구조를 갖추고 있는 창고(곡물, 가루 등)
	야적 창고	노천에 보관하는 옥외창고로서 담장, 철책 등을 설치하여 목재, 컨테이너 등을 야적형태로 보관하는 창고
	냉동 · 냉장 창고	10℃ 이하의 저온으로 보관하는 창고. 유지온도에 따라서 F_1급(−20~−30℃), F_2급(−30~−40℃), F_3급(−40~−50℃), F_4급(−50℃ 이하) C_1급(−20~−10℃), C_2급(−10~−2℃), C_3급(−2~10℃)로 구분됨
	정온 창고	공조기 등으로 온도와 습도의 조정이 가능한 창고(10~20℃ 정도)
	위험물 창고	소방법에서 정한 위험물 취급 창고
	간이 창고	텐트 등에 의한 간이구조로 된 창고
보관 기능	저장 창고	창고의 기본적인 기능인 저장보관에 충실한 창고
	보세 창고	관세법에 따라서 세관장의 허가를 얻어 수출입 화물을 취급하는 창고
	유통 창고	유통창고는 필요한 제품을 집화하여 필요한 장소에 배송하는 기능을 갖춘 창고. 유통창고의 특징은 조립작업, 포장작업, 분류작업 및 유통가공작업 등을 행하는 기능을 갖는다
보관 운영 형태	자가 창고	민간이 자기의 물품을 보관하기 위한 창고
	영업 창고	다른 사람이 기탁한 물품을 보관하고, 그 대가로 보관료를 받는 창고
	리스 창고	기업이 보관공간을 리스하는 단기적인 영업창고
	공공 창고	국가및 지방단체가 공익을 목적으로 건설한 창고 (공립창고, 보세창고, 공공임대창고 등)

냉장창고는 농수산물을 적정한 온도로 장단기간 보관하여 생산과 소비의 기간을 조절한다. 저장기간은 장기일 경우에 1~2년이 되기도 한다.

냉동창고는 10도 이하의 온도를 유지하여야 하고 유지 온도에 따라서 7개의 급별

창고로 구분한다. F급 창고는 -20℃ 이하를 유지하여야 하되 F_1급 -20℃~-30℃, F_2급 -30℃~-40℃, F_3급 -40℃~-50℃, F_4급 -50℃ 이하이다. C_1급 창고는 -10℃~-20℃, C_2급 -10℃~-2℃, C_3급 -2℃~10℃로 구분된다.

이상에서 설명한 냉동창고는 여러 가지 창고의 종류 중에서 보관형태에 따른 창고의 형태이다. 그밖에도 여러 가지 일반창고는 창고의 구조, 보관형태, 기능, 운영형태 등을 기준으로 〈표 4-1-6〉와 같이 분류할 수 있다.

3. 조성 기능

유통의 조성 기능(functions which the performance of the foregoing functions, facilitating functions)이란 유통 기능의 기본적인 기능인 소유권 이전기능과 물적 유통 기능이 보다 더 합리적이고 효율적으로 수행 될 수 있도록 도움이 되는 보조적인 유통 기능이다. 조성 기능은 유통에서 이 기능이 수행되지 않는다 할지라도 유통은 성립하지만, 유통을 대량으로 광범위하게 또는 원활하게 수행하게 하기 위하여 도움이 되는 기능이며, 표준화, 금융, 위험부담, 정보 등의 기능이 이에 속한다.

3-1. 표준화

표준화(standardization) 기능이란 여러 가지 상품들의 종류와 규격을 일정한 기준에 따라서 제한하고 통일하여 상품의 품질적 차이를 조절하는 기능을 말한다.

농수산물과 같이 생산이 자연조건에 제약되며, 소규모 분산적이고, 품질 · 모양 · 크기 · 색상 · 선도 · 맛 등이 제마다 다른 경우에는 표준화 기능이 더욱 중요하다. 농수산물의 생산자들은 개인 혹은 집단으로 품질을 선별(sorting)하고 등급화(grading)하는 선별장(選別場)을 가지고 있는 경우가 많다. 그러나 농수산물의 품질을 결정하는 방법은 대단히 복잡하고 어렵다. 예를 들어서 맛에 관하여 기준을 정할 경우에 단맛, 신맛, 쓴맛, 짠맛, 떫은맛과 같은 기본 오미(5味)외에도 매운맛, 진한맛, 고소한맛, 상큼한맛, 비릿한맛, 감칠맛 등과 같은 맛에 대한 구분 기준을 설정하기가 매우 힘들다. 농수산물의 품질에 대한 상세한 내용은 제3장 제3절 '상품의 품질과 구성'을 참고하기 바란다.

공산품의 경우에는 단일 상품별로 일정한 생산공정에 따라서 일관되게 생산하기 때문에 생산단계에서 일원화(unification), 규격화, 즉 표준화가 이루어진다. 그럼으로 유통과정에서 별도로 표준화 기능이 수행되지 않아도 된다.

표준화와 선별 및 등급화는 서로 밀접한 관계를 가진다. 선별 및 등급화는 표준화의 한 과정을 구성하고 있다. 즉 선별은 상품을 동질화하기 위하여 종류별로 분류하는 과정이며, 등급화는 미리 설정된 표준과 상품이 일치하는가 여부를 검토하는 과정으로서 상품의 등급을 집단으로 분류함을 말하는데 등급을 구분하는 기준은 품질, 크기, 색상, 모양 등이다.

표준화 기능을 간단하게 하기 위하여 기준이 되는 표준의 수를 줄이면 이를 단순화(simplification)라 한다. 단순화가 달성되지 않는다 할지라도 표준화 기능은 수행될 수 있다.[33]

표준에는 일반표준(general standard)과 특수표준(specific standard)이 있는데 일반표준은 생산자와 관계없이 모든 동종 상품에 적용되는 표준이며, 특수표준은 특정 생산자나 생산자 단체, 구매자 등이 임의로 설정한 표준이다. 표준화는 소비자의 이해와 밀접한 관계가 있음으로 표준의 제정, 개정에 정부가 개입하여 결정하고 있는데 우리나라는 공업표준 규격품(KS 표시품)이 있고, 국제적으로는 국제표준기구(ISO: International Organization for Standard)가 있다.

상품이 표준화되면 다음과 같은 이점이 있다.

1) 상품을 거래함에 있어서 견본을 보지 않아도 거래할 수 있음으로 매매활동이 원활해진다. 표준화에 따라 등급별로 구분된 상품은 표준 규격품 거래(sales by description)나 표준품 거래(sales by standard)를 함으로서 점검거래(확인거래: sales by inspection)에 소요되는 시간 및 노력과 같은 유통 비용을 절감할 수 있다.

2) 표준화되면 혼합운송이나 혼합보관이 가능해 짐으로 운임 및 보관비용을 절감할 수 있다.

3) 표준화되면 선물거래가 용이해진다.

4) 표준화는 상품의 신용도를 높여서 새로운 수요를 창조하기 쉽다.

한편 개인적 기호품, 개인생활 스타일품, 수공예품, 예술작품 등과 같이 기계가 아닌 수공으로 생산하거나 소량 생산품은 표준화하기가 어렵다.

---

33 마케팅원론, 오상락, 박영사, 1984, p.92-93.

3-2. 금융

상품거래는 판매자로부터 구매자에게 상품이 이동하는 대신에, 상품 흐름의 반대 방향으로 화폐 또는 신용 공여의 흐름이 발생함으로서 성립한다. 판매자는 상품을 구매자에게 인도하는 반대급부로 구매자로부터 화폐 또는 신용을 획득하여 재생산 또는 재 조달에 필요한 자본을 충당한다. 이와 같이 상품거래에 있어서 각 유통기관은 생산 또는 유통에 필요한 화폐와 신용의 조달이 필요하다.

유통과정에서 금융(financing)이란 생산된 상품이 최종소비자 또는 사용자에게 이전되기까지 생산자, 도매상, 소매상 등 각 유통기관이 생산 및 유통에 필요로 하는 자금 내지 신용의 조달과 관리를 말한다. 일반적으로 대기업은 신용능력이 크므로 금융기관으로부터 자금을 차입하기 쉬우나 중소기업은 대기업에 비하여 불리하다. 은행 이외의 금융은 소매상은 도매상으로부터 외상구매를 함으로서 도매상에게 의존하고, 도매상은 생산자로부터 외상구매를 함으로서 생산자에게 의존하는 경우가 많다.

농수산업 분야의 금융은 정부로부터 무상 보조금, 저리 보조금 등 여러 가지 형태의 정책금융이 다른 분야의 정책금융보다 다양한 편이다.

농수산업 금융은 내용상으로 보면 생산에 필요한 설비자금보다 운전자금(유동자금)이 부족한 경우가 빈번한데 그 이유는 다음과 같다.

1) 계절적 성수기에 출하할 상품을 집중적으로 생산하는데 필요한 자금 수요 증가
2) 생산자재에 대하여 대량 구매의 유리함을 이용하기 위하여 대량구매를 위한 자금수요 증가
3) 가격이 상승할 추세로 예견됨에 따라서 재고를 증가시키기 위한 자금 수요의 증가
4) 원자재의 가격 하락을 이용하여 원자재의 일시 대량구매에 따른 자금 부족
5) 외상판매 증가로 인하여 자본수입이 적은 경우에 있어서 자금의 부족
6) 외상구입 상품의 대량 결제로 인한 자금의 부족

3-3. 위험부담

유통기관은 유통활동을 수행하면서 여러 가지 위험에 직면하게 되는데, 유통 기

능이 분화되기 이전에는 이러한 위험을 유통기관이 전부 부담하였다. 그러나 이러한 위험을 대신하여 부담하는 전문적인 보험업이 생겨나면서 유통기관은 위험부담을 분산시키거나 감소 또는 회피할 수 있게 되었다.

유통과정에서 발생하는 위험으로는 자연적 위험, 물리적 위험, 경제적 위험이 있는데, 자연적 위험이란 비, 바람, 홍수, 지진, 우박, 번개, 이슬, 안개 등의 요인에 의한 위험이다. 특히 농수산업은 자연에 의해서 영향을 많이 받는 산업으로서 생산량면 뿐만 아니라 품질면에서도 자연에 의한 의존도가 대단히 높다. 물리적 위험이란 취급 부주의, 마찰, 충돌, 충격, 누수, 침수, 도난, 파업 등의 요인에 의하여 발생하는 상품의 파손, 변질, 부패, 감손 위험을 말한다. 농수산물과 같은 부패성 상품은 부패성이 높으면 높을수록 물리적 위험요인이 크다. 경제적 위험이란 가격 변동, 수요의 변화, 기호의 변동, 신상품의 출현(진부화: obsolescence, 스타일의 변화), 경기변동, 외상판매에 따른 대손금의 발생, 사회제도의 변화에 따른 재고의 과다, 기타 요인에 의한 경제적인 위험을 말한다. 대손(貸損)위험과 같은 경제적 위험은 상품의 실체에 영향을 주지 않으면서 자본의 계상에 직간접적으로 영향을 주는 위험이다. 그럼으로 물리적 위험은 상품자본에 영향을 주는 위험이며, 경제적 위험은 화폐자본에 영향을 주는 위험이다.[34]

3-4. 정보

정보유통을 상적유통(상류: 商流) 및 물적유통(물류: 物流)과 함께 유통의 3요소로 분류하여 정보유통의 중요성을 나타내는 경우가 많다. 여기서 상류란 유통의 거래 기능을, 물류란 유통의 물적 유통 기능을 나타내는 말이다.

상류, 물류 및 정보유통의 3가지 유통 중에서 정보유통이 가장 중요하다고 볼 수 있는 이유는 상류나 물류는 결국 정보유통으로 귀결되기 때문이다. 왜냐하면 상적 거래를 위해서 구매나 판매를 한다거나, 물적 유통을 위해서 수송을 하거나 보관을 한다고 할지라도 상품의 생산이나 존재에 대한 정보가 없이는 아무런 행위를 할 수 없기 때문이다. 다종 다량의 상품이 생산되고 판매 형태가 다양화된 복잡한 현대사회의 유통에서 정보는 더욱 중요해지고 있다.

34 마케팅원론, 오상락, 박영사, 1984, p.98.

정보(information)란 '관찰이나 측정을 통하여 수집한 자료를 실제 문제에 도움이 될 수 있도록 정리한 지식, 또는 그 자료'라고 간단히 말할 수 있지만 The American Heritage Dictionary of the English Language에서는 이를 다음과 같이 상세하게 설명하고 있다. 즉, 정보란 ①형태를 만드는 행위 ②연구 경험 혹은 설명으로부터 얻어진 지식 ③특별한 사물의 내용이나 상황 혹은 요구(needs)에 관한 지식 ④사실 및 요구를 공급하는 서비스 및 시설을 말한다.

정보는 일상생활을 하거나 사업을 경영함에 있어서 많은 사람들에게 전파되어야 일상생활과 사업 활동이 편리해진다. 그러나 정보는 양면성을 가지고 있다. 정보는 한번 공개되면 정보로서 가치가 상실되기 시작하며, 누구나 알고 있는 정보는 정보로서 가치가 없다. 특정한 정보에 대해서는 거액의 금액이 지불되기도 한다. 그럼으로 정보를 유효하게 활용하기 위하여 때로는 정보를 폐쇄하기도 하고, 정보를 합리적으로 관리하기 위하여 정보 네트워크를 구축하기도 한다. 네트워크는 거미집 혹은 이와 유사한 구축물이다. 네트워크란 말은 철도망(철도 네트워크)과 도로망(도로 네트워크)에서 자주 사용되고 있으며, 정보네트워크란 정보 전달의 네트워크 시스템을 의미한다.

정보 네트워크의 원시적인 형태는 사람과 사람의 관계이다. 옛날부터 사람과 사람 사이에 정보의 중요한 전달 방법은 문서, 즉 편지였는데 이 방법은 현재에도 유효한 커뮤니케이션 수단이다. 그러나 편지는 내용의 전달면에서 정확성은 있을지라도 스피드라는 면에서 효율성이 낮다. 이에 따라서 현재와 같은 복잡한 사회에서는 보다 특별한 기능을 가진 정보전달수단이 요구되게 되었다. 핸드폰이나 컴퓨터를 이용한 인터넷은 대표적으로 편리한 정보전달 수단이 되었다.

정보 전달에 있어서 중요한 요소는 시간이다. 시간으로 표현되는 정보의 편의성은 글로벌리제이션 시대인 현대에서 그 중요성은 더욱 크다. 빠른 정보에 대한 요구를 충족시킨 새로운 수단이 컴퓨터의 발달이다. 컴퓨터는 대량의 정보를 즉시에 전달할 수 있는, 온라인-리얼타임 정보전달 시스템이다. 특히 컴퓨터에 인터넷(internet)이 도입되면서 국내는 물론 국제적으로도 정보교환이 가속화됨으로써 농수산물 유통에서도 정보의 교환 속도가 몰라보게 빨라지고 있다.

제2절 유통 조직

1. 유통 조직 체계

유통 조직은 광의의 유통 조직과 협의의 유통 조직이 있고, 광의의 유통 조직은 유통 조직체와 협의의 유통 조직으로 구성된다.

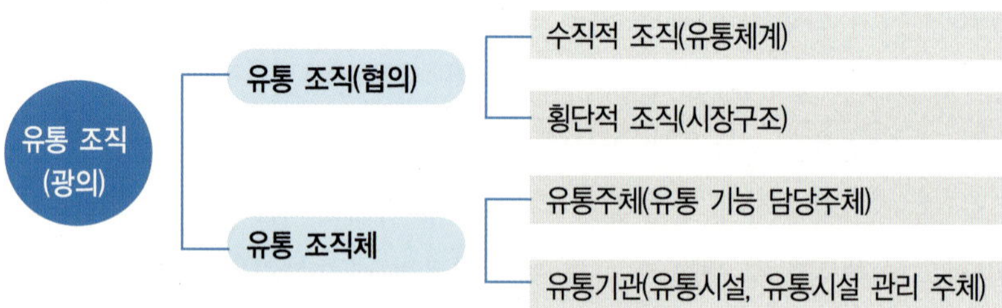

〈그림 4-2-1〉 유통 조직 체계

먼저 협의의 유통 조직이란 유통 조직체 상호간의 관계를 나타낸다. 이는 수직적 조직과 횡단적 조직으로 나눈다. 수직적 조직은 생산으로부터 소비에 이르기까지 여러 단계가 있으며, 그 중에서 2개 이상의 단계에 걸친 종적인 관계이다. 유통경로라던가 유통체계는 수직적 조직으로서, 유통단계간의 종적인 관계를 말한다. 예를 들면 생산자-도매상-소매상과 같은 조직관계, 또는 생산단계와 도매단계에 개입하는 중간업자의 조직관계 및 도매단계와 소매단계에 개입하는 중간업자의 조직 관계가 수직적 조직이다.

횡단적 조직은 동일한 유통단계에서 수요와 공급이 결합하는 구조를 말한다. 예를 들면 산지 유통단계에서는 생산자와 산지 출하업자의 관계를 말하고, 소매단계에서는 소매업자와 소비자 등의 관계를 나타낸다. 즉 각 유통단계에서 판매자와 구매자의 결합구조가 그것이며 시장구조[35]라고도 불린다.

35 산업조직론에서 사용하는 시장구조라는 용어는 판매자와 구매자가 결합하는 구조를 말한다기 보다는 오히려 판매자나 구매자 측에서 기업 상호간에 경쟁하는 형태라는 의미로 사용되고 있다. 정확하게 말하면 시장구조(market structure)라기 보다도 경쟁구조(competitive structure)라는 편이 옳을 것이다. 산업조직론에서는 시장구조는 제약이 있긴 하지만 가격과

다음으로 광의의 유통 조직을 구성하는 하나의 요소인 유통 조직체란 유통주체와 유통기관을 말한다. 여기서 유통주체는 유통 기능을 담당하는 주체를 말하고, 유통기관이란 유통 기능을 원활하게 수행하기 위하여 마련한 유통시설과 이를 관리하는 주체를 가리킨다.

2. 유통 조직에 영향을 주는 요인

농수산물은 공업제품과 다른 상품적 특징이 있기 때문에 농수산물 유통 조직도 공업과 다른 유통 조직을 구성하고 있다. 농수산물은 여러 종류의 상품이 있는데 농수산물의 구체적인 상품별 품목에 따라서 각각 다른 유통 조직을 구성하고 있는 경우도 흔하다.

유통 조직은 조직 내·외부의 여러 가지 요인에 의하여 많은 영향을 받는데 유통 조직에 영향을 미치는 주요한 요인은 ①상품적 특성 ②유통기술 ③유통주체 ④유통환경 조건(생산조건과 소비 구매조건)이다.

2-1. 상품적 특성

농수산물의 상품특성은 선도변화가 심하고(perishable), 규격 표준화(standardization)가 어렵고, 부피가 크며(bulky), 단가에 대한 수송비 부담이 너무 많고, 지각적인 품질평가가 간단하면서도 개별적이며, 건강과 안전에 대한 평가가 어렵다. 이와 같은 농수산물의 상품적 특징은 유통 조직에 많은 영향을 준다. 농수산물의 상품적 특징에 관해서는 제3장 제4절을 참고하기 바란다.

2-2. 유통기술

유통기술이 발달함에 따라서 유통 조직도 변화한다.

선도유지는 보관·냉동시설의 보급과 콜드체인의 형성에 의해서 향상되었다. 규격표준화는 선별, 포장기술의 발달과 등급제도의 보급화에 따라서 개선되었다. 수송수단과 정보산업의 발달은 농수산물의 상품적 특성인 급격한 선도변화의 불

마진 분석에 유용하게 이용된다.

리성을 대폭 감소시켰다. 철도, 트럭, 특히 항공 수송수단의 발달과 함께 정보산업의 괄목할 만 한 성장으로 인하여 시황 정보조직이 전국적인 규모로 형성됨으로써 농수산물의 유통범위는 시간적으로 신속화 되었고 지역적으로는 광역화 되었다.

이상과 같이 유통기술이 발달하면 유통 조직체인 개별 유통주체와 유통 기관의 역할과 활동 범위가 달라지고 수평적 · 수직적 유통 조직에 영향을 준다.

2-3. 유통주체

농수산물의 유통주체는 오랫동안 영세경영이 대부분이다. 산지 출하업자, 소비지 도매업자와 소매업자 모두 영세하다. 그러나 최근에는 산지 출하단계에서 영농 · 영어법인 또는 단위협동조합과 같이 출하조직이 성장하였고 소매단계에서도 슈퍼마켓 등이 등장하여 대형소매점이 소매단계에서 차지하는 비중이 점차 커지고 있으며 대형소매점은 전국적인 체인 조직으로 성장하고 있다.

농수산물은 가정소비용 수요만이 아니고 쥬스, 통조림, 유제품을 비롯한 여러 가지 제품생산을 위한 가공 원료용 수요로 증대하고 있고 외식사업의 조리 소재용 수요도 크게 신장하고 있다. 대형소매점의 전국 체인화와 함께 외식산업도 크게 발전하여 광역규모의 체인이 조직되었고, 집배센터 및 체인점의 코미사리(commissary)가 일괄집중 구매하고, 구색상품까지 구비하여 각 점포에 배달할 뿐만 아니라 나아가서 집중 조리시설(CK: central kitchen)을 설치하는 곳도 점차 많아지고 있다.

이상과 같이 새로운 유통주체가 등장하여 규격화된 상품을 대량으로, 안정적으로 구매하도록 유통환경이 변화하고 있어서 종래와 같은 유통 조직 만으로서는 이러한 요구를 반영시킬 수 없기 때문에 전통적으로 유통의 중심기관으로서 중요한 역할을 담당한 법적인 농수축산물 도매시장을 벗어난 도매시장외 유통이 확대되고 수직적 통합을 이룬 새로운 유통 조직이 등장하고 있다.

2-4. 유통 환경조건

유통환경조건이란 생산조건과 소비조건을 말한다. 대량 광역유통의 발달은 생산자의 생산규모 확대, 생산자들의 주산지 형성과 생산 출하조직의 규모화가 촉진되고 있다. 또한 이 책 제2장 제4절의 '농수산물 소비생활의 변화'에서 설명한 바와 같이 소비자들의 식생활변화는 유통 조직의 변화를 촉진되고 있다. 예를 들면 슈퍼마켓 및 콘비니언스의 급속한 진출과 함께 재래식의 소규모 영세 소매점의 도태는 소비자 구매행동 변화와 밀접한 관계가 있다.

3. 농수산물 유통 조직의 분류

3-1. 농수산물의 시장구조

시장구조란 앞에서 설명한 바와 같이 유통 조직에 있어서 횡단적 조직으로서 각 유통단계마다 판매자와 구매자간의 결합구조를 말하므로 생산으로부터 소비에 이르는 유통의 각 단계마다 존재한다.

여기서는 각 유통단계 중에서도 도매단계에 관하여 고찰해보자. 도매단계를 특별히 예로 삼는 이유는 다른 단계에 비하여 넓은 지역에 걸쳐서 대량으로 수요와 공급의 결합이 이뤄지고 있고, 도매단계의 거래 방법은 산지단계 및 소매단계 쌍방의 거래와 밀접한 관련성이 있기 때문이다.

일본의 노자끼(野崎保平: 1979) 氏는 농수산물 시장을 수요 집중형 통명 거래시장, 수요 분산형 통명 거래시장 및 현물확인 거래시장과 같이 세 가지 시장으로 구분하면서 그 구분 기준을 다음과 같이 두 가지를 들고 있다.

첫째, 농수산물 시장은 규격화·표준화의 난이도에 따라서 구분할 수 있다.

〈표 4-2-1〉 도매시장의 분류

구매자의성격	규격화·표준화의 난이도	
	쉬움(통명거래)	곤란함(검품거래)
대량집중 거래시장 대규모·소수 (가공메이커)	수요 집중형 통명 거래시장 (가공원료품, 맥주보리, 원료용 고구마)	현물 거래시장 (청과물, 수산물, 식육, 화훼 등)
소량분산 거래시장 소규모·다수 (수집상, 소매점, 소비자)	수요 분산형 통명 거래시장 (직거래가 용이한 농수산물)	

규격화・표준화의 난이도가 크면 점검(현물확인) 거래시장, 난이도가 낮으면 통명거래시장이 된다.

둘째, 농수산물은 수요자의 성격에 따라서 대량 집중거래시장 또는 소량 분산거래시장으로 나눌 수 있다.

이를 〈표 4-2-1〉에서 잘 나타내고 있다.

앞에서 설명한 세 가지 도매시장 형태의 구체적인 내용은 다음과 같다.

3-1-1. 수요 집중형 통명 거래시장

1회 구매량이 많고 규격과 등급의 표준화가 확립된 경우에 성립하는 도매시장 형태이다. 원칙적으로 가공원료용 농수산물 유통 도매시장에서 형성되며 대상 농수산물로서는 맥주보리, 원료용 고구마 등을 들 수 있다. 구매자 측인 가공기업에서는 일회 구매량이 많아서 구매를 집중할 수 있으며 공장이 비교적 전국에 분산되지 않고 한정 또는 집중되어 있다. 구입대상 농수산물도 규격과 등급이 비교적 확립되어 있어서 산지 창고에 입고되어 있는 상태에서 통명만으로 거래할 수 있기 때문에 통명 거래시장이 형성된다.

3-1-2. 수요 분산형 통명 거래시장

1회 구매량이 소량이고 소비지 소매상이 주로 이용하는 도매시장 형태이다. 주로 식용 농수산물로서 직거래가 용이한 유통에서 성립한다. 주요한 구매자는 수집상, 소비지의 중간 유통업자, 소비지의 소비자 단체로서 유통범위가 국지적이고, 특정한 거래에서만 성립하기 때문에 수요 집중형 시장의 가공기업과 비교하면 거래량이 비교적 적고 또한 거래 지역이 널리 분산하고 있다.

3-1-3. 현물 점검시장

규격 및 등급의 표준화가 어려운 농수산물의 도매시장 형태이다. 주로 청과물, 수산물, 식육 등 생선식용 농수산물을 대상으로 하고 있으며 대부분 수요자들이 분산되어 있어서 수요 분산형 시장과 공통점이 강한 성격이 있다. 그러나 수요 분산형 통명거래 시장과는 달리 표준화가 어렵기 때문에 현물거래만 성립한다. 보관이 대단히 어렵고, 구색상품을 구비하기 위해 다종다양한 여러 가지 농수산물을 구매하고자 할 때는 다수의 구매자와 다수의 판매자가 사전에 정한 장소에서 정기적으로 집합하여 현물을 확인, 점검하면서 거래할 수 있는 시장이 필요하다. 우리나라의 산지 농수협 공판장이나 소비지 도매시장이 이와 같은 시장이다.

3-2. 유통체계

유통체계란 수직적 유통 조직을 말하며, 생산자로부터 소비자에게 이르는 과정에 유통주체(유통 기능 담당 주체) 및 유통기관(유통시설, 유통시설관리 주체)을 연결시키는 시스템이다. 유통체계를 구성하는 유통주체와 유통기관 간에는 서로 연결되는 합리적 원리가 존재한다. 유통체계를 다음과 같이 바꾸어 말할 수 있다. 각 유통단계에서 적격품, 적소, 적시의, '적(適)'이 무엇인가를 거래 상대방에게 전달하고 최종적으로는 생산자와 소비자 사이의 수급결합이 정확하고 원활하게 행해지도록 하기 위한 구조와 방법이다.

농수산물 유통체계의 유형을 크게 나누어 보면 폐쇄적 유통체계, 개방시장 유통체계, 수직적 통합 유통체계 및 중앙집권적 계획 유통체계로 나눌 수 있다. 이러한 유통체계는 독립적으로 존재하기도 하지만 서로 병존하는 것도 적지 않다. 유통체계 중에서 어느 체계가 더욱 주도적인가는 품목에 따라서 또는 시대에 따라서 다르다.

3-2-1. 폐쇄적 유통체계

폐쇄적 유통체계란 현재와 같은 도매시장제도가 확립되기 이전에 객주가 유통기능을 핵심적으로 수행하던 시기에 많이 볼 수 있었던 체계이다. 이 체계에서는 객주의 전방과 후방에 존재하는 산지 출하인과 소비지 소매상들이 객주와 특약관계를 계약하고, 출하업자는 다른 도매상 또는 다른 객주와 거래하지 못하고, 마찬가지로 소비지 소매상도 구매처를 다른 객주로 자유롭게 변경 할 수 없는 폐쇄적인 체계이다.

폐쇄적 유통 체계에서는 소비지 객주가 유통을 주도한다. 왜 이와 같이 산지 출하업자와 소비지 소매업자가 불리한 유통체계가 형성될 수 있을까 하는 의문이 존재한다. 그것은 산지 출하업자와 소비지 소매업자가 시황정보, 산지정보에 어두운 이유도 있으나 기본적으로는 산지 출하업자와 소비지 소매업자 모두 자금력이 취약하여 소비지 객주의 자금력에 의존하지 않고서는 출하업자 스스로 생산활동을 원활하게 수행할 수 없고 또한 소매업자도 자금력의 부족으로 구입기능을 제대로 수행할 수 없기 때문이다.

폐쇄적 유통체계 속에서 산지출하업자는 특정 객주에게만 거래하는 대가로서 필요한 마진을 안정적으로 보증 받는다. 시장 가격이 급격하게 변동하는 경우에도 출하량의 결정과 생산자 수취가격은 객주에 의해서 결정됨으로 출하자 마진은 객주에 의해서 조작이 가능하다.

소매업자는 점포임대 및 상품구입에 따른 소요자금을 객주에게 의존하면서 객주와 결합하기 때문에 소매업자는 독자의 집하기능을 갖지 못한다. 대신에 객주는 단골 소매점이 필요함으로 적절한 품질의 상품을 특정계약을 한 소매상에게 안정적으로 공급해 줄 뿐만 아니라 소매업자의 구입 가격을 일정하게 조정하여 줌으로써 적정 마진을 확보할 수 있도록 도와준다.

예를 들어보면 출하량이 소규모로서 시장 가격이 상승하는 경우에는 소비지 객주가 출하업자에게 시장 가격보다 낮은 가격으로 구매하여 소매업자의 구매가격 상승을 완화시켜 주고, 반대로 출하량이 대규모로서 시장 가격이 급락하는 경우에는 소비지 객주가 소매업자에게 시장 가격보다 높은 가격으로 판매하여 출하업자의 수취가격 폭락을 완화시켜주는 조작을 할 수 있다. 이와 같이 특정 객주가 주도하는 폐쇄적 유통체계가 형성되면 출하업자와 소매업자는 가격 변동에 따른 리스크 완화가 가능해 진다.

3-2-2. 개방시장 유통체계

개방시장 유통체계가 행해지는 전형적인 경우는 각 유통단계가 자주적, 독립적 기업들로 구성된 경우이다. 여기서 자주・독립적 기업이란 기업이 특정한 유통단계의 업무에만 전념하고 타 단계의 업무를 겸영하지 않는다. 그럼으로 각 유통주체는 유통하는 생산물이 무엇이라 할지라도 언제 어디에 판매할 것인가 등 경영상의 의사결정을 자유롭게 한다는 의미이다.

개방시장 체계에서는 각각 독립한 판매자와 구매자가 필요한 상대방을 찾아서 거래함으로서 시작한다. 그러나 거래를 할 경우에 상대방을 찾는 방법에 따라서 비용의 과다가 결정되고, 또한 거래교섭에는 시간이 소요되기 때문에 대부분의 경우에는 시장에서 거래를 성립시키기 위해서 판매자와 구매자가 시장을 방문하여 거래상대방을 물색하고, 가격도 시장에 집결한 다수의 수요와 다수의 공급을 반영한 적정한 수준에서 결정된다. 판매자와 구매자 모두 시장에 출하하거나 구매하는 것은 자유롭게 결정한다.

개방시장 체계에서 시장은 도매시장에만 한정하여 개설되지 않으며, 산지 유통단계 및 소매단계에서도 개설되는 경우가 많다.

또한 이 시장체계에서 도매시장의 거래 가격을 결정하는 방법은 경매와 입찰방법이 대부분이지만 이에 한정되지 않고 흥정거래도 많다. 서양의 도매시장에서는 흥정거래가 대부분이다. 흥정거래는 판매자와 구매자 사이에는 가격을 둘러싸고 격렬한 교섭 없이 정가거래와 같이 판매자가 가격을 제시하고 이에 따라 구매자가 구입량을 결정하는 형태도 많다.

3-2-3. 수직적 통합 유통체계

수직적 통합체계(vertical intergration system)란 두 개 이상의 연속적인 유통단계에 걸쳐서 유통주체간에 경영상의 결정권을 조정(co-ordination)하는 것을 말한다. 일반적으로 대규모 가공기업, 대형 소매점 및 양판점 체인이 성장하면 거래대상 상품에 대해 품질, 수량, 납품시기에 대한 거래조건이 엄밀해 진다. 특정 수요층에 대한 대량·안정공급의 필요에서만이 아니고 타사와 경쟁수단으로서 제품 차별화 필요성에 의하여 수직적 통합체계 경향이 강하다. 특히 가격설정에 관해서도 안정성을 지향하게 된다. 이와 같은 엄격한 상품명세 및 안정적인 가격설정은 개방시장 체계로서는 거래목적을 달성하기가 불충분하기 때문에 엄격한 상품명세와 안정적인 가격설정이라는 두 가지 거래조건을 동시에 충족시켜줄 수 있는 적당한 거래상대기업을 찾아낸 후에 수직적 통합 유통체계 계약에 의하여 거래조건을 충족시키고자 하게 된다.

폐쇄적 유통체계도 수직적 통합체계의 한 형태라고 할 수 있다. 그러나 폐쇄적 유통체계가 수직적 통합체계와 구별되는 것은 수직적 통합체계라고 말할 때 통합하는 측(intergrators)만이 아니고 통합되는 측(intergratees)도 실질적인 선택권을 갖고 있다는 점에서 차이가 있다. 폐쇄적 유통체계에서는 산지 출하자 측이나 소매업자 측에서도 도매가격의 고저에 따라서 자주적으로 거래할 객주를 선택할 수 없고, 오직 특정의 객주에게만 거래하도록 의무가 부과되어 있으며, 그 대신에 필요한 마진을 상당히 안정적으로 보증 받을 수 있다. 이와는 달리 수직적 통합체계에서는 생산자 출하조직이 가공기업 또는 대형 소매점과 계약형 통합관계가 성립된다 할지라도 다른 기업 또는 소매점과 같은 다른 유통기관에 출하하는 경우와 비교하여 유리한 쪽을 선택할 수 있다. 즉 수직적 통합체계는 거래 상대방에 대한 경쟁조건이 존재한다는 점에서 폐쇄적 유통체계와 구분된다.

3-2-4. 중앙집권적 계획 유통체계

중앙집권적 계획 유통체계란 전국적인 중앙기관이 적품(適品), 적소(適所), 적시(適時)의 '적(適)'이 무엇인가를 판단하고 지시를 내려서 상품을 생산하고 유통시키는 체계이다. 전체 경제가 통일적인 의사결정 기관에 의해서 계획적으로 운영됨으로 가격 변동 및 경기변동에 따른 리스크는 발생하지 않는다. 사회주의 국가에서 가능하나 자본주의 국가에서도 특별한 상품의 경우에만 가능하다.

사회주의 국가에서도 원활한 중앙집권적 유통의 실현은 어렵다. 왜냐하면 '적(適)'의 판단이 현실과 차이가 많기 때문이다. 특히 소비재의 경우는 더욱 그렇다.

예를 들어 소비자는 갈색의 구두를 요구하고 있는데 흑색의 구두를 많이 만들면 흑색구두는 재고가 되고 갈색구두는 부족현상이 발생한다.

또한 번화가 점포와 교외 점포에 있어서 매매성향이 틀린데도 불구하고 동일한 기준으로 배급한다면 번화가 점포는 상품이 부족하고 교외점포에서는 재고가 증가하게 될 것이다.

이상에서 설명한 유통체계의 종류별 핵심적인 유통기관을 요약하면 〈표 4-2-2〉와 같다.

〈표 4-2-2〉 유통체계별 유통 주체

유통체계 종류	핵심적인 유통 주체
폐쇄적 유통체계	객주
개방시장 유통체계	다양함
수직적 통합 유통체계	대량 구매자
중앙집권적 계획유통체계	중앙기관

3-3. 농수산물과 산업조직론의 시장구조

농수산물 시장에서 시장구조란 횡단적 조직 즉, 동일한 유통단계에서 수요와 공급이 결합하는 구조가 주를 이룬다. 예를 들어 산지 유통단계에 있어서 생산자와 산지 출하업자, 소비지 도매단계에서는 도매업자와 소매업자, 소매단계에서는 소매업자와 소비자 등과 같이 각 유통 단계별로 판매자와 구매자가 결합하는 구조라고 이미 본 장 제2절 1. 유통 조직 체계 내용 중 유통 조직편의 횡단적 조직에서 설명 한바 있고 또한 본 장 제2절 3-1. 농산물 시장구조를 설명하면서 산업조직론의 시장구조를 간단히 설명한바 있다. 여기서는 산업조직론의 시장구조를 보충하여 설명하고자 한다. 산업조직론(industrial organization)은 경제학의 가격론의 한 분야로서 응용가격론에 속한다. 왜냐하면 산업조직론은 가격 및 생산규모가, 산업균형으로서 혹은 산업으로서 어떻게 결정되는가의 해명을 목적으로 하고 있다. 산업 조직론에 의하면 개별기업의 시장행동(market conduct - 예를 들면 가격인하, 광고활동)은 기업상호의 경쟁구조로서의 시장구조(market structure - 예를 들면 순수경쟁 또는 과점)에 따라서 차이가 있다. 특정한 시장 구조하에서 개별기업이 선택하는 시장행동의 결과, 산업 전체로서 일정의 시장성과(market performance - 예를 들면 가격과 생산수준)가 결정되고 있다.

산업조직론에서 시장구조를 결정하는 대표적인 요인으로서 ①산업내의 기업수 및 그 규모별 분포 ②제품차별화 ③진입장벽(barriers to entry)을 들 수 있다.

이중에서 제품차별화(product differentiation)에 관해서는 부가적인 설명이 필요하다. 제품차별화란 자사의 제품을 타사의 제품과 실질적 내지 심리적으로 다른 특징을 가지게 하는 것을 말하며 비가격 경쟁시 중심적인 경쟁수단이 된다. 때로는 구매자 측에서 보면 동종의 제품으로 인식될지라도 특정한 판매자의 제품이 다른 판매자의 제품으로 완전히 대체할 수 없다. 대체성이 완전하지 못하면 독점의 성격을 가지고, 불완전하면서도 대체성이 있으면 경쟁적 성격을 가진다. 이를 두고 챔버린(Chamberlin)은 독점적 경쟁(monopolistic competition)이라 하였다.

제품차별화를 하게 되면 기업은 그 상품가격을 다른 기업보다 다소 인상 하거나 인하 하여도 고객 수는 순수경쟁의 경우처럼 제로로 감소한다든가 혹은 무한대로 증가 한다든가 하지는 않는다, 말하자면 그 기업이 당면한 수요곡선이 수평이 아니 고 우하방향으로 기울어진다. 제품차별화의 수단은 여러 가지 있으나, 그것은

〈표 4-2-3〉 시장구조의 형태와 시장구조요인 관계

시장구조유형	기업수	제품차별화	진입장벽
순수경쟁	다 수	무	무
독점경쟁	다 수	유	무
과 점	소 수	유	유
독 점	단 수	-	유

단순히 제품자체의 구성, 기능, 성능만이 아니고 '판매노력'에 의한 방법도 있다. 예를 들면 승용차의 스타일 변화는 전자에 속하고 판매서비스는 후자에 속한다.

진입장벽은 새로운 기업이 어떤 사유로 인하여 사업에 참가하지 못하는 경우에 발생하는데 그 사유는 다음과 같다. ①특허법 등 생산방법이 배타적으로 사용될 경우 ②주요 원료의 공급원이 독점되고 있을 경우 ③국가 또는 공공기관이 시장을 독점할 경우 ④국가가 특정한 목적으로 특정산업을 독점적으로 점유하도록 특권을 부여하는 경우이다. ①과 ②를 자연적 독점(natural monopoly), ③을 국가적 독점(national monopoly) 및 공공독점(public monopoly), ④를 법률적 독점(legal monopoly)이라 한다.

시장구조를 결정하는 요인은 앞에서 말한 3가지 이외에도 수요의 증대율, 수요의 가격 탄력성, 변동비용과 고정비용 비율 등의 요인도 있다. 이중에서 어떠한 요인을 중시할 것인가는 대상 산업과 분석목적에 따라서 다르다.

시장구조의 3대 결정요인에 따라서 시장구조의 형태를 구별한 것이 〈표 4-2-3〉이다. 순수경쟁은 다수기업, 동질생산물, 진입자유를 내용으로 한다. 이와는 달리 독점에서는 기업은 단수이고 이를 유지하는 조건으로 높은 진입장벽이 존재한다.

그 양극의 중간영역에 독점적 경쟁과 과점이 있다. 독점적 경쟁은 순수경쟁에 비하여 제품차별화 요인만 도입된 경우이다. 산업에 참여한 기업수가 소수이고 상호 의존관계가 있는 경우를 과점이라 한다. 한편 독점적 경쟁은 기업수가 소수인 경우도 포함하여 판단하는 경우도 있으나 여기서는 다수의 경우로 한정한다.

5 농수산물의 유통경로와 도매시장

제5장 | 농수산물의 유통 경로와 도매시장

제1절 유통 경로

1. 유통 경로의 정의

생산자들은 유통 경로를 통해 생산물을 판매하고, 비용을 회수함과 동시에 이익을 얻어 재생산 활동을 계속한다. 소비자들도 필요한 여러 종류의 상품을 유통 경로를 통하여 구매하여 소비한다.

유통 경로를 원활하게 이용하지 못하면 생산자는 그 생산물을 유리하게 팔 수 없기 때문에 재생산활동이 어렵게 될 수 있고 소비자도 필요한 상품의 입수가 어려운 경우가 발생한다.

유통 경로(MC=marketing channels, DC=distribution channels) 혹은 판매경로란 제품 또는 서비스가 생산자로부터 소비자에 이르기까지 그 제품의 소유권이나 물리적 소재가 거치는 경로(route)로서 상품을 유통시키기 위한 사회적, 공간적, 시간적 거리를 말한다.

부크린(Bucklin)은 유통 경로를 제품과 제품의 소유권을 생산에서 소비로 이전시키는데 필요한 모든 활동을 수행하는 제기관이라고 정의하고 있다.[36] 따라서 유통 경로에는 언제나 생산자와 소비자는 물론 이들 양자를 연결해 주는 도매상, 소매상, 대리점 등 각종의 중간상인이 존재한다.

생산자는 판매에 가장 유리한 유통 경로를 설계하지만, 때로는 생산자가 중개상을 통제하기가 곤란한 경우도 있고 그 반대로 생산자가 중개상의 통제를 받아야 하는 때도 있다. 그러나 유통 효율을 극대화하기 위해서는 생산자로부터 소비자에게 이르는 유통 경로가 하나의 단일체(unit) 내지는 총시스템(total system)으로 취급

36 Louis P.Bucklin, A Theory of Distribution Structure, Univ. of Cal., 1966. p.5.

되지 않으면 안된다.

경우에 따라서는 유통 시스템 내의 모든 구성 맴버간에 협동과 조정이 항상 원만히 이루어지는 것은 아니고 오히려 다른 유통업자를 하나의 경쟁자로 취급하는 경우도 있기 때문에 유통 경로 설계는 유통효율을 좌우하는 중요한 요인이 된다.

2. 농수산물의 유통 경로

농수산물은 일반 공산품 보다 다양한 유통 경로를 이용하는데 그 중에서도 도매시장을 이용하는 경로가 가장 중요한 역할을 수행하고 있다. 우리나라에서는 일찍부터 농수산물 도매시장의 중요성을 인식하여 관련 법률을 제정하였고[37] 그 이후에도 여러차례 개정・보완하여 현재와 같은 '농수산물 유통 및 가격안정에 관한 법률'(이하 '농안법')이 탄생하였다.

농안법에는 농수산물 유통에서 가장 중요한 기능을 담당하고 있는 농수산물 도매시장의 개설, 관리・운영, 도매시장에서 거래를 주재하는 경매사 임면, 경매에 참가하여 농수산물을 매입하는 중도매인의 허가 등에 관한 사항을 규정하고 있다.

〈그림 5-1-1〉은 우리나라 농안법에 나타난 농수산물 도매시장의 유통체계를 나타내고 있다. 그림에서 보는 바와 같이 농수산물 도매시장에는 생산자, 생산자단체, 도매시장법인, 중도매인, 시장도매인, 소매상 등이 참여하고 있다.

농수산물 도매시장은 생산지 도매시장과 소비지 도매시장으로 구분할 수 있으며 생산지 도매시장(공판장 및 위판장 포함)은 전국의 중소도시나 전국 연안 항・포구와 같이 농수산물의 생산거점에 개설되어 있고, 소비지 도매시장은 전국의 대도시와 농수산물의 소비거점에 모두 개설되어 있다.

농수산물이 농촌이나 어촌에서 생산되어 소비자에게 전달될 때 까지는 다양한 경로를 거치게 된다. 생산자와 소비자 사이에는 여러 가지 유통기관이 존재하고 또한 다양한 중간상이 개입하고 있으나 그 중에서 가장 중요한 유통기관은 산지 도매시장과 소비지 도매시장이다. 최근에는 물적 유통수단의 발달과 유통 조성 여건의 성숙으로 인하여 생산지 및 소비지 도매시장을 경유하여 거래하던 전통

37 1951년 6월 22일 중앙도매시장법 제정.

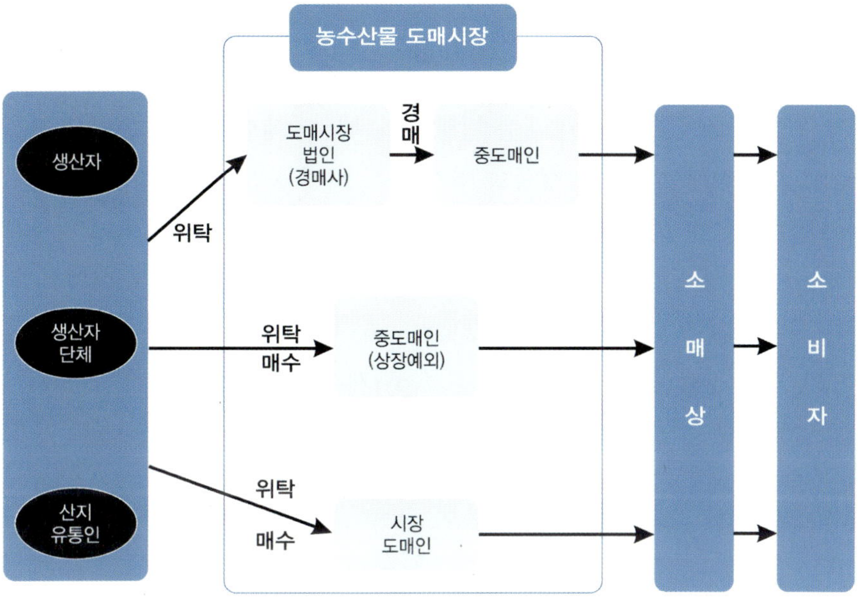

〈그림 5-1-1〉 농안법상의 도매시장 유통체계

적인 거래 방법은 두 지역 도매시장 모두를 경유하지 않거나 두 지역 도매시장 중 하나의 도매시장만 경유하는 유통 경로를 이용하는 빈도가 높아지는 경향이 있다.

〈표 5-1-1〉는 산지 및 소비지 도매시장을 경유 하는가 않는가에 따라서 4가지의 거래 경로를 구분하고 있다.

〈표 5-1-1〉에서 보는 바와 같이 농수산물 유통 경로는 산지 도매시장이나 소비지 도매시장을 경유하는가 여부에 따라서 두 도매시장 경유형, 산지 도매시장 경유형, 소비지 도매시장 경유형, 직거래형과 같이 네 가지로 구분할 수 있다.

〈표 5-1-1〉 농수산물 거래 경로

구 분		소비지 도매시장	
		경 유	미 경유
산지 도매시장	경유	두 도매 시장 경유형	산지 도매시장 경유형
	미 경유	소비지 도매시장 경유형	직거래 형

2-1. 두 도매 시장 경유형: 산지와 소비지 도매시장을 모두 경유하는 유통 경로

이 유통 경로는 농수산물이 생산으로부터 소비에 이르기까지 산지와 소비지 도매시장 두 곳을 모두 경유하는 유통 경로이다. 생산지에서 생산된 농수산물이 생산지의 도매시장에서 경매로 상품을 평가 받은 후에 중간상인을 통하여 다시 소비지의 도매시장에 상장되어 경매로 가격을 재 평가받고 최종적으로 소비자에게 판매되는 유통 경로를 말한다. 이 때 농수산물은 생산자와 소비자 사이에서 도매시장을 두 번 경유할 뿐만 아니라 중간상인도 두 번 이상 개입하면서 총 8번 정도의 유통단계를 경유 한다. 이를 유통 경로 8단계라 하며 그 구체적인 단계는 〈그림 5-1-2〉와 같다. 두 도매시장을 경유하는 유통 경로 8단계는 수산물의 유통에 많이 이용된다.

생산자 ⇒(1단계) 산지 도매시장 ⇒(2단계) 산지 중도매인 ⇒(3단계) 산지 출하상 ⇒(4단계) 소비지 도매시장 ⇒(5단계) 소비지 중도매인 ⇒(6단계) 소비지 출하상 ⇒(7단계) 소매상 ⇒(8단계) 소비자

〈그림 5-1-2〉 유통 경로 8단계

어민이 어획한 어획물을 예로 들어서 두 도매시장 경유형을 통하여 소비자에게 전달되는 과정을 구체적으로 살펴보자. 먼저, 어선의 선원들이 어획물을 양육항에 하역하면 산지 공판장의 하역 담당자들이 산지 도매시장의 경매장 구내까지 운송한다. 이 어획물들은 규격 및 등급별로 선별되어 진열한다(경매를 위한 상장완료: 유통 1단계). 산지 도매시장에서는 상장된 어획물을 경매를 통하여 중도매인에게 판매한다(산지시장 경매 완료: 유통 2단계). 경매를 통해 어획물을 매입한 산지 중도매인은 자신이 직접 소비지 도매시장에 출하하거나 생산지 소매인이나 출하상에게 판매한다(산지 유통 중간상인 개입: 유통 3단계). 산지 출하상도 소비지 도매시장에 출하할 수 있다. 산지 중도매인이나 출하상이 소비지의 도매시장에서 판매하기로 결정하면 운송차량을 수배하여 상차 작업 후 소비지의 도매시장에 탁송하여 상장한다(소비지 도매시장 상장: 유통 4단계). 소비지 도매시장에 도착된 어획물은 다시 하역을 거쳐 도매시장의 경매(소비지 시장 경매완료: 유통 5단계), 소비지 도매시장 중도매인은

소비지 출하상에게 판매하고(소비지 유통 중간상인 개입: 유통 6단계) 이어서 소비지 출하상이 소비지 인근 소매상에게 판매하면(소비지 소매상 매입: 유통 7단계) 마지막으로 소비지 소매상은 최종 소비자에게 판매함(최종 소비자 구매: 유통 8단계)으로서 어획물은 유통의 종착점에 도달하게 된다.

두 도매시장 경유형은 산지와 소비지에서 각각 경매를 통하여 현지의 수급 상황을 고려한 합리적인 평가를 수행하여 공정한 가격을 실행하고 있다는 장점에도 불구하고 이중경매가 되면서 생산자로부터 소비자까지 8단계의 긴 유통 경로를 거침으로서 운반비를 포함한 각종 유통 비용이 과다하게 발생하여 소비자 가격이 높아진다는 비난을 받기도 하는 유통 경로이다.

수산물이 두 도매시장을 경유하는 비율이 높은 이유는 생산자들의 영세성, 생산자들의 생선에 대한 출하조절 기능 미약성, 수산물에 대한 산지와 소비지의 두 도매시장이 각각 다른 유통기능을 보유하고 있기 때문이다.

이 유통 경로는 산지와 소비지의 중도매인들 간에 대량 물량을 거래하는데 주로 이용된다.

2-2. 산지 도매시장 경유형: 산지 도매시장은 경유하나 소비지 도매시장을 경유하지 않는 유통 경로

이 유통 경로는 농수산물이 생산으로부터 소비에 이르기까지 산지와 소비지 두 곳의 도매시장 중에서 산지 도매시장은 경유하되 소비지 도매시장은 경유하지 않는 경로로써 산지 도매시장 경유형이라 한다.

이 경로와 같이 농수산물이 산지 도매시장을 경유한 후에 소비지 도매시장을 경유하지 않고 소비지 중간상인과 소매상을 경유하여 일반 소비자가 구매하게 되면, 산지 도매시장에서 경매를 통하여 합리적인 평가를 받았기 때문에 도매시장 제도의 장점을 이용하였고, 또한 소비지 도매시장을 미경유함으로써 소비지에서 2-3단계의 유통 경로를 생략하여 유통 비용을 절감한다는 도매시장 장외(場外)거래의 장점을 동시에 충족시킬 수 있는 유통 경로이다.[38]

이 경로를 이용하게 되면 산지시장에서 경매를 통하여 산지 중도매인이 구입한

38 도매시장 내에서 성립하는 거래를 장내(場內)거래라 하고 도매시장 외부에서 성립하는 거래를 장외(場外)거래라 한다.

농수산물은 주로 다음과 같은 세 종류의 유통 경로를 통하여 분산된다.

① 소비지 대형구매자 분산형 유통 경로: 주로 생산지 도매시장에서 산지 중도매인이 경매로 구매한 어획물을 소비지 대형 구매자들에게 판매하는데 이용하는 유통 경로이다.

② 산지 대형 구매자 분산형 유통 경로: 산지 중도매인이 산지에서 경매로 구매한 어획물을 산지에 소재하는 무역상, 제조업자 및 소비지 대형 소비자에게 판매하는데 이용하는 유통 경로이다.

이들 무역상, 대형 소매업자, 가공업자, 병원, 기숙사 기업체 구내식당 등과 같은 소비지의 대형구매자들은 소비지에 주재하면서 직접 산지 도매시장의 매매참가인으로 참가하여 다른 중도매인들과 경매를 통하여 필요한 상품을 구매할 수도 있다. 그러나 대형 구매자들은 산지 도매시장 경매에 참가하지 않고 오히려 산지 도매시장 중도매인에게 구매하는 경우가 많은데 그 이유는 다음과 같다.

첫째, 도매시장의 엄밀한 대금결제 규제를 회피할 수 있다.

도매시장 직접 거래시에는 사전에 정해진 도매시장의 엄밀한 대금결제 규정에 따라야 하지만 산지의 중도매인과 거래시에는 산지의 중도매인과 개별 흥정을 통하여 대금 결제 조건을 자신의 자금 사정에 따라 유연하게 결정 할 수 있다.

둘째, 경매에 의한 상품평가의 실수 위험을 회피 할 수 있다.

도매시장에서 상품을 구입할 때는 불과 수초만에 성립되는 짧은 경매 시간에 상품을 평가하고 구매를 결정하여야 하기 때문에 상품평가를 잘못하기 쉽다. 특히 농수산물에 대한 신선도, 사이즈 및 맛에 대한 판단은 주관적 요소가 많아서 짧은 순간에 평가하기가 쉽지 않다.

그러나 경매에 참가하지 않고 중도매인과 거래를 하면 도매시장의 경매 구매에 비하여 상품평가에 신중할 수 있는 시간적 여유가 있다. 더욱이 중도매인의 전문적인 식견에 의하여 1차적인 상품평가가 있었기 때문에 상품평가에 대한 오류의 위험요인을 회피하거나 감소시킬 수 있다.

셋째, 저차가공을 전문 중도매인에게 부담시킬 수 있다.

대형구매자가 생산지 도매시장에서 직접 구매하면 자신이 생산지에서 직접 저차가공을 하여야 하지만 중도매인과 거래하면 저차가공에 경험이 많은 전문 중도매인에게 맡길 수 있다. 산지에서 저차가공을 하게 되면 비가식(非可食) 부분을 제거하는 등 저차가공을 함으로써 위생 문제, 쓰레기 문제를 해결하고 운송비를 절감할 수 있다.

③ 산지인근 지역 분산형 유통 경로: 산지에서 경매된 상품을 산지 중도매인이 매입한 후에 산지 중도매인이 소매상이나, 산지 인근지역 유통상인에게 판매하는 유통 경로이다.

2-3. 소비지 도매시장 경유형: 산지 도매시장은 경유하지 않고 소비지 도매시장만 경유하는 유통 경로

이 유통 경로는 농수산물이 생산으로부터 소비에 이르기까지 산지 도매시장은 경유하지 않고 소비지 도매시장만 경유하는 경로로써 소비지 도매시장 경유형이라 한다. 이 경로는 산지와 소비지 도매시장 중에서 한 군데의 도매시장을 경유하지 않고 거래된다는 점에서 산지 도매시장 경유형과 공통점을 가지고 있다. 그러나 산지 도매시장 경유형은 두 곳의 도매시장 중 산지 도매시장을 이용하고 소비지 도매시장을 이용하지 않는데 비하여 소비지 도매시장 경유형은 산지 도매시장을 이용하지 않고 소비지 도매시장만 이용하는 형태이다. 이 유통 경로는 산지 도매시장 장외거래의 장점과 소비지 도매시장 경유의 장점을 동시에 충족시킬 수 있는 거래 경로이다.

이 유통 경로는 저장성이 높거나 출하조정이 가능한 농수산물 유통에서 많이 이용된다. 수산물의 경우에는 선어에 비하여 저장성이 비교적 높은 냉동물, 연체동물, 건어물, 해조류와 패류 등의 수산물 유통에 많이 이용된다. 양식 수산물은 생산량과 출하시기를 조절하기 쉽기 때문에 소비지 시장의 가격 동향을 예측하면서 공급량과 공급시기를 조절하여 산지 도매시장을 경유하지 않고 소비지 도매시장에 직접 출하하는 경우가 많다. 그러나 저장성이 높거나 출하조정이 가능한 상품이라 할지라도 생산자의 상품이 소량일 경우에는 소비지까지 운반하는데 필요한 판매비용을 고려하여 산지에서 수집상에게 판매하고 이를 수집상들이 모아서 소비지 도매시장에 판매하는 경우가 많다.

2-4. 직거래형: 산지와 소비지 도매시장을 모두 경유하지 않는 유통 경로

직거래형은 농수산물이 생산으로부터 소비에 이르기까지 산지와 소비지 도매시장을 한 번도 경유하지 않고 생산자와 소비자가 직접 결합하는 거래를 말한다. 농수산물의 직거래에 관해서는 제7장 농수산물의 직거래 편을 참고하기 바란다.

농수산물의 유통환경이 오늘날처럼 발달하지 못했던 옛날에는 생산자 자신이 리어커나 짐수레를 끌고 주택가를 순회하며 판매하거나 동네의 도로 모퉁이에서 판매하는 노점판매 및 노천시장에서의 판매가 전형적인 생산자 직매시장이라고 일컬어졌다. 오늘날에도 이러한 형태는 존속하고 있다. 단지 현대에는 운송수단이 리어커와 짐수레에서 경트럭 및 중형 트럭으로 바뀌었고, 또한 주택단지 등이 대형화하였기 때문에 취급량이 증대되었다. 주의하여야 할 것은 흔히 순회판매업자라고 불리우는 사람들이 도매시장과 산지에서 농산물을 구입하여 판매하고 있는 경우는 그 외관 및 형태는 생산자 직매와 유사하게 보이나 생산자 직거래에 포함할 수 없다.

생산자가 순회판매하거나 노천시장에서 판매하는 경우에 농산물 수요는 생산지와 소비지의 거리가 짧기 때문에 생산자 직거래 규모는 일반적으로 작다. 그러나 근년에는 실로 여러 가지 새로운 생산자 직거래가 등장하고 있다. 과일산지 등에 있는 관광농원방식에 의한 판매도 하나의 생산자 직거래이다. 또한 택배제도에 의하여 두메산골의 산촌이나 멀리 떨어진 섬에서도 원격지 소비자에게 판매하는 직거래도 증가하고 있다. 운송, 정보, 통신의 발달에 따라서 생산자 직거래의 지역적 범위와 직거래 규모가 확대되는 추세이다.

직거래 시장의 특질은 수요와 공급의 결합이 개별적, 분산적, 우연적인 성격이 강하고, 흥정거래가 기본적인 거래 방법이다. 극히 폐쇄적인 유통이 되기 쉽다. 그리고 객관적인 가격형성이 어려운 결함도 내포하고 있다.

직거래 유통 경로에서는 거래 당사자들이 거래빈도가 많고 장기적으로 거래를 지속할 경우에는 장기거래계약을 체결하면 거래가 편리하다. 이때 계약서는 거래량을 정확히 예측하기 힘들어서 물량 계약을 생략하고 단가계약만 체결하는 경우도 있다.

생산자가 도매시장을 이용하게 되면 도매시장의 무조건 위탁판매 원칙에 의하여 생산자는 판매 상대자를 지정할 수 없고 희망하는 판매 가격을 제시할 수도 없는데 반하여 직거래 형의 거래에서는 생산자가 판매를 위한 가격 교섭에 직접 참여할 수 있다는 장점이 있다.

이상에서 설명한 네 가지 유형의 농수산물 유통 경로는 유통에 참가하는 유통기관마다 유통 경로를 어떻게 선택하느냐에 따라서 다양하게 변형될 수 있고, 또한 다종다양한 상품마다의 특성에 따라서 유통 경로를 달리할 수 있다. 일반 공산품도 그 상품의 종류와 성질에 따라서 유통 경로가 복잡해지거나 혹은 단순하게 되는 것은 마찬가지 이유이다.

3. 농수산물 유통 경로의 특징

농수산업은 국가 4대안보 과제[39]의 하나인 식량 안보산업이다. 농수산업은 전국 각지에 수많은 농어민들이 생산에 종사하고 있는 완전 경쟁적 산업이다. 또한 농수산물은 강부패성과 자연의존적 상품적 특성이 있다. 이로 인하여 농수산물 유통 경로는 제조업에서 생산되는 공산품의 유통 경로에서 볼 수 없는 다음과 같은 유통 경로상의 특징을 내포하고 있다.

첫째, 정부가 유통 경로의 주체로서 참여한다.

중앙정부와 지방정부가 유통 경로에 직접 참여하여 유통주체가 되고 있다. 중앙정부는 농수산물의 유통과 가격안정을 위한 정책을 수립, 집행하고, 농수산업의 생산량을 관측하며, 필요한 때에는 수매 비축으로 유통량을 조정한다. 또한 중앙정부와 지방정부는 산지와 소비지 시장에서 도매시장을 개설하여 공정하고 합리적인 거래가 지속되도록 유통주체로서 유통 경로에 참여한다.

둘째, 생산자 단체인 협동조합이 유통경로에 개입하여 생산자를 보호한다.

유통의 깃점인 산지에서는 생산자 단체인 단위협동조합이 공판장 또는 위판장과 같은 도매시장을 개설하여 생산자를 보호하고, 유통의 종점인 소비지에서는 주로 협동조합 중앙회가 도매시장인 공판장을 개설하여 생산자를 보호한다. 2012년 현재 농산물 산지 공판장은 약 80개소, 수산물 산지 위판장은 약 210개소 개설되어 있으며 소비지에는 농수산업 중앙회가 여러 곳에 공판장을 개설하여 두고 있다.

셋째, 도매시장의 경매가 가격결정의 중핵이 된다.

공산품의 가격은 생산자가 수급상황을 판단하여 자신의 의사에 따라서 판매가격을 결정하지만 농수산물은 생산자가 가격결정을 무조건 도매시장의 경매에 위탁하

39 국가 4대 안보과제란 국방안보, 에너지안보, 자연재해안보, 식량안보를 말한다.

고 있다. 따라서 농수산물 가격은 생산자의 의사와는 상관없이 도매시장에서 경매사와 중도매인 사이에 경매를 매개로하여 결정한다. 그럼으로 농수산물은 도매시장의 경매가 가격결정의 중심이 된다. 농수산물의 많은 분량이 생산지 도매시장이나 소비지 도매시장의 두 곳 중 한곳에서 거래되거나 두 곳 모두를 경유하여 거래되고 있다.

소비지 중앙 도매시장 가격은 산지시장 가격을 결정하는 표준가격 기능을 수행한다.

넷째, 유통 경로가 길고 복잡하며 중간상인이 많다.

농수산물은 생산자와 소비자가 전국에 널리 분포하고 있어서 유통 경로가 길고 복잡하다. 이로 인하여 생산자와 소비자를 연결하는 유통 경로에는 다수의 수집상, 반출상, 대리상, 소매상, 도매상 등 각종의 중개상(仲介商)이 개입하여 각각 자신의 유통 기능을 수행하고 있다.

제2절 농수산물 도매시장

1. 농수산물 도매시장의 필요성

앞에서 설명한 농수산물의 일반적인 유통 경로 8단계(생산자→산지 도매시장→산지 중도매인→산지 출하상인→소비지 도매시장→소비지 중도매인→소비지 출하상→소매상→소비자)에서 보는 바와 같이 유통의 시점인 생산지와 유통의 종점인 소비지 두 곳에 도매시장이 소재하고 있다.

이와 같은 농수산물 도매시장이 농수산물 유통 경로에 존재하는 필요성은 다음과 같다.

첫째, 공정 가격을 평가할 시장 필요

다수의 생산자와 다수의 소비자가 집합하여 공정하고 합리적인 가격을 결정 할 수 있는 장소가 필요하다. 농수산물은 생산자와 소비자가 전국적으로 산재하고 있어서 생산자는 소비지의 유통정보가 부족하고, 소비자는 생산지의 유통정보가 부족하여 동일한 상품이라도 지역에 따라서 불공정하고 비합리적으로 가격이 평가될 요인이 내재하고 있다. 생산자에게는 수취가격을 예상할 수 있게 하고, 소비자에게는 지불가격을 예측할 수 있게 하면서 공정한 가격을 평가하는 시장이 필요하다.

대형 소비지 도매시장 거래가격은 인근 소비지 거래가격과 전국 산지가격 결정에 기초가격을 제공하는 기능을 수행한다.

둘째, 영세 분산적 거래자들에 대한 거래 교섭력을 강화하는 시장의 필요

농수산물 유통의 양끝에 있는 생산자와 소비자는 일반적으로 영세 분산적이므로 중간상인들과의 거래에서 거래 교섭력이 취약하여 불공정한 거래가 이루어질 우려가 있다. 도매시장에서는 생산자를 대신한 전문 경매사가 있고, 소비자를 대신한 중도매인이 있어서 전문 경매사와 중도매인이 생산자와 소비자를 대신하여 합리적으로 가격을 결정하고 있다.

따라서 도매시장을 경유하면 생산자와 소비자는 모두 거래 교섭력을 간접적으로 강화하는 효과가 있다.

셋째, 신선상품의 전량거래 및 신속 거래를 위한 시장 필요

신선식료품은 선도의 변화가 심하고 표준화가 곤란한 상품적 특성을 갖고 있기 때문에 신속하게 거래하지 않거나 전량을 거래하지 못하면 상품 품질에 영향을 주게 된다. 도매시장은 출하 상품에 대해서 당일 전량거래를 원칙으로 삼고 신속하게 거래를 완료한다.

넷째, 다종다량한 상품의 집중적인 집하 시장 필요

구매자가 다종다양한 농수산물을 요청하는데 응하기 위해서는 일정장소에 여러 가지 구색 상품을 대량으로 집하하여 원스톱 거래가 가능한 시장이 필요하다.

일본의 아끼야(秋谷) 교수는 도매시장제도를 한편에는 소규모적인 산지에 다수의 생산자가 있고 다른 한편으로는 구매력이 약한 소규모의 다수 도시 소매업자가 존재하고 있을 때 이러한 생산점과 최종 판매점을 결부시킨 유통 루트인 도매시장을 건설하여, 여기에 다수 판매자들의 상품을 집중시키고, 이를 앞에 두고 다수의 매수자들인 중도매인, 매매 참가인이 집합하여 서로 필요로 하는 상품 종류를 공개된 장소에서 경쟁하면서 가격을 결정해 가는 중앙도매시장제도는 일본 상품 거래의 일대 걸작품이라고 평가하고 있다.[40]

여기서 말하는 도매시장이란 도매의 매매행위가 계속적으로 행해질 수 있는 장소이며, 이러한 매매행위를 행하기 위하여 집하, 평가, 분산을 위한 시설을 보유하고 있는 장소이다.

따라서 도매시장이란 자본시장, 노동시장과 같은 추상적 개념으로서 성립하는 것이 아니고 특정의 토지에 위탁판매장, 창고, 주차장, 관리실을 포함하여 계속적인 매매를 전개하면서 농수산물의 집하, 평가, 분산이 되풀이 될 수 있는 구체적 시장을 의미한다.

2. 농수산물 도매시장의 종류

우리나라의 농수산물 도매시장은 '농수산물 유통 및 가격 안정에 관한 법률(농안법)'에 의하여 도매시장의 종류가 규정되어 있다. 농안법에 의하면 중앙도매시장과 지방도매시장은 일정한 지방 행정기관이 개설 할 수 있고, 민영도매시장은 민간인이 행정관청의 허가를 받아서 개설 할 수 있다. 또한 농안법에서는 협동조합과 같은 생산자 단체도 행정기관의 승인을 얻어서 농수산물을 도매하기 위한 공판장을 개설할 수 있다.

이상과 같은 4종류의 도매시장(중앙 도매시장, 지방 도매시장, 민영 도매시장 및 협동조합 공판장)을 법정 도매시장이라 한다.

이와는 별도로 지역별로 다수의 도매상들이 모여서 법정 도매시장과 유사한 영업행위를 하는 도매시장이 있다. 이를 유사 도매시장이라 한다.

농안법은 농수산물 도매시장의 시설기준, 영업범위, 개설자의 의무 등을 규정하고 있다. 이 법은 1976년 제정된 후에 2011년 7월까지 33회의 개 · 제정이 있었다. 그럼으로 향후에도 농안법이 개정될 때 마다 여기서 설명하는 도매시장과 유통에 관한 용어나 내용이 달라질 수 있음을 참고하기 바란다.

2-1. 중앙도매시장

중앙도매시장은 양곡류, 청과류, 화훼류, 조수육류, 어류, 조개류, 갑각류,

40 秋谷重男, 前揭書, p.14.

〈표 5-2-1〉 전국의 중앙도매시장

번호	중앙도매시장 명칭	비고
1	서울특별시 가락동 농수산물도매시장	
2	부산광역시 엄궁동 농산물도매시장	
3	부산광역시 국제 수산물도매시장	
4	대구광역시 북부 농수산물도매시장	
5	인천광역시 구월동 농산물도매시장	
6	인천광역시 삼산 농산물도매시장	
7	광주광역시 각화동 농산물도매시장	
8	대전광역시 오정 농수산물도매시장	
9	대전광역시 노은 농산물도매시장	
10	울산광역시 농수산물도매시장	
11	서울특별시 노량진 수산물도매시장	

해조류 및 약용 작물류 별로 전부 또는 둘 이상의 부류를 도매하기 위하여 특별시, 광역시, 특별자치도에서 농림수산식품부 장관의 허가를 받아 개설할 수 있다.

중앙도매시장은 개설한 관할 구역 및 그 인접지역에서 도매의 중심이 되는 농수산물 도매시장으로서 2012년 현재 전국에 11개소가 있으며 그 명칭은 〈표 5-2-1〉과 같다. 표에서 알 수 있는 바와 같이 11개소의 중앙도매시장 중에는 농산물 전용 중앙도매시장 5개소, 농수산물 겸용 중앙도매시장 4개소, 수산물 전용 중앙도매시장 2개소이다.

전국에서 가장 규모가 큰 서울특별시 가락동 농수산물도매시장은 1985년 6월에 개장하여 용산, 중부, 남대문, 청량리에 있는 농수산물 시장을 이전 및 수용하였다.

2-2. 지방도매시장

지방도매시장은 중앙도매시장 이외의 도매시장으로서 부류별로 전부 또는 둘 이상의 부류를 도매하기 위하여 행정관청이 개설하거나 시에서 도지사의 허가를 받아서 개설할 수 있다. 2012년 현재 청주, 천안, 안양, 안산, 충주 등 36개 도시에 지방도매시장이 있다.

2-3. 민영도매시장

민영도매시장이란 공영도매시장(중앙도매시장 및 지방도매시장)과 공판장의 기능을 보완하기 위해 민간인 등이 개설한 도매시장이다. 민영도매시장은 시 · 도지사의 허가를 받아 개설할 수 있으며 2012년 현재 전국에는 논산, 군산, 상주 청과물 도매시장 3개소가 있다.

2-4. 공판장

농수산물의 생산자 단체 또는 공익법인은 시 · 도지사의 승인을 얻어 공판장(공동판매장)을 개설할 수 있다. 생산자 단체란 지역별, 품목별, 업종별 협동조합을 비롯하여 영농조합법인과 영어조합법인 등을 말하고 공익법인이란 농수산물유통공사를 말한다.

공판장이 생산지에 개설되어 있으면 '산지 공판장'이라 하고 공판장이 소비지에 개설되어 있으면 '소비지 공판장'이라 하는데 산지 공판장은 주로 단위 협동조합이 개설하며, 소비지 공판장은 협동조합중앙회나 공익법인이 개설하고 있다. 2010년 현재 농산물 공판장은 80개소, 축산물 공판장은 7개소이다.

수산물 공판장은 내륙 소비지에 중앙회에서 6개소, 단위 협동조합에서 2개소 합계 8개소가 개설되어 있다.

2-5. 수협의 수산물 위판장

우리나라의 대소 어항과 포구를 연결하는 전국 해안선에는 수산물 산지 도매시장 기능을 수행하고 있는 수산물 위판장 207개소가 운영되고 있다. 수산물 위판장은 수산업법 제61조에 근거하여 단위 수산업협동조합에서 개설한다. 이는 농안법 제17조와 제43조에 근거하여 개설한 농수산물 도매시장과 협동조합 공판장과는 설립근거가 다르다.

수산물 위판장은 농안법에 근거하여 개설한 농수산물 도매시장 및 협동조합 공판장과 동일하게 수산물의 집하 · 평가 · 분산의 기능을 수행하며, 거래방법도 농수산물 도매시장이나 협동조합의 공판장과 동일하게 전량상장, 무조건 위탁, 입찰 · 경매방법을 이용하고 있기 때문에 수협의 수산물 위판장은 수산물의 산지 도매시장에 해당한다.

2-6. 농산물 도매시장과 수산물 도매시장

농산물 도매시장(중앙도매시장, 지방도매시장, 공판장 포함)과 수산물 도매시장(중앙도매시장, 지방도매시장, 공판장, 위판장 포함)은 각각 농산물과 수산물이라는 동일한 1차 상품을 거래하는 도매시장이지만 두 도매시장은 다음과 같은 차이점이 있다.

첫째, 수산물 산지시장의 집하지역은 농산물 산지시장보다 넓다.
둘째, 수산물은 산지 도매시장에서 평가(경매)된 상품이 빈번하게 소비지 도매시장에서 다시 평가(흔히 이중경매라고 말함)된다.
셋째, 수산물 도매시장은 산지와 소비지 도매시장의 구분이 농산물 도매시장에 비하여 명확하다.

이상과 같은 차이점이 발생하는 이유는 농산물과 수산물의 생산방식이 각각 재배생산과 자연 추출생산으로 서로 다르고(생산방법의 차이), 1일을 생산주기를 삼는 수산물보다 농산물은 계절생산으로서 길며(생산주기의 차이), 어업의 임금 형태는 주로 짓가림제이며 농업은 고정급제이고(임금형태의 차이), 수산물은 농산물보다 더 부패하기 쉬운 상품적 특성(상품 특성의 차이)을 내포하고 있기 때문이다.

농산물의 경우를 보면 농산물은 자연을 이용한 재배생산으로서 종묘살포-이식-육성-수확-출하에 이르는 생산기간동안 생산자가 언제나 출하량을 예상할 수 있고, 출하시기가 되면 시장에 판매할 총 출하량을 쉽게 판단 할 수 있다. 출하일자도 농산물을 포전에 두고 일정한 범위 내에서 생산자가 능동적으로 조정할 수 있다. 농산물은 출하시기가 되면 생산자가 1회 출하량(적량)과 출하일자(적기)를 조정하면서 가장 유리한 도매시장(적소)을 결정할 수 있다. 즉, 생산자는 판매가격과 판매에 소요되는 비용을 비교하면서 생산지의 인근 산지시장에 판매할 것인지 아니면 생산지에서 멀리 떨어진 원거리에 위치한 소비지 시장에 판매할 것인지를 결정한다. 농산물 생산자들은 생산지를 중심으로 단체출하를 위한 조직을 결성하여 단체로 판매함으로서 단위당 판매비용을 절약하고 판매교섭력(bargaining power)을 높이는 경우도 많아서 원거리에 판매하기가 쉽다. 따라서 농산물의 도매시장은 산지를 중심으로 비교적 넓은 소비지까지 시장권이 형성된다. 생산자가 출하하는 시장을 산지시장이라고 한다면 농산물 도매시장은 산지 도매시장과 소비지 도매시장의 구분이 애매해 진다.

한편 수산물의 생산방식은 자연 상태의 많은 수산물 중에서 일부 만 체포하는 생산방식이다. 수산물의 생산량은 어장에서 만선을 기대하는 선원들의 염원과는 달리 자연의 의존도가 높아서 생산량을 예측하기 어렵다. 생산량은 비로소 생산활동이 완료되어야 알 수 있어서 생산이 완료되기 전에는 자세한 판매계획을 수립할 수가 없다. 판매계획을 수립하기 위해서는 생산량뿐 만 아니라 판매시장의 정보도 알아야 하는데, 매일매일 원거리에 위치한 소비지 시장 정보를 입수하기 보다는 어획활동의 육상 근거지인 산지 도매시장의 정보를 쉽게 확보할 수 있음으로 이를 기초로 삼고 산지에서 판매하는 경우가 많다. 어선들이 하루에 생산하여 판매하는 량은 매일 매일 다르고 또한 수십키로 정도로서 소량인 경우가 많다. 소량을 원거리 도매시장에 판매하게 되면 단위당 판매비용(보관비와 수송비 등)이 높아진다. 그러나 귀항한 어선이 직접 산지 도매시장에 양육하여 산지 도매시장에서 판매하게 되면 원거리 시장(소비지 도매시장)에 판매하는 경우에 발생하는 보관비와 수송비를 절약할 수 있다.

산지도매시장 판매는 어업의 생산주기와 밀접한 관계가 있다. 연안어업의 어선규모는 대부분 5톤 미만[41]으로서 생산단계는 출어 준비-출항-어장 탐색-어획-귀항-판매-출어준비로서 복잡하지만 생산주기는 하루이거나 짧은 기간이다. 어선이 귀항하여 출항하기까지 육상에서 수행하는 활동은 선원의 휴식, 어획물 판매, 어구수리, 선체정비, 유류를 비롯한 선용품 조달 등과 같이 다양하고 복잡하지만 이들 육상 활동은 귀항하여 출항하기까지 하루 중에서 한나절에 모두 완수하여야 한다. 어선은 보통 어장에서 오후 늦게 귀항하며, 귀항한 날에는 휴식을 취하면서 선용품을 주문한 후 다음날 아침 일찍 하역하여 판매하면서 선용품을 적재한다. 이

41 2011년 말 현재 우리나라의 총어선수는 75,627척이며 5톤 미만의 어선은 65,840척으로서 87.1%를 차지한다.

어서 곧바로 다시 출항하여 조업활동을 시작한다. 귀항하여 출항까지 짧은 시간 동안에 많은 출어에 따른 많은 활동을 하면서 가격이 높게 형성되고 있는 소비지 도매시장을 확인하였다 할지라도 추가로 자신이 판매할 일자에 형성 될 소비지 도매시장의 수요와 공급에 관한 정보를 입수하고 원거리 판매에 따른 포장과 수송에 관한 준비를 하게 되면 출어 준비에 소홀해지거나 출어를 하지 못하게 되는 경우가 발생한다. 판매활동을 위하여 특별한 시간과 노력을 경주하게 되어 출어가 늦어지면 해상에서의 어획활동을 포기하거나 단축하게 됨으로서 조업손실이 발생한다. 비록 생산자가 원거리 소비지 시장에 판매하여 높은 수취가격을 수령한다 할지라도 원거리 판매에 필요한 시간과 노력을 투입하는 대신에 어장에 출어하여 어획고를 높이는 편이 더 수익성이 높다. 이와 같은 어업의 짧은 생산주기는 수산물을 산지 도매시장에 판매하게 하는 요인이 된다.

어업의 임금형태도 산지도매시장에 판매하는 요인으로 작용한다. 어업의 임금은 주로 짓가림제로서 수익에 따라서 승선자들의 임금이 달라지는 형태이기 때문에 어선에 승선하고 있는 선원들도 판매에 관심이 깊거나 판로의 결정에 관여한다. 고정급제 근로자의 임금은 비용과 수익에 큰 영향을 받지 않지만 짓가림제 근로자는 다르다. 선원들이 원거리에 위치한 소비지 도매시장에 판매하게 되면 판매내용을 알기 힘들지만 산지 도매시장에서 판매를 하게 되면 판매금액을 확인하기 쉬워서 선원들로부터 경영의 투명성과 객관성에 대한 신뢰를 확보할 수 있다.

수산물은 농산물보다 부패속도가 빨라서 생산과정 뿐만 아니라 육상의 판매과정(보관 및 수송)에 서도 항상 얼음을 준비하거나 냉동시설을 구비하여 저온체계를 유지하여야 한다. 만일 양육지의 산지도매시장에 판매하면 원거리 소비지 도매시장에 판매하는 경우와 비교하여 편리하거나 유통비용이 절약된다. 이와 같이 수산물의 상품적 특성인 강한 부패성은 산지판매를 촉진시키는 요소로 작용한다.

수산물은 자연추출 생산방법, 짧은 생산주기, 짓가림 임금형태, 강한 부패성으로 인하여 대부분 산지 도매시장에 판매됨으로 생산자가 출하하는 도매시장의 지역 범위는 농산물 도매시장에 비하여 좁다. 즉 수산물 산지시장의 집하지역은 좁다.

산지 도매시장 판매를 원칙으로 삼고 있는 어업은 연안어업만이 아니고 기업형 어업에 해당하는 대형 선망어업, 대형 기선저인망 어업과 대형 트롤 어업 등과 같은 근해어업도 포함된다. 이와 같은 기업형 어업은 어선규모가 100톤 이상이어서 1회에 수톤 내지 수십 톤을 출하함으로 출하규모가 크고, 육상에는 판매 업무를 전담하는 관리체계를 구비하고 있어서 원거리에 소재한 소비지 도매시장에 판매할 수 있는 조건을 잘 구비하고 있지만 판매가격이 높은 소비지 도매시장에 판매하기보다도 산지 도매시장에 판매하는 편이 유리하다고 판단하고 산지시장 판매를 원칙으로 삼고 있다.

이상에서 살펴본 바와 수산물은 일차적으로 전국 연안에 산재해 있는 산지 도매시장에서 대부분 판매된다. 산지 도매시장에는 판매가 완료된 어획물을 소비지에 효율적으로 유통시기키 위하여 보관, 포장, 냉동 및 수송 등 전문적인 유통 조성기능을 담당하는 유통조직이 잘 발달되어 있다. 산지에서 판매된 수산물은 다시 유통경로에 따라서 각 지역으로 분산되면서 일부 수산물은 서울의 대도시 소비지 도매시장에서 재경매를 통하여 판매된다(제5장 제1절 2-1 '두 도매시장 경유형' 참고바람).

산지 도매시장에서 거래되는 수산물은 지역적인 수산물의 수요·공급을 결합하지만 서울과 같은 대 소비지에서 거래되는 수산물은 전국적인 수산물의 수요·공급을 결합하여 가격을 형성함으로 전국적인 범위에서 수산물의 표준가격을 제시하고 있다. 만일 산지시장에 전국의 표준적인 가격이 제시되지 않으면 산지시장의 가격은 훨씬 불완전한 정보에 의하여 가격이 형성될 것이다. 그럼에도 불구하고 서울과 같은 대형 수산물 소비지 도매시장들이 산지 도매시장에서 경매된 수산물을 다시 상장시켜 경매로서 판매하는 거래를 두고 유통비용을 과도하게 발생시키는 이중 경매라고 비난하는 것은 수산물의 생산방식, 생산주기와 수산업의 임금형태 및 수산물의 상품적 특성으로 인하여 수산물은 일차적으로 산지시장에서 평가되어야 한다는 특성에 대한 이해의 부족에서 비롯된다. 일본의 다야가즈오(多屋勝雄) 교수는 그의 저서 '수산물 유통과 생선의 안전성(2001. 4. 일본 성산당 서점)'에서 '수산물 유통은 산지 시장과 소비지 시장의 2단계 시장을 경유하는 것이 전형(典型)이다'라고 설명하고 있다.

산지 도매시장을 경유한 후에 소비지 도매시장을 다시 경유하는 두 도매시장 경유 형 즉, 이중 경매되는 수산물은 주로 연근해 어업에서 생산되는 선어와 냉동물이 많다. 다른 품목의 수산물은 대부분 산지에서 경매되면 소비지 도매시장을 경유하지 않고 유통된다. 오히려 원양 냉동물, 패류, 해조류, 연체동물, 활어, 양식수산물, 건어물, 수입품 등과 같이 장거리 수송을 하여도 선도 유지가 쉬운 품목은 산지 도매시장을 경유하지 않고 곧바로 소비지 도매시장에 상장되는 경우가 많다. 특히 양식수산물은 농업의 생산방법과 같은 재배생산을 이용하고 있음으로 출하량, 출하시기를 조정할 수 있으며, 임금형태도 고정급이어서 농산물처럼 산지시장을 이용하지 않고 소비지시장에 직접 판매하거나 농산물처럼 어장에서 직접 유통업자에게 판매하는 경우가 많다.

수산물 산지 도매시장과 농산물 산지 도매시장의 집하지역이 좁고 넓은 현상에 대해서는 도매시장의 개설지역과 개설 숫자로서도 설명이 가능하다.

우리나라 농산물 도매시장은 연안지역이나 내륙지역을 불문하고 전국에 걸쳐서 2012년 현재 협동조합 공판장 약 80개소, 중앙 및 지방 도매시장 약 40여개소, 합계 130개소 미만의 도매시장이 존재하고 있다. 그럼으로 농산물 도매시장은 1개 시장에서 거래하는 시장권이 수산물에 비하여 광범하다. 이와는 달리 수산물 도매시장은 2012년 현재 수산물 위판장은 산지도매시장으로서 연안지역인 어항이나 포구에 200개소 이상, 중앙 또는 지방 수산물 도매시장과 공판장이 10여개소, 전국에 총 210개 이상의 수산물 도매시장이 존재한다. 그럼으로 수산물 도매시장의 산지 수집 시장권은 농산물 도매시장의 산지 수집 시장권에 비하여 좁은 편이다.

이상에서 살펴본 바와 같이 농업과 수산업의 생산방식, 생산주기 및 임금형태의 차이와 상품적 특성에 의하여 농산물과 수산물 도매시장의 시장권 차이가 발생하고 있음을 알 수 있다.

한편, 한국과 일본에서는 서구에 비하여 산지 수산물 도매시장이 잘 발달되어 있다. 또한 두 나라에서는 대도시 소비지 수산물 도매시장에서 인근 지역의 수산물 도매시장에 보내지는 전송량이 비교적 많은 편이다. 한국과 일본이 서구에 비하여 산지 수산물 도매시장이 잘 발달되어 있는 이유는 각각 수산물의 생산환경과 소비환경에 차이가 있기 때문이다.

3. 농수산물 도매시장의 기능

도매시장을 구성하고 있는 인적 요소는 도매업자(도매시장법인), 시장도매인, 중도매업자, 매매 참가업자이다. 그 밖에도 도매시장과 관련을 가진 유통 관계자는 산지 유통인, 출하자, 농수산물 출하장, 농수산물 산지유통센터, 농수산물 종합유통센터, 농수산물 사이버 거래소 등이 있다. 이들 각각의 기능은 다음과 같다.

3-1. 도매업자의 기능

도매업자란 산지의 출하자로부터 상품을 위탁받아 이를 도매시장 내에 반입, 상장, 진열하고 경매를 통하여 거래를 가능하게 하도록 하는 것을 업무로 하는 법인이다. 도매업자는 도매시장의 개설자가 부류별(청과류, 수산류, 축산류, 양곡류, 약용류, 화훼류)로 이를 지정한다. 도매업자는 법인체를 자격요건으로 하고 있음으로 일반적으로 도매법인 또는 도매시장법인이라 호칭하는 경우가 많다.

도매업자는 생산자를 대신하는 입장에서 생산자가 출하한 상품을 시장 내에서 공정하게 도매될 수 있도록 하기 위하여 전문적인 지식과 경험 및 능력이 필요하다. 따라서 이러한 전문 유통업무를 수행하고 하기 위하여 경매사를 두고 있다. 경매사의 경매는 생산자와 소비자의 생활에 영향을 미치기 때문에 공정하고 신속한 거래를 주도한다. 경매사는 출하자를 대신하여 상품을 중도매인 또는 매매 참가자인에게 판매한다.

도매업자는 거래가 성립되면 대금을 신속하게 생산자에게 지불하는 등 여러 가지 기능을 수행하는데 그 기능별 내용은 다음과 같다.

- 산지개발기능: 농어촌을 순회하거나 생산자를 방문하여 그들이 도매시장에 출하하도록 홍보하고, 생산자 조직 및 생산지를 개척하여 새로운 품종이 도매시장에 상장되도록 생산지를 개발하는 기능
- 집하기능: 광범위하게 산재한 산지에서 생산되는 다종다양한 품목을 집하하고 상장(上場), 진열하는 기능
- 정보전달기능: 산지출하자에 대하여 소비지의 시황 등을 전달하고 소비지 중도

매인에 대해서는 산지 작황 및 정보를 전달하는 기능

- 거래형성기능: 현물을 확보하여 경매인을 중개로 하여 중도매인, 매매 참가업자들을 모아 가격형성이 가능하도록 만드는 기능
- 금융·결제기능: 구매자에게 정해진 기일까지 대금을 회수하고 출하자에게 지불, 송부하는 기능 및 산지출하자들에게 출하장려금을 지불하여 집하를 촉진하는 기능

3-2. 시장도매인 기능

시장도매인이란 중앙 및 지방 농수산물 도매시장 또는 민영 농수산물 도매시장의 개설자로부터 지정을 받고 농수산물을 매수 또는 위탁받아 도매하거나 매매를 중개하는 법인을 말한다.

통상 '도매상' 이라고 하나 일반도매상과는 자격요건, 정산방법, 영업규제 등 여러 측면에서 차이가 있다. 〈표 5-2-2〉는 시장도매인과 기존의 일반도매상을 비교한 표이다. 일반도매상을 위탁상이라고도 한다.

시장도매인은 해당 도매시장에 소재하는 도매시장법인·중도매인에게 농수산물을 판매하지 못한다.

시장도매인의 기능은 도매업자의 기능과 유사하지만 규모면, 거래량면에서 도매업자와 비교할 수 없다.

〈표 5-2-2〉 시장도매인과 일반위탁상의 비교표

구 분	시 장 도 매 인	일반 도매상(위탁상)
운영주체의 법인격	법 인	대부분 개인 위탁상
자격요건	도매시장법인에 준하는 자격기준, 자본금 규모 등	특별한 자격요건 없음
정산의무	정산제도 이용 의무화	없음
지정기간	5~10년 사이에서 개설자가 지정	없음
영업활동규제	정당한 이유없는 수탁거부 금지. 필요한 경우 개설자가 수탁을 제한 또는 금지 가능	없음

3-3. 중도매업자, 매매 참가업자의 기능

중도매업자란 도매시장 내에서 분하, 판매를 위한 점포를 가진 중간업자로서 도매업자가 반입, 상장, 진열한 상품을 구입하는 입장에 선다. 도매시장에서는 소비지 구매자를 대표하는 역할을 하고 있다.

매매 참가업자란 제조업자, 무역업자, 대형 소매상, 대형 구매자 등이 시장 개설자의 승인을 받고 도매업자가 행하는 거래에 참가하여 상품을 구매하는 대량수요자이다. 이들은 중도매인과 함께 경매에 참가하기 때문에 중도매인과 경쟁관계를 유지하면서도 때로는 중도매인이 구입한 물량을 매입하기도 한다. 매매 참가업자들이 중도매인에게 상품을 구입하는 이유에 대해서는 본장 제2절의 2-2에서 이미 설명하였으므로 이를 참고하시기 바란다.

중도매업자와 매매 참가업자의 기능은 다음과 같다.

- **선별기능**: 시장 내에 상장, 진열된 상품의 산지, 형상, 대소, 선도 등의 상품 효용을 구분하는 기능. 생선식품은 산지가 다양하고 품목이 많아 동일산지, 동일품목이라 하여도 품질이 다양하므로 이 기능은 중요시 된다.
- **가격 평가기능**: 한편으로는 입하량을 예상하고 다른 한편으로는 구매자들이 구매할 수요량을 예측하면서 가격을 결정하는 기능. 경매장에서의 가격결정은 상품마다 짧은 순간에 결정되기 때문에 경험과 속도가 요구된다.
- **금융 · 결제기능**: 한편에서는 중도매인이 구매한 상품의 대금을 정해진 기일까지 도매업자에게 지불하는 기능. 다른 한편에서는 중도매인이 판매한 상품대금을 각종 소매업자, 지방시장의 업자들로 부터 수취하거나 대금지불을 유예하는 등의 기능.
- **분하 · 가공 · 보관기능**: 경매를 통해 구입한 상품을 각종 소매업자 및 지방시장에 분하하고 재판매하는 기능. 이 중에는 일시적으로 냉장, 보관 및 간단한 가공도 행해진다.

이상에서 설명한 도매시장의 기능은 〈그림 5-2-1〉에서 나타내고 있다.

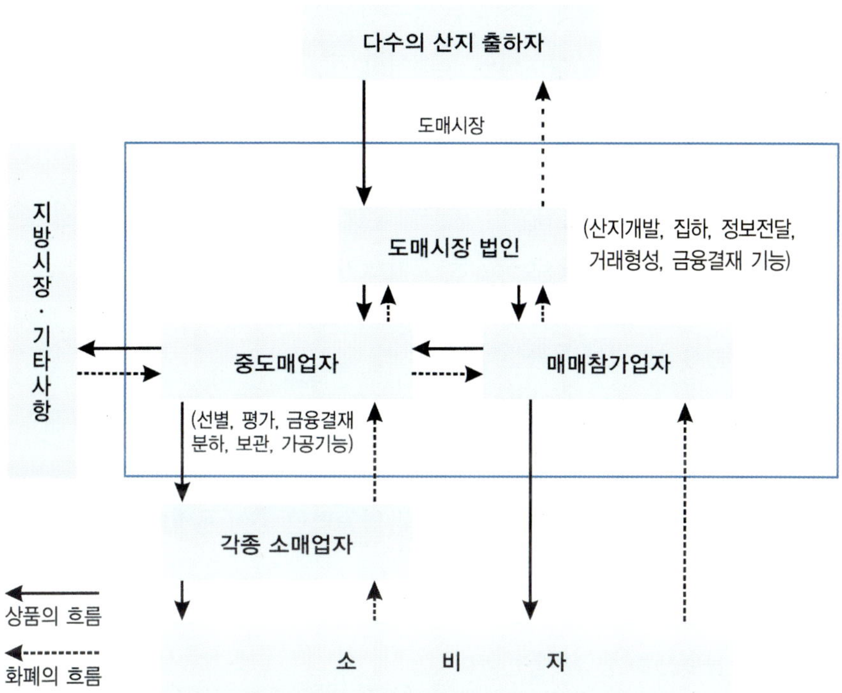

〈그림 5-2-1〉 도매시장 구성원과 그 기능

3-4. 기타 유통인의 기능

이하에서는 각 유통인의 의의를 중심으로 유통인의 기능 설명을 대신하고자 한다.

3-4-1. 산지유통인

산지에서 농수산물을 수집하여 도매시장에 출하하는 자를 산지유통인이라 한다. 산지유통인이 도매시장에 출하하고자하면 도매시장 개설자에게 등록하여 등록증을 교부받아야 한다. 도매시장 법인, 중도매인 및 이들의 주주 또는 임직원은 도매시장에서 산지유통인의 업무를 할 수 없다.

3-4-2. 출하자

농수산물을 도매시장에 출하하고자 하는 생산자 및 생산자 단체를 출하자라 한다. 출하자는 도매시장에 출하되는 농수산물의 수급 및 품질의 안정적인 관리를 위하여 출하자 신고서를 작성하여 도매시장 개설자에게 신고하여야 한다.

3-4-3. 농수산물 집하장

생산자 단체 또는 공익법인이 농수산물을 대량으로 소비자에 직접 출하하기 위하여 설치한 집하시설을 농수산물 집하장이라 한다.

3-4-4. 농수산물 산지유통센터

농수산물 산지유통센터(APC: Agricultural Products Processing Center)란 농수산물의 선별, 포장, 규격출하, 가공, 판매 등을 위하여 일정시설과 장비를 구비한 유통업체를 말하며, 2011년 현재 지역농협 및 영농법인 등이 운영하는 299개소의 산지유통센터가 있다.

3-4-5. 농수산물 종합유통센터

농수산물 종합유통센터란 농수산물의 출하경로를 다원화하고 물류비용을 절감하기 위하여 농수산물의 수집, 포장, 가공, 보관, 수송, 판매 및 그 정보처리 등 농수산물의 물류활동에 필요한 시설과 이와 관련된 업무시설을 갖춘 사업장을 말한다.

종합유통센터는 필수시설로서 농수산물 처리를 위한 집배송시설, 포장·가공시설, 저온저장고, 사무실·전산실, 농산물품질관리실, 거래처 주재원실 및 출하주 대기실, 오·폐수시설, 주차시설을 구비하여야 하고, 편의시설로서 직판장, 수출지원실, 휴게실, 식당, 금융기관의 점포, 기타 이용자의 편의를 위한 시설을 둘 수 있으며 부지 20,000㎡ 이상, 건물 10,000㎡ 이상 구비하여야 한다.

국가 또는 지방단체가 종합유통센터를 설치한 후에 농림수협 등 생산자단체나 전문유통업체에 위탁하여 운영할 수 있다. 산지종합유통센터는 2010년 현재 농협중앙회가 양재동에 개설한 양재종합유통센터를 비롯하여 전국에 17개소가 있다.

3-4-6. 농수산물 사이버 거래소

거래소란 자격을 구비한 회원 또는 거래자가 미리 정해진 장소, 시간, 상품을 일정한 규칙에 따라서 거래하는 시장조직을 말한다. 농수산물 사이버 거래소란 출하자와 소비자가 사이버공간을 통하여 농수산물을 거래하는 시장조직이다.

우리나라 농수산물 사이버 거래소는 생산자와 소비자간에 중간 유통단계를 축소하여 과다하게 발생하는 유통 비용을 줄임으로서 소비자는 싼값에 구매하고 생산자는 제값을 받게 하기 위하여 농수산물 유통공사가 2009년 7월에 개설하였다.

농수산물 사이버거래소에서는 출하자의 생산품목과 가격을 판매목록에 작성하게 하여 사이버 공간에 알리는 한편 구매자의 구매품목과 구매가격을 구매목록에 작성하게 하여 사이버공간에서 알리게 하여 매매 당사자인 생산자와 구매자가 사이버 공간에서 거래하게 한다.

농수산물 유통공사는 사이버거래소를 개설하고 일정한 자격심사를 통과한 업체만 사이버거래 회원으로 등록토록하여 기업간 거래(B2B[42]: business to business)와 기업과 소비자간 거래(B2C[43]: business to customer)를 성립시키고 있다.

4. 도매시장의 거래 원칙

도매시장을 구성하고 있는 담당 주체들은 서로가 맡은 기능을 공정하게 발휘하여야 공정한 거래가 성립될 수 있다. 생산자와 소비자간에는 구조적으로 각각 고가격과 저가격을 요구하는 상호 대립적인 요소가 작용하고 있기 때문에 도매시장이 이들 사이에 개입하여 합리적이고 공정하게 가격이 결정되도록 하여야 한다.

우리나라에서는 농수산물 유통 및 가격안정에 관한 법률로서 생선식료품의 중간 유통을 담당하는 여러 형태의 상업자본이 추구하고 있는 일반적인 이익활동에 규제를 가함으로서 공정한 거래를 실현시키고자 거래 원칙을 규정하고 있다.

도매시장의 거래 원칙은 무조건 위탁원칙, 수탁거부금지원칙, 당일 전량상장과 전량거래 원칙, 경매입찰원칙, 당일 현금지불원칙이다. 이를 도매시장 거래 5대원칙이라 한다.

---

42 B2B에서 앞의 B는 생업형 생산자가 아닌 이익추구적인 기업형 생산자를 의미하고, 뒤의 B는 대형소매점과 같이 재판매를 목적으로 구입하는 기업을 의미한다.

43 B2C에서 앞의 B는 B2B에서와 마찬가지로 이익추구를 목적으로 하는 기업형 생산자를 의미하고, 뒤의 C는 외식산업, 대형기숙사, 가공산업과 같이 산업용 소비자를 의미한다.

생산자 또는 출하자가 도매시장에 판매를 위탁할 때는 거래조건을 제한하지 못하고 무조건 판매를 위탁한다. 도매시장에 반입되고 상장, 진열되는 상품은 생산자, 출하자가 도매시장에 위탁한 상품일 뿐 양자 사이에 소유권 이전이 행해지는 것이 아니다. 이를 무조건 위탁 원칙이라 한다.

도매업자는 생산자, 출하자를 대신하여 그 대리인으로서 거래의 장소를 형성하는 역할을 담당하고 있다. 생산자, 출하자로부터 상품을 위탁하겠다는 의사표시가 있는 경우 도매업자는 이런 신청을 거부할 수가 없다. 이를 수탁거부금지의 원칙이라 한다. 따라서 생산자, 출하자는 전국의 여러 도매시장의 도매업자 중에서 어떤 도매업자에게 출하할 것인가 하는 것은 출하자의 자유의사에 달려 있고, 입하될 양과 품목에 대하여 도매업자는 '이것은 필요없다.'라고 하는 등 입하량을 조정하는 것은 허락되지 않는다. 이어서 생산자, 출하자로부터 판매를 위하여 도매법인에 상

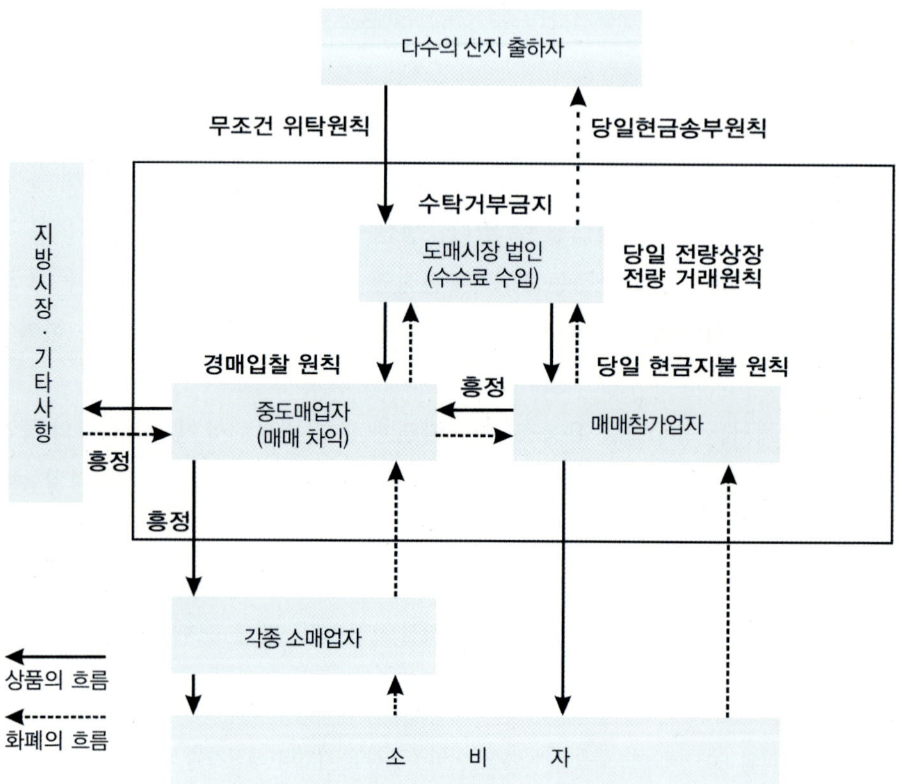

〈그림 5-2-2〉 도매시장의 거래 원칙

장 집하된 상품은 원칙으로 즉일 전량상장하고 전량거래하여야만 한다. 이를 당일 전량상장, 당일 전량거래 원칙이라 한다. 도매업자는 입하한 현물의 전량을 시장 내에 반입하여 진열하고 거래를 형성하여야 하며 도매업자가 일방적으로 익일로 조정하는 것은 인정되지 않는다. 익일로 돌려진 상품은 품질이 저하되어 출하자의 손해를 초래시킬 우려가 있다. 당일 도착된 상품의 전량이 시장 내에 하역되면 품목별로 혹은 고가품에 대해서는 1상자, 1마리, 1개 별로 경매 또는 입찰에 의하여 도매가격을 결정하여야 한다. 이를 경매입찰의 원칙이라 한다. 도매시장에서는 경매사와 중도매인이 흥정하여 가격을 결정할 수 없다.

도매업자는 구매자인 중도매업자, 매매 참가업자로 부터 상품대금을 받아서 당일 출하자에게 지불하여야 한다. 이를 당일 현금지불의 원칙이라 한다. 이때 지불방법은 출하자와 특별계약이 체결되어 있는 경우에 따른다. 〈그림 5-2-2〉는 도매시장에 있어서의 거래 원칙을 나타내고 있다.

5. 유통경제조건의 변화와 도매시장제도의 당면문제

5-1. 유통경제 조건의 변화

5-1-1. 유통기술의 발달과 상품 성능의 개선

도매시장제도의 발달과 성과는 대상 상품의 상품적 특성과 깊은 관계가 있지만, 그 상품적 특성은 유통기술(수송, 냉장, 포장, 가공, 정보 등)의 발달과 함께 개선되고 있음을 유의할 필요가 있다. 대형 트럭·트레일러의 보급, 고속도로망의 정비, 카페리의 발달 등에 따라서 수송시간의 단축과 수송비용의 절약이 대폭적으로 개선되었다.

더욱이 시황 정보망의 정비는 인터넷의 발달과 더불어 급속하게 변화하고 있다. 이에 따라서 생선식료품을 산지에서 원격지에 소재하는 대도시 시장에 출하하는 빈도가 현저하게 증가되고 있다.

산지에서 예냉 - 냉동 수송 - 소비지 시장의 에어컨디셔닝 - 냉동 반출 - 소매점들의 에어컨디셔닝 등과 같은 콜드체인(cold chain)의 정비가 발전하면 할수록 생선식료품의 저장성능은 증가된다. 식육 및 수산물이 동결 된 후 반년 또는 1년 이상의 저장도 가능하다.

원양어획물은 생산단계부터 동결된다. 따라서 소비지에서도 동결된 상태로 양육되고 거래되기 때문에 거래방법도 선어거래와 다르게 발달해왔다.

농수산물의 규격을 결정하는 성능도 개선되면서 발전하고 있다. 등급제도의 보급, 고성능 선별기 개발과 포장기술의 진보에 의하여 패킹화가 발달하였고, 패킹 단위별 품질 통일, 규격화가 진전을 보게 되었다. 또한 식육부분을 부위별로 절단하여 용도와 가격이 다른 부위단위로 거래하는 방법이 보급되고 있다.

5-1-2. 주산지 형성의 진전과 생산지 출하조직의 대형화

개별 농어업 경영의 주업화, 전업화가 발달되면서 지역마다 특정 생산물의 주산지 형성이 촉진되고 있다. 주산지 형성은 생산자의 공동 출하조직 형성과 대형화를 도모 할 수 있다. 영농 · 영어조합, 단위농수협, 조합공동사업법인, 품목조합연합회 등으로 출하조직의 대형화가 진전되고 있다.

5-1-3. 대형소매점 외식산업의 발전과 구입행동 변동

도시 소비자의 생선소비 구입처는 점차 대형 소매점으로 이동하고 있다. 소득수준의 향상, 생활 및 주거양식의 변화, 맞벌이 부부의 증가 등으로 가공식품 및 외식비 지출비율도 증가하고 있다.

5-2. 도매시장제도의 당면문제

우리나라 도매시장에 내재하고 있는 문제는 다양하지만 여기서는 도매시장 가격의 불안정성, 대소비지 시장의 과밀화와 전송비용의 증대, 규격화 및 계획적 거래 곤란에 대하여 고찰해 보고자 한다.

첫째, 도매시장 가격의 불안정성

도매시장 관련법의 취지를 기준으로 하면 도매시장법인은 도매시장으로의 입하와 입하량을 조정 할 수 없고, 조정은 원칙적으로 출하자가 담당하도록 되어 있다. 그러나 시장은 다수의 산지로부터 입하되고 있으므로 산지 측에서 서로 연계하여 시장의 입하량 조정을 효과적으로 실행한다는 것은 지극히 곤란하다. 그러므로 입하량의 과소와 과다에 따른 가격의 불안정 요인이 내재한다.

또한, 도매시장에서 이용되는 경매거래는 다수의 중도매인들이 경쟁하면서 시장의 동향을 객관적으로 반영한다고 하지만 흥정거래보다도 가격 변동 폭이 크기 때문에 도매시장에서 경매에 의하여 결정되는 가격은 불안정성을 특징으로 하고 있다.

둘째, 대소비지 시장의 과밀화와 전송(轉送)에 의한 유통비 증대

산지가 대형화하면 산지의 소형화에 비하여 상황변화에 재빠르고 민첩하게 대응할 수 없으므로 대규모 소비지 도매시장으로 출하량을 증대시키게 된다. 또한 시장 가격의 불안정은 출하자 측으로 하여금 소규모시장 보다 대규모 시장을 선호하도록 작용한다. 대규모 시장 쪽의 시장입하량 변동이 가격에 주는 영향은 적은 경향이 있다.

이러한 요인에 의하여 대규모 소비지 시장으로 물품의 출하가 집중되고, 과밀화하게 되므로 소비지 중소 도매시장은 산지로부터 직접 입하가 어려워지게 된다. 이에 따라서 소비지 중소도매시장은 대시장으로부터 전송[44]에 의존하지 않을 수 없게 된다. 소비면에서는 지역 평준화 경향으로 발전하고 있기 때문에 전송량은 증가 하고 전송에 따른 유통 비용도 증대하고 있다.

우리나라 수도권 주변 중소 도매시장은 이와 같은 전송을 다시 형식상장의 방법으로 변칙 운용하여 분쟁의 원인이 되기도 하였다.

셋째, 규격화 및 계획적 거래 정착 곤란

도매시장제도는 원래부터 불특정 다수의 생산자나 소비자가, 서로 알지 못하는 거래 상대방을 찾아내어야 하는 장소이기 때문에 아직도 생산자는 도매시장의 다양한 소비자가 선호하는 다양한 규격을 인지하기 어렵고, 설사 소비자의 선호규격을 인지한다 하더라고 자연의존적 생산법칙 때문에 계획적으로 규격을 조절하거나 출하량을 조절하기 어렵다.

그러나 근래에는 대형소매상 및 외식산업, 가공기업 등 매수자측이 대형화하고 조직화 되면서 점차 수요자가 선호하는 규격과 수요에 적합한 대량구입량을 예측

44 보내온 것을 다시 다른 곳으로 보낸다는 의미임. 중앙 농수산 도매시장에서 1차 경매된 농수산물이 소매상으로 유통되는 것이 아니고 우회하여 다시 지방 도매시장으로 보내어져서 2차로 경매되는 물량을 전송물(轉送物)이라 한다. 전송은 주로 대도시 도매시장과 주변위성도시 소재 지방 도매시장 사이에서 발생한다.

하기 쉬워지고 있고 동시에 대형산지도 공동선별, 공동판매의 추세로 변함에 따라서 매수자 측의 희망을 충족시켜 주는 힘을 강화하고 있다. 이러한 '새로운 물결'이 높아짐에 따라서 시장 가격 안정화에 대한 요구도 더욱 더 강해지고 있다.

6

유통마진

제6장 | 유통 마진

제1절 유통 마진의 개념

유통시장에서 사용되는 마진(margin)이라는 말은, 판매자가 어떤 상품을 구입하여 새로운 구매자에게 상품을 판매 할 때 발생하는 매매가격의 차액, 즉 판매액에서 구매가격을 차감한 가격을 말한다. 엄밀하게 말하면 판매자가 새로운 구매자에게 판매하는 물리·화학적으로 동량, 동질의 동일한 상품에 대하여 유통단계별로 발생하는 가격차액이 유통 마진(margin)이다. 그러므로 유통 마진을 비교할 경우에는 유통과정에서 발생하는 상품의 형질변화, 물리·화학적 변화를 고려해야 한다.

유통 마진은 다음과 같이 '유통 마진액'과 '유통 마진율'이라는 용어로 구별하여 사용할 수도 있다. 그러나 어느 용어라 할지라도 단순히 유통 마진이라고 말해도 무방하다.

- 유통 마진액 = 판매가격 - 구입가격
- 유통 마진율 = $\dfrac{\text{판매가격} - \text{구입가격}}{\text{판매가격}} \times 100$

여기서 사용하는 유통 마진이라는 용어는 각 유통단계에 따라서 소매마진, 중도매마진, 도매마진, 출하자 마진 등으로 변화한다.

- 소매마진 = 소매가격 - 중도매가격
- 중도매마진 = 중도매가격 - 도매가격
- 도매마진 = 도매가격 - 출하자 수취가격
- 출하자마진 = 출하자 수취가격 - 생산자 수취가격

이상에서 보는 바와 같이 유통단계별로 소매, 중도매, 도매, 출하자 마진이라는 용어를 사용하고 있지만 그 의미하는 뜻은 단계마다 다르다, 이와는 별도로 유통 단계 전체의 마진을 나타내는 의미의 '유통 마진'이라는 용어도 사용하고 있다.

- 유통 마진 = 소비자 구입가격 - 생산자 수취가격
- 유통 마진율 = $\dfrac{\text{소비자 구입가격} - \text{생산자 수취가격}}{\text{소비자 구입가격}} \times 100$
- 식품A의 유통 마진 = 식품A에 대한 소비자 지불가격 - 식품A의 생산자 수취가격

우리가 사용하는 '마진율'이라는 용어는, 회계학에서 사용하는 유사용어와 혼동되는 경우가 있다. 그 중에서 가장 많이 혼동되는 용어는 마커업율(mark up ratio = 원가 가산율)과 총이익율이다.

먼저 마커업율을 살펴보자. 마커업율(원가 가산율)은 다음과 같이 예상 판매 가격에 대한 구매(매입)가격 차액(판매가격-구매가격)을 구매가격으로 나눈 비율로서 나타낸다.

- 마커업율(원가 가산율) = $\dfrac{\text{판매가격} - \text{구매가격(매입가격)}}{\text{구매가격}} \times 100$

마커업율(원가가산율)은 가격 설정율이라고도 하며 상품의 판매가격을 설정하는 경우에 많이 사용한다. 즉 마커업(원가 가산)은 가격 설정 전에 사용됨으로 사전적(事前的)개념이다. 이에 대하여 마진율(매출 총이익율)은 상품 판매 후에, 판매가격에서 구매가격을 차감한 가격차액에 대하여 판매가격으로 나누어 결정한다. 즉, 가격차액(판매가격과 구매가격의 차액)이 차지하는 판매가격의 상대적 크기를 평가한다. 그러므로 마진율 또는 마진은 사후적(事後的) 개념이다.

위에서 설명한 판매가격과 마커업율의 관련성과 판매가격과 매입가격의 관련성을 식으로 나타내면 다음과 같다.

- 판매가격 = 매입가격(1 + 마커업율) = 매입가격{1 + (판매가격 - 매입가격) / 매입가격}

위 식을 보다 이해하기 쉽게 하기 위하여 실제 거래가격을 예로 들어보자. 만약 판매가격이 1,000원이고 매입가격(구매가격)이 800원, 그리고 판매이익(가격차액)이 200원이라고 하면 마커업율은 25% = {(1,000원 − 800원)/800원} * 100이며, 마진율은 20% = {(1,000원 − 800원)/1,000원} * 100이 된다.

즉, 금액기준으로 판매가격과 구매가격의 가격 차액(1000원-800원)은 꼭 같은 200원이 되지만 구매가격에 대한 비율인 마커업율(원가가산율)은 25%가 되고, 판매가격에 대한 비율인 마진율(매출 총이익율)은 20%가 된다.

다음은 마진 또는 마진율(매출 총이익율)과 아주 유사한 의미로 쓰이는 '총이익' 또는 '총이익율'이라는 용어를 살펴보자.

마진율을 계산할 때는 판매가격에 대한 단순한 구매가격차이 비율을 나타내기 위하여 판매가격(판매액, 매출액)과 구매가격(매입원가, 매입가격)이라는 용어를 사용한다. 그러나 '총이익' 또는 '총이익율'을 산출 할 때는 기간별 또는 제품별로 판매가격(판매액, 매출액)의 총액과 구매가격(매입원가, 매입가격)을 합산하여 계산한다. 그러므로 '총이익' 또는 '총이익율'을 산출할 때 사용하는 매출액이나 매입원가라는 용어는 총매출액과 총매입 원가를 내포하고 있기 때문에 단순히 가격차액을 중심으로 파악하는 마진이라는 용어와 근본적으로 개념적인 차이가 있다.

- 총이익 = 매출액 − 매입원가
- 총이익율 = $\frac{\text{매출액} - \text{매입원가}}{\text{매출액}} \times 100$

제2절 유통 마진의 계측 방법

유통 마진은 추적 조사, 단계별 조사 혹은 통계 조사로서 계측할 수 있다. 어떠한 방법을 채택할 것인가는 모든 방법이 장단점을 갖고 있기 때문에 사용하고자 하는 목적에 따라 달라질 수 있다.

가장 합리적인 조사 방법은 유통량이 가장 많은 경로를 통해 가장 보편적인 품질의 상품이 주산지에서 주소비지로 이동하는 경우를 선택하여 가장 많이 시장화되는 시기에 동시에 조사하는 것이 바람직하다.

이럴 경우 유통 비용을 절감할 수 있는 여지가 가장 많을 뿐만 아니라 비용이 절감될 수 있는 부문을 비교 평가하기 용이하다.

1. 추적 조사 방법

추적 조사는 마진을 계측하는 상품과 함께 전체 유통과정을 따라 다니면서 유통단계별로 그 상품의 가격을 추적하여 조사하는 방법이다.

이 방법은 측정상품의 표본선정에 모집단의 특성을 반영하면 신뢰성 높은 조사 방법으로 인정받고 있어서 실제 유통 비용 측정에 자주 이용되는 방법이다. 이 방법은 다음과 같은 장단점이 있다.

장점

첫째, 유통과정에서 발생하는 개별상품별 마진을 상세히 조사할 수 있다.

단점

첫째, 많은 비용과 노력이 소요된다.

상품이 생산자로부터 소비자가 소비하기까지는 다양한 유통 경로를 통과하면서 여러 사람의 중간 상인과 여러 가지의 보관, 수송 수단을 이용하게 된다. 따라서 상품이 생산자로부터 소비자에게 전달되도록 까지 정확하게 추적하여 가격을 조사하면 많은 노력과 비용이 소요된다.

둘째, 계측한 마진은 계측 상품 전체의 대표성을 가진 마진으로 보기 어렵다.

마진은 그 상품의 모집단을 대표하였다고 하기에는 여러 가지 변수를 충분히 반영하였다고 볼 수 없는 다음과 같은 약점을 내포하고 있다.

① 동종상품이라도 상품마다 각각 다른 특성을 가지고 있다.

동일한 종류의 상품이라 할지라도 생산지가 다르고 상품마다 맛, 사이즈, 형태 등 조금씩 다른 특성을 지니고 있어서 특정 상품을 계측하였다고 할지라도 전체 상품을 대표하기 힘들다.

② 조사 횟수에 한계가 있다.

조사에 많은 비용과 노력이 필요하기 때문에 추적 조사의 횟수에 한계가 있다. 비용을 절약하기 위하여 1,2회 조사한 결과로서는 상품을 대표하는 유통 비용으로 보기 어렵다.

③ 조사지점과 조사시점에 한계가 있다.

일정 지역을 조사한 결과로서는 전체적인 지역의 특성을 반영할 수 없다. 전체적인 지역을 조사하거나 수시로 조사하는데는 시간과 노력의 제한을 받는다. 조사시점이 다르면 유통 비용이 동일하다고 보기 어렵다.

2. 통계 조사 방법

통계 조사란 각종기관이 공표한 통계를 이용하여 유통 마진을 조사하는 방법으로서 다음과 같은 장단점을 가진다.

장점

첫째, 계측마진은 전체적인 대표성을 가진다.
둘째, 조사가 간단하다.
셋째, 상품의 마진 변동 경향을 알 수 있다.

단점

첫째, 개별적인 상품의 마진을 알 수 없다.
둘째, 상품의 특성(산지, 사이즈, 맛 등)을 적절히 반영하지 못하고 있다.

3. 단계별 조사 방법

단계별 조사 방법이란 동일한 시점에서 각 유통단계별로 가격과 유통서비스의 차이에 대한 비용을 계산하여 비용과 마진을 측정하는 방법으로서 다음과 같은 장단점을 가진다.

장점

첫째, 동일한 상품의 동시 계측마진은 전체적인 대표성을 가진다.

둘째, 조사가 간단하다.

유통단계별로 상품의 최종 소비 지출액에서 초기상품 구입액을 제외하고, 이것을 유통물량으로 나누면 단위당 유통 마진을 쉽게 산출할 수 있기 때문에 조사가 쉽다.

단점

첫째, 계측하는 상품이 동일하기 어렵다. 상품자체가 동일하지 않으면 각종 비용을 정확히 측정하기 어렵다.

둘째, 각 단계별로 조사자들이 동시에 조사하기 어렵다.

4. 마진 계측상의 유의점

추적 조사를 하거나 통계 조사를 하거나 어떤 조사를 하더라도 유통 마진을 조사함에 있어서 주의하지 않으면 조사에 커다란 오류를 범할 수 있기 때문에 다음과 같은 점을 유의하여 조사하여야 하다.

1) 동일한 성질의 상품으로 환산

유통단계별 마진을 비교하는 경우에 많은 농수산물은 유통단계마다 형질이 변화한다. 그러므로 최소한 일정한 기준을 정하여 상품을 비교하여야 하는데 그 기준의 하나가 중량이다. 예를 들면 쌀은 유통초기 단계에서는 현미 상태이지만 후기단계에는 정미가 된다. 현미를 기준으로 할 경우에는 정미를 현미로 환산하여야 하고, 정미로 계산할 경우에는 현미를 정미로 환산하여야 한다. 또한 식육 등은 먹을 수 없는 비가식(非可食)부문이 제거되고, 유통과정에서 생체, 지육(枝肉), 부문육으로 변화해 간다. 그러므로 식육을 계산할 때는 생체로 환산하거나 지육, 부문육으로 환산하여야 한다.

형체변화가 없는 야채 혹은 과일 등은 수분증발이나 손상부위의 부패 등에 따라서 유통되는 중량이 적어진다. 때로는 유통과정에서 흘리거나 새어나가서 중량이 줄어지는 수도 있다. 이러한 중량 감소요인을 고려하여 중량을 환산하여야 한다. 만일 중량을 동일한 성질로 환산하지 않고 유통 마진을 비교하는 경우에는 유통단계마다 현미, 정미, 부패가 심함 등과 같이 상품 형태를 명기하여야 한다.

2) 실질 가격 또는 실질 마진으로 환산

유통 단계별로 계산된 가격 또는 마진은 두 가지 면에서 형식적인 가격과 실질적인 가격에 차이가 있으므로 이를 유의하여 형식가격을 실질가격으로 환산하여야 한다.

첫째, 유통단계별 공제 및 가산 가격을 산정하여야 한다.

어떤 단계에서 산정된 가격 또는 마진은 실제로 다른 유통단계에서 마진으로 계산해야 하는 가격이 포함된 경우가 있다.

이와는 반대로 다른 단계의 마진을 환입계산 해야 하는 경우가 있다. 다른 단계에서 수취해야 할 가격을 어떤 단계에서 수취한 경우를 예를 들어보자. 도매단계에서 발생하는 도매 마진은 도매수수료로서 도매가격(경매가격)에서 출하자 수취가격을 공제한 가격을 말한다. 그런데 도매 마진이 되는 수수료에 대해서 실제로 배분되는 내역을 알아보면 일정한 비율의 중매인 육성기금과 일정한 비율의 생산자조합 위탁 조성기금이 포함되어 있음을 알 수 있다. 이러한 내용을 산식으로 나타내면 다음과 같다.

도매마진 (수수료) = 도매가격 − 출하자 수취가격 = 실질적인 도매마진 + 중매인 육성기금 + 생산자조합 위탁 조성기금 − 출하자 수취가격

이 산식을 이용하여 도매마진을 계산한 예를 들어보면 도매시장의 도매수수료가

4.5%라고 할 때, 중매인 육성기금 0.5%, 생산자 조합 위탁조성 기금 0.8%라고 하면 실제로 도매 수탁기관에서 수취하는 실질 도매마진(수수료)은 이들 두 가지 기금을 공제한 3.2% 밖에 되지 않는다.

이상에서 살펴본 바와 같이 각 유통 단계에서 발생하는 마진은 형식적으로 산출된 마진에서 다른 단계의 마진이 포함되어 있는가를 검토하여 실질마진으로 계산하여야 한다.

둘째, 명목가치를 실질가치로 환산하여야 한다.

산정된 가격 또는 마진은 산정 시점의 차이로 인하여 명목가치와 실질가치에 차이가 발생한다. 각각 다른 시점에 산정된 가격 또는 마진은 산정된 시점의 화폐가치를 반영한 가격일 뿐이며, 두 시점 간에 물가변동에 의해서 발생하는 화폐가치의 차이를 반영하지 못하고 있다. 그럼으로 두 가격을 비교할 때는 각각의 명목가치에 대하여 물가 변동율을 반영한 실질적인 가치로 환산하여 비교하여야 한다.

제3절 유통 마진과 비용 분석

1. 기업 중심의 유통 비용 분석

유통 마진은 유통 비용과 이익으로 구성되어있다. 때로는 이익을 정상이익과 초과이익으로 나누어서 정상이익을 비용에 포함시키는 방법도 있다. 이 경우에 유통 마진은 유통 비용과 초과이익으로 구성될 수 있다. 유통 마진의 인하는 무엇보다도 유통과정에서 생산성을 향상시킬 수 있는 기술을 개발하거나 도입함으로써 가능하다. 그러나 생산성을 향상 시킬 수 있는 기술을 도입하였다 할지라도 반드시 유통 마진을 저하시킨다고 말 할 수는 없다. 왜냐하면 생산성을 향상 시킬 수 있는 기술을 도입하여도 그 메리트를 발휘하는데 필요한 적정규모의 물량을 확보할 수 없는 경우에는 비용을 저하시키지 못할 수 있다. 또한 비용이 저하 하였다 할지라도 저하된 만큼 초과이익의 증대로 이전 될 뿐이고 유통 마진 및 판매가격은 변화하지 않을 수도 있다.

여기서는 어떻게 하면 생산성 향상을 위하여 기술 도입을 촉진시킬 수 있을 것인가? 또한 생산성 향상기술을 도입한 경우에는 어떻게 하여 유통 마진을 인하시키고, 이어서 가격인하로 연결시킬 수 있을 것인가 하는 문제를 경쟁구조를 중심으로 고찰하고자 한다.

기업(생산자) 입장에서 보면 유통 마진은 기업이익에 포함되어 있지 않고 단지 유통과정에서 발생하는 유통 비용일 뿐이다. 왜냐하면 기업의 입장에서 유통 마진이란 유통과정에 개입하는 유통 중간 업자의 이익과 유통과정에서 발생하는 보관·수송비용 일 뿐이기 때문이다.

그러므로 기업입장에서 유통 마진을 분석할 때는 유통 마진이라는 용어를 사용하지 않고 유통 비용이라는 용어를 많이 사용한다.

1-1. 유통 비용과 손익계산서

기업의 유통 비용은 손익계산서에 나타나 있다. 손익계산서는 1회계 기간 동안 기업 손익이 어떻게 발생하였는가를 나타내는 재무자료이다. 국제 기준에 의하여 2011년부터는 손익계산서가 포괄손익계산서로 변경되었으나 기타 포괄이익이 없는 경우에는 손익계산서 작성(사용)도 가능하다. 유통 비용은 손익계산서를 작성하는데 필요한 한 요소로서 작용하고 있다. 그러나 손익계산서에 나타난 외형적인 공표자료 만으로서는 유통 비용을 분석하기가 어려운 경우가 많다.

우선 손익계산서를 보는 방법에 대해서 알아보자. 〈표 6-3-1〉는 아주 단순한 형식의 손익계산서이다. 이 기간 동안 영업이익은 1,000만원인데 그것이 어떻게 발생하였는가를 알아보자.

〈표 6-3-1〉 손익계산서

항 목	금액 (천원)
매출액	100,000
매출원가	60,000
매출총이익	40,000
판매비와 관리비	30,000
영업이익	10,000

그러나 〈표 6-3-1〉 만으로서는 영업이익이 발생한 원인을 정확히 알 수 없다. 즉, 매출액이 증가하였기 때문에 영업이익이 발생하였는가, 매출 상품을 저렴하게 구입하였기 때문에 영업이익이 증가하였는가, 또는 상품판매에 필요한 판매비와 관리비 비용을 절약하였기 때문에 순익이 발생한 것인지를 알 수 없다. 그러나 순익의 발생은 위에서 열거한 매출액 증가, 저렴한 매출상품 구입, 판매비용 절약이라는 세 가지 요인 때문이라는 것을 표에서 나타난 수치로서 알 수 있다.

실제 정확한 영업이익 발생 항목은 1회계년도 손익계산서만의 수치로서는 알 수 없고 다음과 같은 두 가지 자료가 더 필요하다.

첫째, 전년도 손익계산서

둘째, 동일 산업 내 타 기업과의 비교

이상과 같은 두 가지 자료를 새로 작성한 손익계산서와 비교분석함으로써 해당 기업의 일정기간 영업이익이 어떤 항목에 의해서 발생하였는가를 알 수 있다.

현실적으로 기업경영의 내용은 예를 든 표의 내용처럼 단순하지 않지만 설명을 간소화하기 위하여 당기순이익 산출에 영향을 주는 요인을 ①매출환입과 에누리,

〈표 6-3-2〉 매출환입과 에누리

항 목	금액 (천원)
총매출액	105,000
매출환입 등	5,000
순매출액	100,000

〈표 6-3-3〉 영업외 수익

항 목	금액 (천원)
영업 이익	10,000
영업외 수익	1,000
당기 순이익	11,000

매출할인 ②영업외 수익 ③상품 재고액 항목으로 단순화 해보자.

매출환입과 에누리는 매출상품 중에서 품질의 결함과 파손 등으로 인하여 반품된 금액이나 감액된 금액이며, 매출할인은 할인기간 내에 대금을 지급받는 경우에 할인된 금액으로서 총매출에서 차감하고 〈표 6-3-2〉와 같이 처리한다.

영업외 수익은 그 기업의 주된 영업활동에 기인하지 않는 수익을 말하며, 어떤 사업용으로 구입한 유휴 토지를 일시 임대하여 준다든지 하는 일 등으로 자주 발생한다.

이 경우에는 주식투자 배당 수익이나 임대료 수익은 영업외 수익으로 계상하고 〈표 6-3-3〉와 같이 처리한다.

이월상품은 기말재고로서 차기에 이월되는 상품이며 〈표 6-3-4〉와 같이 처리하며 재고의 평가는 단순히 재고 조사량만이 아니고 인플레가 발생한 경우에 평가를 어떤 방법으로 할 것인가를 고려하여야 한다.

이와 같이 복잡한 요인을 포함 한 손익계산서는 〈표 6-3-5〉와 같다.

〈표 6-3-5〉의 일부 항목은 국제기준에서 제시하는 항목은 아니지만 독자들의 이해를 돕기 위하여 변형하여 작성하였음을 참고하기 바란다.

〈표 6-3-5〉를 보면 비용내역을 항목별로 나타내고 있으나 비용항목의 분류 방법은 일정하지 않다.

〈표 6-3-4〉 상품재고액

항 목	금액 (천원)
기초상품 재고액	20,000
당기상품 매입액	50,000
판매 가능상품	70,000
기말상품 재고액	10,000
매출원가	60,000

* 판매 가능상품액은 표시되지 않는 경우가 많음.
* 당기상품 매입액 = 총매입액 - 매입환출, 에누리 할인 + 매입운임과 부대비용
* 매출원가 = 기초상품 재고액 + 당기상품 매입액 - 기말상품 재고액

〈표 6-3-5〉 손익계산서

항 목	금액 (천원)	
총매출액	105,000	
매출환입 등	5,000	
순매출액		100,000
기초상품 재고액	20,000	
당기상품 매입액	50,000	
판매가능상품	70,000	
기말상품 재고액	10,000	
매출원가		60,000
매출총이익		40,000
판매비와 관리비		30,000
영업이익		10,000
영업외 수익		1,000
영업외 비용		****
법인세비용 차감전 순이익		****
법인세비용		****
당기순이익		11,000

* 영업외비용과 법인세비용이 없는 경우 생략 가능함.
* 국제기준에서는 판매비와 관리비, 영업외 수익과 영업외 비용을 별도항목으로 표시하지 않고 기타수익과 기타비용, 금융수익과 금융비용 등으로 표시할 수 있음.

1-2. 기업의 비용 분석 방법

1-2-1. 규모의 경제를 기준으로 하는 분석방법

일반적으로 많이 사용되는 비용 분석은 규모의 대소에 따라서 비용이 어떻게 변하는가를 설명하는 것을 목적으로 하고 있다. 이것을 명확히 설명하기 위해서는 비용을 변동비(variable costs)와 고정비(fixed costs)로 구분할 필요가 있다. 변동비는 직접비(direct costs)라고도 하며 규모가 증대하면 할수록 총비용액이 증대한다.

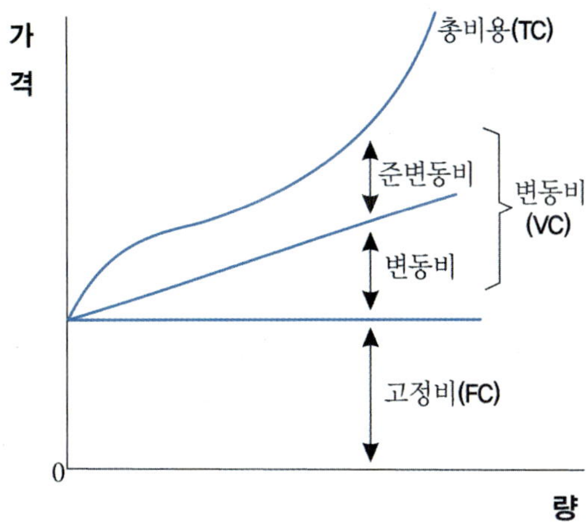

〈그림 6-3-1〉 규모에 따른 각종 비용의 변화

직접 원료비와 직접 노무비는 변동비의 대표적인 예이다. 고정비는 간접비(indrect costs)라 하며 규모가 증대할지라도 그 총비용액은 변하지 않으며 토지, 건물 등 제 설비에 소요되는 비용이 이 항목에 포함된다. 변동비에도 규모의 변화에 정비례하여 증가 하는 비용(비례적 변동비)과 그렇지 않은 비용(비례하지 않는 변동비)이 있다. 후자는 준변동비라 한다.

〈그림 6-3-1〉은 규모의 대소와 여러 가지 비용과 총액과의 관계를 그림으로 나타내고 있다.

규모의 경제를 기준으로 하는 분석방법을 이용할 때는 다음과 같은 점을 유의하여야 한다.

첫째, 변동비와 고정비란 어떤 특정기간(예를 들면 1회계기간)에만 말할 수 있다. 기간을 길게 하면 할수록 변동비에 포함되는 비용이 많아진다. 예를 들면 설비비도 갱신을 필요로 하는 기간이 도래하면 변동비에 산입된다.

둘째, 총 비용금액을 제품 단위당 평균비용으로 환산하면 규모가 커질수록 고정비용은 축소하고 변동비는 일반적으로 불변(비례적 변동비의 경우)이나 또는 초기에는 축소하나 특정 규모를 초과하면 증대(불 비례적 변동비의 경우)한다. 〈그림 6-3-2〉는 규모의 대소와 평균비용(AC)의 관계를 나타내고 있고 있을 뿐만 아니라 규모의 대소와 총비용과의 관계에 대해서도 동시에 나타내고 있다. 즉 원점을

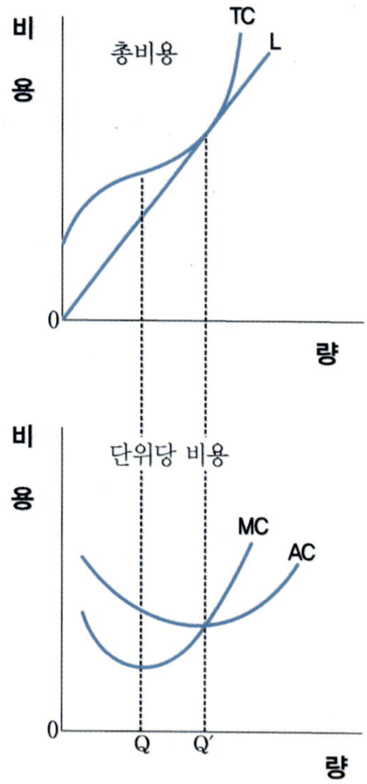

〈그림 6-3-2〉 총 비용과 평균비용 및 한계 비용과의 관계

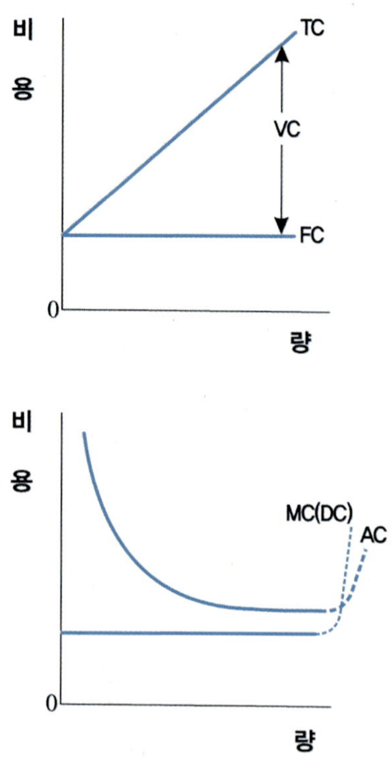

〈그림 6-3-3〉 총 비용과 평균비용 및 한계 비용과의 관계

통과하는 직선 OL이 총비용곡선 TC와 접하는 규모는 평균비용 곡선이 최저가가 되는 규모 Q'에서 일치 한다.

셋째, 한계비용(marginal costs)은 비용 분석에서 대단히 중요한 개념이다. 한계비용이란 생산과정에서 추가로 1단위를 생산할 경우에 필요로 하는 비용으로서 총비용의 추가분을 말한다.

따라서 고정비와는 관계가 없고 변동비만 관계가 있다. 한계비용의 크기는 총비용곡선과 관련하여 접선의 기울기 크기로서 나타낸다. 〈그림 6-3-2〉에서 생산량이 증가함에 따라서 한계비용의 움직임이 나타나 있으며, 초기에는 평균비용보다 급속이 저하하고 일정규모를 초과하면 한계비용은 상승으로 전환되며 이어서 평균비용이 최저가 되는 점에서 평균비용곡선과 교차하고 후기에는 평균비용곡선보다 급속히 상승한다.

〈그림 6-3-3〉에서 설명하고 있는 비용곡선도 자주 이용된다. 〈그림 6-3-3〉에서 나타내고 있는 비용곡선의 특징은 변동비가 비례적이고, 총비용곡선이 오른쪽 위쪽으로 향한 직선이다. 그럼으로 한계비용곡선이 횡축에 수평인 직선이며, 평균비용곡선이 종축과 한계비용(직접비용)곡선과의 사이에 쌍곡선으로 나타난다. 규모를 극단적으로 증대하면 원료의 특별 조달비 및 노동의 시간외 수당이 급증함으로 변동비가 급증한다. 그러나 통상적으로는 규모를 극단적으로 증대시키기 전에 규모를 어떤 수준으로 할 것인가에 대하여 충분히 논의하는 것이 보통이다.

손익분기점(the break-even point)은 일정조건하에서 손실이나 이익이 발생하지 않는 매출액의 한 점을 말한다. 〈그림 6-3-4〉에 나타나고 있는 BEP가 그것이다.

BEP는 수량이 아니고 금액으로 표시하고 있다는 점을 주의하여야 한다. 매출액이 BEP보다 적은 기간에는 총비용을 회수할 수 없기 때문에 손실이 발생하고, 매출액이 BEP보다 많아지기 시작하는 기간이 되어야 비로소 처음으로 이익이 발생한다. 이와 같은 방법을 이용하면 일정 이익을 발생시키는데 필요한 매출액을 명시할 수가 있다.

BEP를 구하는 산식은 다음과 같다.

$$TR = PQ \cdots\cdots (1)$$

$$TC = FC + VC = FC + VQ \cdots\cdots (2)$$

(단, P=제품 단가, Q=생산량, V=단가당 변동비)

손익분기점에서는 $TR = TC$

$$PQ = FC + VQ$$

$$Q = \frac{FC}{P - V}$$

$$BEP = P\frac{FC}{(P - V)} \cdots\cdots (3)$$

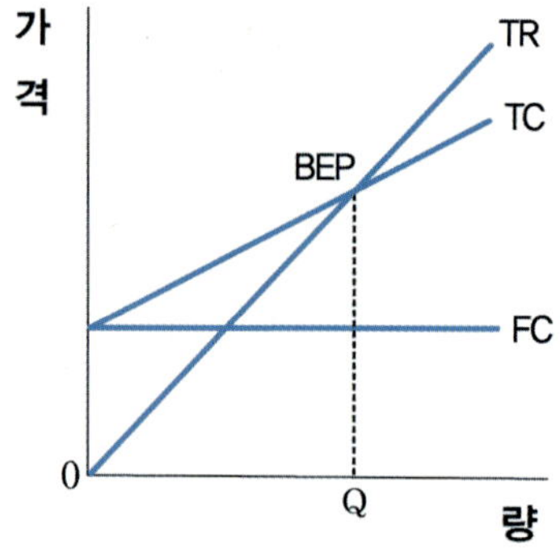

〈그림 6-3-4〉 손익분기점

1-2-2. 비용형성요인을 기준으로 한 비용 분석 방법

매출액을 비용형성 요인을 기준으로 하여 분석하면 매출원가, 영업비 및 이익으로 나눌 수 있다. 영업비는 유통비로 보아도 좋다. 유통비는 물적 유통비와 거래(상적)유통비로 나 눌 수 있다. 전자는 상품 취급에 수반하여 발생하는 비용으로서 포장비, 부분가공비, 수송비, 보관비가 포함된다. 후자는 매매거래상의 비용으로서 시장조사비, 제품 계획비, 판매 촉진비 등이 포함된다.

실제로 물적 유통비 총액을 확정하는 것은 쉽지 않다. 일반적으로 보관비는 물적 유통비이지만, 언제까지 보관하여 판매할 것인가를 결정하기위하여 수행하는 시장조사비용은 상적 유통비이다. 또한 배송담당자의 급료는 물적 유통비이지만 배송과 동시에 매입과 매출 주문을 받는 것이 통상적으로 발생한다면 상적유통비로 할당하여야 할 부분도 있다. 따라서 물적 유통비와 상적유통비를 구분함에 있어서 어느 정도 자의적인 판단이 개입하는 것을 피할 수 없다.

물적 유통비에 대한 절약 방안, 예를 들면 보관비용을 절약한다고 하면 일정량을 일정기간 보관하는데 소요하는 비용을 어떻게 절약 할 것인가 하는 것이 주요 문제이다.

이에 대하여 상적유통비는 대부분의 경우에 성과의 확정이 어렵다. 광고 선전비를 투입하여 매출고를 증대시켰다고 할 때, 매출 증대의 어느 부분까지가 광고 선전비에 기인하는 것인가 또는 여러 가지 이용한 광고 매체 중에서 어떠한 광고 매체 효과에 의한 것인가를 양적으로 확정하기는 쉽지 않다. 따라서 광고 선전비를 절약하고자 할 경우에 어떤 매체비용을 줄여야 할지 계획 세우기가 어렵다. 따라서 상적유통비에 대한 대책으로서는 절약계획을 세우기보다는 성과를 어떻게 측정하느냐 하는데 중점을 두는 경향이 강하다. 매출액 증가가 광고 선전비를 상회하는 한 광고 선전비를 증대시키는 대책도 이와 같은 이유에 기인한다.

2. 산업중심의 유통 마진 분석

산업중심(수준)의 유통 비용이란 농수산물이 농어민의 손을 떠나서 최종소비자에게 인도되는 기간 동안에 발생하는 전체의 비용이다. 개별기업의 유통 비용에서는 기업이윤을 포함하지 않지만 산업수준의 유통 비용에서는 기업 혹은 생산자 이윤이 포함되어 있으며 산업수준의 유통 마진은 소비자 구입가격과 생산자 수취가격의 차액으로서 산출한다.

산업수준의 유통 비용을 사회적 유통 비용이라고도 부른다. 산업수준의 유통 비용은 단순히 중간 과정에서 발생하는 총 비용만이 아니고, 유통단계별로 비용을 분석 할 필요가 있다.

2-1. 유통단계별 유통 비용

유통단계별 유통 비용은 제7장 제5절 〈표 7-5-2〉에서 수산물을 예로 들어 설명하고 있으므로 이를 참고하기 바란다.

소고기의 유통 비용은 유통단계에 따라서 생체, 지체, 정육으로 상품형태가 변하기 때문에 유통 단계마다 상품특성을 고려하여 비용을 조사하여야 한다. 특히 소매점에서는 정육 1마리에서 차지하는 등급별 구성비율과 단가가 서로 다르고 부산물이 발생하기 때문에 보통추적 조사를 통하여 비용을 측정한다. 청과물 및 음료용 우유 등의 유통 비용도 아주 높은 것으로 알려져 있다.

일반적으로 유통 마진율이 높은 품목이 반드시 유통효율이 낮다는 의미는 아니다. 생산물이 장기간 저장된다던지, 또는 원격지에서 출하되면 그만큼 유통 비용은 많아진다. 또한 저장, 수송 등의 서비스 양에 따라서도 유통 비용은 변화된다.

2-2. 유통 비용의 장기적 추세

유통 비용 비율은 장기적으로 어떻게 변화하는가?

우선 연차별 변동을 보면 소매가격이 높을 때에 유통 마진율은 낮고 소매가격이 낮을 때는 유통 마진율이 높다. 일반적으로 소매가격이 생산자 가격보다 안정적이다. 그것은 수요의 가격 탄력성이 소매 단계쪽이 높다는 사실에 기인하고 있다.

이어서 장기적인 면에서 추세를 볼 때 농수산식품의 유통비율은 어떻게 변화하는가?

유통과정을 통하여 설명하면 다음과 같은 두 가지 요인을 고려하여야 한다.

첫째, 유통효율이 상승함에 따라서 유통 마진율을 인하하는 힘이 작용하고 있다.

둘째, 공급의 주년화, 광역화, 편의 상품화, 외식화의 발달에 따라서 유통, 가공 서비스 수요가 많아지기 때문에 유통비의 비율을 인상시키는 힘이 작용하고 있다.

2-3. 유통비의 증대가 생산자 가격과 소매가격에 주는 영향

유통 비용이 증가하면 소매가격이 인상되고 소비자 부담이 커지는 것일까, 아니면 생산자 가격이 인하되어서 생산자의 부담이 증가되는 것일까. 이에 대해서는 두 가지 경우를 구분하여 설명하여야 한다.

첫째는 새로운 서비스가 부가된 경우이고,

둘째는 서비스는 종래와 같으나 유통 비용을 구성하는 비용항목 단가(서비스 단가)가 인상 된 경우이다.(예를 들면 유통 비용 중에서 수송요금이 인상되었을 때)

먼저, 새로운 서비스가 부가되는 경우에 소비자가 새로운 서비스를 수용하게 되면, 소매가격의 상승형태로서 소비자 부담이 추가 될 뿐이고 생산자 가격은 변하지 않는다. 단지 새로운 서비스 발생으로 인하여 촉진되는 소비자의 수요증가가 새로운 서비스 비용을 상회하면, 생산자 단계의 파생수요에 영향을 주게 될 것이다.

이어서 서비스 단가(유통 비용 항목단가)인상은 소매가격과 생산자 가격 양쪽 모두에게 영향을 준다. 〈그림 6-3-5〉에서 보는 바와 같이 Dr은 수요단계의 수요곡선, Dp는 생산자 단계의 파생된 수요곡선이다. 양곡선은 유통 마진의 크기만큼 벌

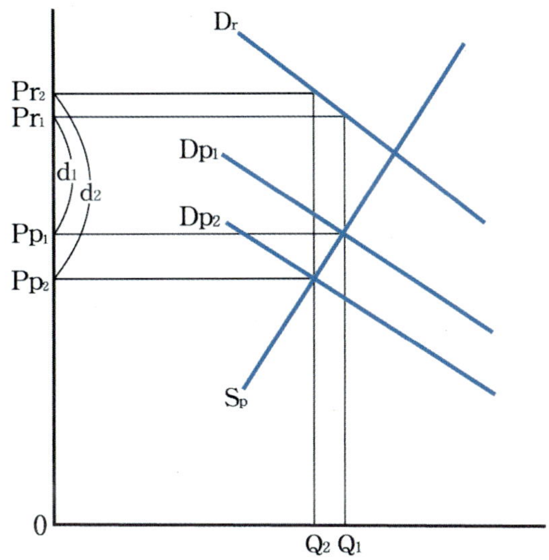

〈그림 6-3-5〉 유통 마진 증대가 소매가격과 생산에 주는 영향

어져 있고 Pr, Pp는 각각 소매가격과 생산자 가격이다. Sp를 생산자 단계의 공급곡선이라 한다.

유통 마진이 d_1에서 d_2로 증대하면 생산자 단계의 파생수요곡선은 Dp_1에서 Dp_2로 아랫방향으로 이동한다. 그 결과 공급량은 Q_1에서 Q_2로 감소하고 소비자 가격은 Pr_1에서 Pr_2로 상승하고 생산자 가격은 Pp_1에서 Pp_2로 저하한다.

서비스 단가의 상승분은 소비자 가격과 생산자 가격에 영향을 주지만 각각 어떤 수준으로 부담하는가는 수요와 공급에 대한 가격 탄력성의 상대적인 크기에 따라 달라진다. 그림에서는 공급의 가격 탄력성이 수요의 가격 탄력성에 비하여 낮기 때문에 생산자 가격의 값 인하 폭이 소매가격의 값 인상 폭보다 크다. 가령 공급의 가격 탄력성이 0(공급곡선이 수직)인 경우는 유통 비용 증대분의 전부를 생산자 가격의 인하 형태로 나타나기 때문에 유통 비용 전부가 생산자 부담이 된다.

2-4. 고율 소매마진에 관한 두 가지 설

유통단계별로 발생하는 생선(농수축산물 및 화훼) 마진은 제7장 제5절 〈표 7-5-2〉에서 소매단계가 다른 단계에 비하여 훨씬 크다는 사실을 설명하고 있으므로 이를 참고하시기 바랍니다. 생선식료품의 소매단계 마진율은 품목에 따라서 상당한 차이가 있으나 보통 3~5할에 해당하는 높은 비율로써 다른 단계보다 높다.

그럼 생선식료품 소매마진은 왜 고율일까? 소매마진이 고율로 형성되는 요인은 두 가지이다.

첫째, 소매단계에 상품의 손상이 많고 선도저하에 따른 비용이 많이 소요되기 때문에 고율마진이 발생한다.

소매점에서 수산물의 선어 판매 경우를 보자. 수산물은 하루에도 몇 번씩 가격표가 달라지는데 소매점의 폐점시간이 가까워지면 아주 낮은 가격으로라도 판매하고자 한다. 만일 낮은 가격으로라도 판매하지 않으면 시간이 경과함에 따라서 선도가 더욱 저하되어 최종적으로는 폐기물로 전락할 것이다.

소매단계에서 선도 저하에 따른 저가 판매 전략을 세우는 대신에 선도를 잘 유지하면서 정상가격으로 판매하고자 하면 선도 유지에 따른 비용이 많이 소요됨으로, 선도 유지에 따른 비용부담 만큼 판매가격을 인상하지 않을 수 없다. 이와 같이 소매단계에서는 취급상 발생하는 상품 품질을 손상시킨 정도나 선도 저하수준에 따라서 하루에도 몇 번씩 가격을 인하시키는 소매가격 전략을 세우지 않으면 소매점을 경영하기 힘들다. 그럼으로 소매상들은 농수산물의 상품 손상과 선도저하에 따른 비용보전 또는 선도저하에 따른 가격하락 리스크에 대비해서 정상상품 판매 시에 이를 보전하여야 함으로 고율마진이 발생하게 된다.

둘째, 소매상의 소규모 영세 경영 때문에 고율의 마진이 발생한다.

대부분의 농수산물 소매점들은 소규모 경영과 가족 노동력에 의존하고 있다. 소매점은 최소한 소매점 경영으로 가족 생계비를 충족시켜야하고 임대료를 충당하여야 한다. 가족생계비와 임대료는 고정비적 성격임으로 판매량이 적으면 적을수록 농수산물 단위당 생활비 및 임대료 부담분이 커지게 되므로 소매마진을 높이지 않을 수 없다.

농수산물의 직거래

제7장 | 농수산물의 직거래

제1절 직거래의 의의와 특징

1. 직거래의 의의

농수산물 유통에서 흔히 사용되는 직거래(直去來)라는 용어는 미국을 중심으로 발달한 다이렉트 마케팅(direct marketing)이나 직접판매(direct selling)와 유사한 의미로 한국과 일본을 중심으로 오래전부터 사용되고 있다.

직거래라는 단어는 직접거래(直接去來)를 줄인 용어이다. 다른 말로서는 산직거래(産直去來), 산직(産直), 장외거래(場外去來), 시장외 유통(市場外 流通) 등과 같이 직거래는 다양한 표현으로 사용되고 있다. 그러나 이러한 여러 가지 용어는 각각 독특한 의미를 내포하면서 사용하는 사람에 따라서 뉘앙스를 달리하고 있다. 예를 들어보면 생산자의 관점에서 사용하는 직거래란 산지에서 구매자에게 직접 판매하는 거래를 말하거나 또는 소비지에서 소비자에게 직접 판매하는 소비지 직거래(消費地 直去來)를 말한다. 이와는 달리 소비자의 관점에서 말하는 직거래란 생산지에서 생산자에게 직접 구매하는 거래를 말하는 경우가 대부분이다. 이 경우의 직거래를 산지 직거래(産地 直去來)라 한다. 산지 직거래는 이를 줄여서 산직거래(産直去來)라 하고, 산직거래는 다시 이를 줄여서 산직(産直)이라고 하는 등 다양한 용어를 사용하고 있다.

직거래와 대립되는 용어는 간접거래(間接去來)이다. 농수산물 유통에서 대표적인 간접거래는 농수산물 도매시장(경매시장)에서 성립하는 거래이다. 도매시장(경매시장)에서는 상품의 주인인 생산자가 직접거래에 참여하지 않고, 상품거래에 관한 일체의 권한을 농수산물 도매시장(경매시장)에 무조건 위탁하여 실행되는 위탁거래이기 때문에 실질적인 상품거래는 도매시장의 경매사와 중도매인 사이에서 성립한다. 그럼으로 생산자의 입장에서 보는 도매시장의 경매사와 중도매인간의 거래는 경매사가 자신을 대신한 간접거래일 뿐이다. 생산자는 도매시장에서 경매사와 중도매인이 결정한 가격을 수취한다.

도매시장을 경유하지 않고 도매시장 외부에서 성립되는 거래를 장외거래(場外去來), 혹은 시장외거래(市場外去來)라고 하는데 장외거래 전부를 직거래와 동일한 의미로 사용하기도 한다.

이상과 같이 농수산물의 유통에서 직거래라는 용어는 다양하게 사용되기 때문에 농수산물 직거래에 대한 정의도 다양하게 표현할 수 있지만 일반적으로 다음과 같이 정의한다.

농수산물 직거래란, '농수산물 유통과정에서 중간단계를 단축시키고 유통 비용을 절약함으로서 거래당사자의 상호이익을 추구함을 목적으로 하며 거래 당사자가 생산자와 소비자가 되거나 혹은 거래당사자의 일방이 생산자나 소비자가 되어야 하는 거래'를 말한다.

위에서 규명한 직거래의 정의를 해석해 보면 직거래란 다음과 같은 두 가지 조건이 구비되어야 직거래가 성립한다.

첫째, 유통단계에서 중간단계가 한 단계 이상 생략되어야 한다. 유통과정에 산지와 소비지 두 도매시장을 경유하는 '전통적인 유통 8단계' 대신에 생산자와 소비자가 직접 거래하면 여러 단계의 중간단계가 생략된다.

둘째, 거래의 당사자 중에 생산자와 소비자가 포함되어야 한다. 일부에서는 생산자와 소비자를 두고 직접 농수산물을 생산하고 소비하는 농어부와 최종 소비자간에 성립하는 거래만을 직거래라 하지만 다른 한편에서는 생산자나 소비자중의 일방이 상업자본가(중간상인)나 다른 기관(정부 등)과 교환하는 거래도 직거래라 하고 있다.

직거래의 정의와 직거래 성립의 두 가지 구비조건을 종합해보면 직거래의 당사자가 모두 생산자와 소비자인 거래만을 직거래라고 하는 정의를 좁은 의미(협의)의 직거래라 하고 거래당사자 중에서 일방이 생산자나 소비자이고 일방이 상업자본가나 다른 기관인 경우의 직거래를 넓은 의미(광의)의 직거래라 한다.

이상에서 살펴본 바와 같이 농수산물 유통과정에서 도매시장을 경유하는 거래는 매매당사자 중에서 생산자나 소비자가 포함되지 않았으므로 직거래라 할 수 없을 뿐만 아니라 중간상인과 중간상인간에 성립하는 거래도 직거래라고 볼 수 없다. 중간상인과 중간상인간의 거래를 상법이나 민법을 중심으로 법리적으로 해석할 경우에는 거래성립에 제삼자의 개입이 없었음으로 직거래라 할 수 있으나 농수산물 유통에서는 중간상인간에 제삼자의 개입 없이 거래가 성립하여도 직거래라 하지 않는다.

한편 직거래를 정의함에 있어서 직거래의 당사자가 되는 생산자와 소비자, 중간상인의 범위가 애매한 경우가 많다. 생산자라 하면 생산자 개인만을 의미하는 것인가 또는 생산자 단체를 포함하는가 하는 문제가 야기된다. 소비자와 중간상인의 경우도 그 범위 설정이 애매한 경우가 많다. 여기서는 광의의 직거래와 협의의 직거래로 구분하여 직거래 당사자가 되는 생산자와 소비자, 중간상인의 범위를 설명하고자 한다.

– 광의의 직거래에 포함되는 거래는 당사자 중에서 일방이 생산자 또는 소비자인 경우의 거래를 말한다. 이때 거래 당사자가 되는 생산자, 소비자, 중간상인(상인자본가), 공익기관의 범위는 다음과 같다.

- **생산자**: 생산자 개인, 생산자 단체(협동 출하단체, 농어민 경영자 단체, 생산자 임의판매단체, 협동조합 공동판매조직 등)
- **소비자**: 소비자 개인, 소비자 단체(소비자 조합, 부녀회 등), 산업용을 포함한 대형 수요자(가공공장, 병원, 군부대, 대형식당, 기숙사, 구내식당, 횟집 등)
- **중간상인(상인 자본가)**: 생산지 중매인, 수집상, 중간 상인, 종합상사, 소매상, 대형 소매상, 슈퍼마켓, 집배센터, 유통센터 체인, 소비지 중매인, 중개상, 무역업자, 기타 상인 등
- **공익기관**: 정부가 출자한 유통기관

광의의 직거래 개념에서 제외되어야할 당사자는 소비지 법정 도매시장, 유사 도매시장, 소비지 협동조합 공판장 등이다. 이들은 가격을 결정함에 있어서 직접적으로 생산자와 소비자의 의사를 반영하지 못하고 생산자의 무조건 위탁에 의하여 거래하고 있다.

– 협의의 직거래에 포함되는 거래는 생산자와 소비자간의 거래를 말한다. 이때 거래 당사

자가 되는 생산자와 소비자의 범위는 다음과 같다.

협의의 직거래 당사자는 광의의 직거래 당사자인 생산자와 소비자와 동일하다. 즉, 생산자는 농어촌에서 직접 농어업에 종사하는 농어민과 협동 출하단체, 농어민 경영자 단체, 생산자 임의의 판매 단체, 협동조합을 통한 공동판매 조직 등을 말하며, 소비자는 최종소비자 개인을 비롯하여 소비자 단체 중에는 소비자 조합. 지역 또는 아파트의 부녀회, 산업용 생산을 위한 가공공장이나 대규모 소비자인 병원, 군부대, 대형식당, 기숙사, 구내식당과 횟집 등을 말한다.

그러나 중간상인이나 정부가 출자한 농수산물 비축용 수매기관과 같은 공익기관은 협의의 직거래 당사자에 포함되지 않는다.

2. 공판장과 직거래

조합원들의 상품을 공동으로 판매하기 위하여 생산자 단체인 협동조합에서 소유하고 있는 시설을 공동판매장이라 하고 이를 줄여서 공판장이라 한다. 협동조합에 따라서는 공판장을 집하장, 위판장(위탁판매장)이라 한다. 집하장이란 판매할 상품을 집하하는 장소란 의미이며, 위판장이란 출하자가 판매자에게 상품의 판매를 위탁시킨 장소라는 의미이다.

협동 조합원의 입장에서 보면 조합원들이 공동으로 판매하는 장소인 공판장은 조합원들이 판매를 위하여 상품을 집하하는 집하장과 동일한 곳이고, 또한 조합원이 상품 판매를 조합에 위탁시킨 장소인 위탁장과 동일한 곳이기 때문에 한곳의 동일한 장소를 두고 의미에 따라서 각각 공판장, 집하장, 위판장이라고 다른 명칭으로 부르고 있을 뿐이다.

그럼에도 불구하고, 보통 단위조합의 판매시설을 위판장이라 하고 협동조합 연합회나 협동조합 중앙회의 판매시설을 공판장이라고 말하는 경우가 많다.

여기서는 협동조합 조직이 단위조합 형태이거나 연합회 또는 중앙회 형태 여부와 관계없이 협동조합의 주인은 조합원이라는 전제하에 공판장과 위판장을 동일한 조합원의 공동판매시설로 간주하고 설명하기로 한다.

우리나라 협동조합 공판장에서 이용하는 거래의 방법은 일반 도매시장 법인에서 이용하는 거래의 방법과 동일하다. 즉, 출하자는 도매시장법인에 출하하는 것과 동일한 절차에 따라서 공판장에 무조건 위탁하고, 공판장은 도매시장법인과 동일한 경매의 방법으로 경매사가 판매한다. 그럼으로 협동조합 공판장에서 성립하는 거래도 도매시장법인에서 성립하는 거래처럼 간접거래라고 하여야 할 것인가 하는 의문을 가지게 된다.

공판장에서 성립하는 거래가 직거래인가 간접거래인가를 구분하는 기준은 두 가지이다. 그 하나는 출하자가 조합원인가 여부이고, 또 하나는 공판장에서 조합원의 공동판매 이익을 추구하기 위하여 출하상품 판매에 특별한 노력을 경주하였는가 여부이다. 이와 같은 문제에 대한 직거래와 간접거래의 구분은 다음과 같다.

첫째, 출하자가 조합원이면 공판장거래는 직거래이다.

협동조합은 조합원을 위한, 조합원에 의한, 조합원의 조합임으로 공판장 시설은 조합원들의 공동시설이다. 따라서 조합원들의 입장에서는 자신들의 시설에서, 자신들이 채용한 경매사들이 자신들을 위하여 자신들의 상품을 판매하였음으로 공판장 거래는 생산자 자신들을 위한, 생산자에 의한, 생산자의 직거래라고 보는 견해가 있다.

둘째, 출하자가 생산자가 아닌 비조합원이면 간접거래이다.

출하자가 생산자가 아닌 비조합원이면 출하자는 중간 상인이고, 공판장에서 구매하는 중도매인도 중간 상인임으로 공판장 거래는 중간 상인간의 거래로써 간접거래이다. 이 견해에 이의를 제기하는 경우는 거의 없다.

셋째, 출하자가 조합원이라도 공판장에서 공동판매를 위한 특별한 노력이 없으면 공판장거래는 간접거래이다.

공판장에서 공판장의 주인인 조합원의 수취가격 향상을 위한 특별한 노력이 없으면 공판장 판매나 도매시장법인 판매와 아무런 차이가 없다. 출하자가 조합원이라도 조합원이 공판장에 출하하는 절차가 도매시장법인에 출하하는 무조건 위탁절차와 동일하고, 공판장의 판매방법도 도매시장의 경매에 의한 판매방법과 동일함으로 공판장 거래도 도매시장법인의 거래처럼 간접거래이다.

이 경우에 있어서 협동조합 공판장은 생산자 단체의 판매시설이지만 출하자의 이익을 직접적으로 도모했다기 보다는 일반 농수산물 도매시장법인의 도매기능 독점을 견제하고 경쟁하는 기능을 수행하는데 불과하다고 할 수 있다.

이 견해와 첫째 견해는 서로 상반되는 견해이다.

넷째, 출하자가 조합원이고 공판장에서 공동판매를 위한 노력이 있으면 공판장거래는 직거래이다.

이 경우에는 공판장의 특별노력이 있었는가 유무가 직거래 성립여부의 판단기준이 된다. 조합원의 이익을 위한 특별한 노력이 발생한 시기는 조합원이 출하하기 전이나 출하한 후가 되어도 상관없다. 이 견해에 이의를 제기하는 경우도 거의 없다.

일본의 연안 어업조합에서는 조합원의 출하품에 대하여 경매를 통하여 개별적으로 판매하는 간접거래방법을 이용하지만, 특정 상품에 대해서는 전량 공동판매를 통하여 거래조건을 결정하는 직거래를 이용한다. 김을 판매하는 조합에서는 경매를 통한 직거래를 이용하고 있다. 서양의 협동조합에서는 경매의 판매방법을 이용함이 없이 조합원의 상품에 대한 특별한 판매노력을 투입하는 직거래 방법을 많이 이용하고 있다.

우리나라 농수산물 단위조합에서도 조합원의 생산물 판매를 위하여 직거래 방법을 이용하는 사례를 많이 발견할 수 있다.

3. 직거래의 특징

생산자와 소비자 간에 직접 거래하는 목적은 당사자간의 경제적인 이유를 비롯하여 인간적인 신뢰와 유대가 강조되는 사회적인 이유로 거래되는 특징이 있다. 이와 같은 특징을 구체적으로 살펴보면 다음과 같다.

첫째, 상품의 질이 양호하다. 농수산물의 생산 장소인 농어촌에서 직접 소비지나 소비자에게 수송, 배달되어 신선도가 높다.

둘째, 거래가격이 저렴하다. 중간 유통단계를 생략함으로 유통 비용을 절약할 수 있어서 거래 가격이 저렴하다.

셋째, 인간성이 존중된다. 거래당사자 상호간에 인간적인 교류를 나눌 수 있고, 거래 당사자가 가격 결정에 자신의 의사를 반영할 수 있다.

넷째, 비규격품 거래가 용이하고 비포장 거래를 선호한다. 시장에서는 규격에 맞지 않거나 포장하지 않으면 거래가 어렵지만, 직거래는 규격외 상품도 염가로 거래할 수 있고 포장을 하지 않으면 원가 절감요소가 되므로 비규격품과 비포장거래를 선호한다. 비포장거래는 자원절약과 환경보호에 기여한다.

다섯째, 안전성을 중요시한다. 직거래는 생산자나 소비자 간의 인간적인 신뢰를 전제로 하기 때문에 품질 향상과 안전성을 중시한다.

여섯째, 상품에 대한 애정과 자연 애호 사상이 고취된다. 소비자가 생산지를 방문하여 생산과정에 참여함으로써 생산에 대한 애정과 자연애호 사상이 고취된다.

이상과 같은 특징과 같이 직거래는 단순히 유통 경제의 효율성만을 추구하는 것이 아니라 생산자, 소비자의 결합을 배경으로 하고 있기 때문에 인간으로서 서로 신뢰하고 사회생활에 기여한다는 성취감과 만족감을 느낄 수 있다.

제2절 직거래의 원칙과 기능

1. 직거래의 원칙

직거래의 이론이 직거래를 수행함에 있어서 기본으로 삼아야 하는 지침이라면 직거래의 원칙은 직거래를 실제적으로 실행함에 있어서 필요한 규범인 것이다. 직거래 원칙은 시대와 지역에 따라서 변화하며 어떤 원칙은 경우에 따라서 중요성을 상실하기도 한다. 직거래의 원칙은 다음과 같다.

1) 상호의존, 상호부조 원칙

생산자와 소비자간 제휴의 본질은 물건의 매매관계만이 아니라 사람과 사람의 우호적 결합관계이다. 즉 양자는 대등한 입장에서 서로 상대를 이해하고 돕는 관계다. 이는 생산자와 소비자가 상호 올바른 생활관에 바탕을 두지 않으면 안 된다.

2) 계획적 생산 원칙

생산자는 소비자와 상담하여 소비자가 희망하는 양만 생산하는 계획을 세운다. 즉 수급균형을 계획해야 한다. 그러나 농수산물은 자연의존성이 높아서 계획생산이 어려운 품종이 많다.

3) 생산물 전량 거래 원칙

일정기간 일정한 면적에서 생산된 농수산물을 전량 매입하기로 계약된 직거래는 과잉생산이 발생하여도 전량 매입하여야 한다.

4) 생산비 절약의 원칙

소비자의 부담이 줄어들 수 있도록 생산자는 불필요한 노력과 경비를 절약하여야 한다.

5) 상호 교류 강화 원칙

생산자와 소비자가 제휴를 계속 발전시켜 나가는 데는 상호 이해를 돈독히 하고 우정을 두텁게 하는 것이 중요하다. 그러기 위해서는 쌍방의 멤버가 각자 서로 접촉하는 기회를 많이 갖도록 노력해야 한다.

6) 자기 배급 원칙

운반에 있어서는 제3자에 의뢰함이 없이 생산자 그룹 또는 소비자 그룹의 수송수단에 의해 생산거점에서 소비거점까지 운반하는 것이 바람직하다.

7) 조직의 민주적 운영 원칙

생산자와 소비자 모두 그룹 내에서 다수가 소수의 리더에 지나치게 의존하는 것은 경계하고 가능한 한 구성원이 책임을 분담하여 민주적으로 운영하도록 힘써야 한다.

8) 그룹 내 학습강화 원칙

생산자 및 소비자 그룹은 그룹 내 학습활동을 중시하여 직거래를 통하여 단순히 가격이 저렴하고 안전한 식량을 제공, 획득하는데 그치지 않고 직거래의 경제적, 사회적 효율을 높일수 있도록 직거래에 관한 학습을 강화하여야 한다.

9) 그룹의 적정규모 견지 원칙

직거래 그룹은 사람 수가 많거나 지역이 넓으면 이상적인 직거래 원칙을 실행하기가 곤란하므로 그룹의 규모는 일정하게 유지하면서 그룹 수를 늘려 서로 연대, 제휴하는 것이 바람직하다.

10) 점진적 발전 원칙

생산자 및 소비자 양측이 처음부터 이상적인 직거래 원칙을 실행하는 조건으로 발전하는 것은 쉽지 않음으로 초기단계에서는 불충분한 상태이기는 하나 장래성 있는 상대를 골라 직거래를 성립시킨 후 상대와 함께 점진적으로 발전하도록 꾸준히 노력하는 것이 필요하다.

11) 근거리에서 원거리의 원칙

직거래의 범위는 근거리에서 시작하여 원거리로 확대하여야 한다. 직거래를 성공시키기 위해서는 생산지의 생산품종, 수량 및 생산자의 신용 등과 같은 정보를 충분히 입수하여야 하고 생산자와 의사소통이 원활하여야 하므로 초기단계의 직거래 범위는 가까운 지역에서부터 시작하여 직거래에 대한 경험과 지식을 축적하면서 점차적으로 직거래의 지역적 거리를 원거리로 확대해야 한다.

12) 협역에서 광역으로의 원칙

직거래의 당사자인 생산자 또는 소비자 구성원의 범위는 협역에서 광역으로 확대하여야 한다. 직거래 당사자인 생산자나 소비자의 조직 구성원이 거주하는 지역 범위는 좁은 지역에서 소규모로 시작한 후에 직거래 사업의 성공에 따라서 점차적으로 구성원의 범위를 넓혀나가야 한다.

2. 직거래의 기능

직거래의 기능은 직거래의 원칙을 실행함에 있어서 분류되는 업무영영의 구분이다. 직거래를 실행하면 중간상인들이 수행하던 유통 기능을 직거래 당사자들이 수행하여야 한다.

유통 경로에서 소유권 이전기능, 물적 유통 기능, 유통조성과 같은 기능의 흐름은 경로 구성원 사이에 존재하고 있다. 물적 소유권, 판매촉진 기능과 같은 흐름은 생산자로부터 소비자에게 이동되는 전방 흐름(forward flow)이며 주문, 지불 기능과 같은 흐름은 소비자로부터 생산자에게 이동되는 후방 흐름(backward flow)이고 다른 기능의 흐름(정보, 금융, 위험부담 등 조성 기능)들은 생산자와 소비자 쌍방간에 이동하는 쌍방향 흐름(twoway-flow)이다.

그러나 유통 경로 구조가 도매시장을 생략한 직거래 형태로 변모될 경우에 기능의 흐름이나 내용도 동시에 변모되어야 할 것인가? 이와 같은 의문에 루이스(Louis) 등(1989)은 경로변화에 따른 원칙을 제시하고 있다. 즉 생산자가 직접적으로 고객이나 거래점에 판매하고자 하면 유통업자가 수행하는 모든 기능을 생산자가 수행하거나 거래점과 고객이 그 역할을 담당해야 한다. 루이스는 직거래가 성립할 경우에 유통 경로 구조상에서 필요한 세 가지 원칙을 다음과 같이 제시하고 있다.[45]

첫째, 경로과정에 존재하는 중간기구가 배제되거나 대체되어야 한다.

둘째, 그러나 중간 기구가 수행하는 기능이 없어지는 것은 아니다.

셋째, 중간기구가 배제되면 그들이 수행했던 기능 발휘가 경로상 전·후방향으로 전환되어야 한다. 그러므로 그 기능은 다른 구성원에 의해 수행되어야 한다.

중간상을 배제한 유통 경로가 성공을 하기 위해 제일 중요한 요소는 바로 중간기구가 담당한 유통 기능을 직거래의 당사자가 그들을 대신하여 원활히 수행하여야 한다는 사실이다. 만일 중간상이 개입하므로 써 발생한 유통효율의 증대를 직거래의 당사자가 원활하게 수행하지 못한다면 직거래의 결과는 실패하게 될 것이다.

농수산물 유통에 있어서 중간기구가 수행하는 기능은 (1) 산지개발기능 (2) 정보전달기능 (3) 집하기능 (4) 선별기능 (5) 평가기능 (6) 분하기능 (7) 금융기능 (8) 기타 보관, 가공기능 등으로 나눌 수 있다.

위에 든 8가지 기능은 유통을 담당하고 있는 각 유통기관이 분담하고 있는 기능으로서, 중간상을 배제하려고 하면 각 유통기관이 분담하고 있는 각 기능을 직거래의 담당자가 이들 기능을 수행하거나 이와 같은 기능을 대체시킬 수 있는 방안을 창출하여야 할 것이다.

---

45 Louis W. Stern, Adel I. El-Ansry, and James R. Brown, Management in Marketing Channels, Prentice-Hall, 1989, pp.12-14.

여기서는 도시 소비자 측이 중심이 되어 수행해야 할 산직기능을 열거하면 다음과 같다.

① 개발기능: 산직에 응할 산지, 생산자, 협력업자를 찾아내어 거래를 성립시킬 수 있도록 하는 기능
② 정보기능: 필요한 상품품목, 수량, 품질을 필요한 시기에 맞출 수 있도록 하는 기능
③ 집하기능: 기일에 맞게 농수산물을 일정량 수집하여 소비지까지 수송하여 올 수 있도록 하는 기능
④ 분하기능: 소비지까지 수송해 온 상품을 신속하고 확실하게 검토하고 소비자에게 배분하는 기능
⑤ 선별기능: 수집된 농수산물이 어떤 정도의 품질, 규격, 등급의 것인가, 선도 및 외관은 어떤 것인가를 판정하는 선별 및 판정기능
⑥ 평가기능: 선별 및 판정에 기초하여 상품의 가격을 결정할 수 있는 기능
⑦ 금융기능: 약속기일까지 대금을 회수하고 지불할 수 있는 자금신용기능
⑧ 조직기능: 산직으로 결집된 업자와 소비자를 조직하고 활동을 확대하면서 경영을 유지할 수 있는 조직기능

생산자측이 중심이 된 직거래의 기능도 소비자 측의 기능과 큰 차이는 없다. 단지 유통의 양 극점에 위치하고 있기 때문에 유통상의 여러 기능의 분담도 상대적 관점에서 파악해야 할 뿐이다. 예를 들어 소비자 측에서 본 생산지, 생산자, 협력업자를 개발하는 기능은 생산자 측에서 본 소비지, 소비자, 협력업자를 개발하는 기능으로서 개발 기능 자체는 동일하며 내용 면에서만 구분될 뿐 이다. 다른 기능도 이와 같이 기능 그 자체에 차이가 있는 것은 아니다. 또한 유통기관의 각 주체 간에도 그 기능의 분담 형태와 비중에 차이가 있을지언정 기능 그 자체는 동일하다.

위에서 설명한 기능을 효율적으로 수행하기 위해서는 그런 기능을 담당할 능력과 기술이 요구된다. 즉 직거래의 주체가 유통 기능을 수행할 자본, 시설, 인력을 투입해야만 하는 것이다. 새로운 직접경로를 개척할 때는 자본과 노동력을 효율적으로 이용하였는가 여부에 따라서 직접경로의 성공여부가 결정된다. 가령 산지개발, 집하, 선별, 평가, 분하, 대금결재 등의 기능들이 능률적으로 이행되지 못하여 업무가 지체된다든가 설비의 이용도가 저하하면 산직에 요망되는 유통효율은 간접

경로인 도매시장 경유의 유통효율보다 낮아지고 말아서 생선식료품은 부패되거나 변질되기 시작할 것이고, 비숙련된 인원이 유통을 담당하게 되면 생선식료품은 신선도가 떨어지고 감손율이 증대될 것이다.

직거래는 산지에서 도매시장을 경유하는 거래보다도 좋은 선도, 저렴한 가격으로 생선식료품을 입수하는 것이 직거래의 효율성을 결정하는 중요 변수가 되므로 산지에서 확보한 호선도(好鮮度), 저가격의 유리점을 효율적으로 소비자에게까지 전달하는 것이 필요하다. 그러나 기능의 효율적 수행을 위해서는 소비자, 생산자 개인의 능력과 기술로는 한계가 있고, 규모의 경제 효과를 실현하기가 힘들기 때문에 공동으로 대응하여야 하는 경우도 있다.

제3절 직거래의 이론

농수산물의 직거래를 지속적이고 효율적으로 수행하기 위해서는 직거래가 성립하는 이론적 배경을 이해하여야 한다.

직거래에 대한 이론은 유통 경로를 단축함으로서 얻을 수 있는 효과를 중심으로 이론을 체계화 한 '유통 경로 단축론', 유통 경로간의 경쟁에 의하여 유통효율을 높이는 방안을 체계화한 '대항력 이론', 상품의 거래행위를 비경제적인 관계로 파악하는 '증여론' 등으로 구분할 수 있다.

1. 유통 경로 단축론

유통 경로 단축론은 일본의 임주이(林周二) 교수의 유통혁명론(流通革命論)에 의해서 제기되었다. 그 골자는 간단히 말해 중간을 뺀다는 내용이다.

일본 유통 경로는 복잡하며, 길고 우회적으로 형성되어 있어서 소매 점포의 규모를 확장하여 대형화하고 다른 한편으로는 중간 단계에 있는 도매상을 배제하여 경로를 단축시킴으로써 굵고 짧은 유통 경로를 구축하면 유통은 혁명적으로 변화하면서 발전하게 될 것이라고 주장하였다.

즉, 유통 경로 단축론이란 복잡하며, 길고 우회적으로 형성된 유통 경로에서 중간단계에 있는 도매상을 배제하여 경로를 단축시키고 굵고 짧은 직거래 유통 경로를 형성하면 유통효율이 높아진다는 직거래 이론이다.

임주이 교수의 '유통혁명론(流通革命論)'이 출간된 1962년 당시에 미국 제3위의 대규모 소매기업인 Safeway Stores가 일본 스미도모상사(住友商事)와 제휴하여 일본 슈퍼마켓에 체인으로 진출하고자 기도하였다. 더욱이 미국 국내에서 대형 소매상들의 비약적인 성공이 패전국 일본인들에게 큰 관심을 불러 일으키는 시기였기 때문에 일본 내에서는 다른 학자들에 의해서도 유통 경로 단축론이 제창되던 때였다. 그리고 당시 유통 경로 단축론을 주창한 임주이 교수를 비롯한 여러 학자들의 혁명론적 유통 경로 변혁에 대한 예측이 1970년대 일본에 급속히 확산 적중되면서 그들의 예측이 높이 평가되기 시작하였고, 이에 고무되어 1970년대 중반부터는 생선 식료품에 대해서도 직거래 사업이 활기를 띠기 시작한 것이다.

2. 유통 경로 다원화론

유통 경로 다원화의 근원은 1952년 갈브레이스(John K. Galbraith)의 '미국 자본주의론(American capitalism)'에서 대항력(countervailing power)이론을 제기한데서 비롯된다.[46] 그의 이론을 요약하면 다음과 같다.[47]

그는 강력한 시장 지배력은 이를 상쇄하는 다른 힘을 조직화하는 동기를 만들어 낸다고 밝힌다. 예를 들면 판매자측이 과점상태에 있으면서 강력한 시장 지배력을 확립하고 있는 경우에는 이를 억제하는 구매자측이 출현하여 판매자 측에 대항하게 된다. 이와 같이 경쟁을 변화시키는 새로운 힘을 대항력이라고 한다. 구체적인 대항력을 보면, 노동력 시장에 있어서는 철강 및 자동차 등의 경우처럼 대규모 과점 생산업체가 노동의 강력한 구매자로서 등장해 오면 이에 대항하기 위하여 강력한 노동조합이 대항력을 행사하게 된다.

대항력은 미국 자본주의를 움직이는 메커니즘으로 작용한다고 갈브레이스는

46 佐藤肇, 日本の流通機構, 有斐閣, 1974, p.41.

47 John K. Galbraith, American Capitalism, Basil Blackwell, 2nd ed., 1971.

주장했다.

그의 이론은 현대 자본주의의 주역인 자동차 산업 및 석유산업과 같은 경우에 대항력을 기대했던 노동조합은 그 후 급속히 기득권을 향유하는 보수적인 성격을 보였고, 또한 이들 산업분야에서는 대규모적으로 대항력을 행사할 만한 소매기업은 성립하지 않고 있다는 점에서 비판을 받고 있으나, 소비재 시장에 있어서는 유효하게 작용하고 있다는 평가를 받고 있다.

갈브레이스의 대항력 이론을 여러 유통 경로간에 작용하는 경쟁과 대항력에 적용한 것이 유통 경로 다원화론이다.[48]

현재 지배적인 유통 경로는 생산 → 시장 → 소비와 같이 도매시장을 경유하는 단순 루트인 것으로 가정하고 유통 경로를 다원화하면, 둘 이상의 유통 경로가 가정된 모델이 성립된다. 자동차 교통로를 사례로 설명하면 〈그림 7-3-1〉과 같다. 출발점에서 목적지로 가는 경로는 기존 경로와 같이 간선도로가 하나 밖에 없으면 이 도로는 혼잡하고 또 유료도로로서 통행료가 높더라도 통행하지 않을 수 없다. 이러한 도로 소유자의 독점적인 공급 구조가 유통의 비능률성, 서비스의 저하를 초래한다.

기존경로에 추가하여 다원화 경로로서 A, B, C, D라고 하는 다수의 도로가

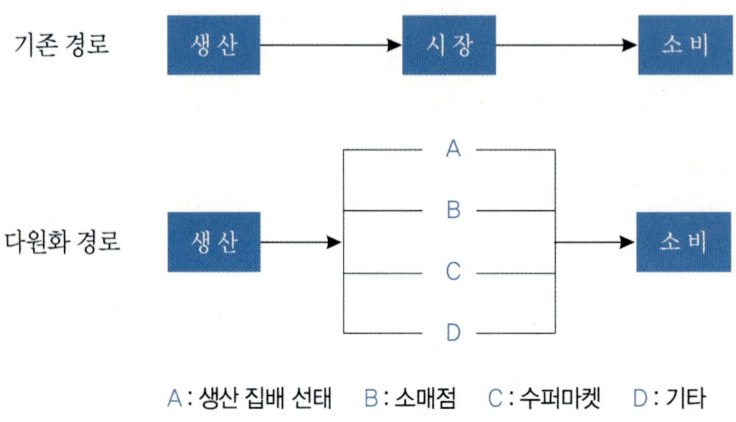

〈그림 7-3-1〉 유통 경로 다원화 모델

48 岡部守, 産直と農協, 日本經濟評論社, 1978, p.17.

목적지인 소비지까지 시설되어 있다면 자동차 운전기사는 통행료의 고저와 도로의 혼잡 정도 등에 따라 유리한 노선을 선택할 수 있게 된다. 이렇게 되면 통행료와 서비스는 경쟁을 통해 향상되는 것이다.

유통 경로 다원화론에서는 기존 경로인 도매시장 경로에 대한 부차적인 유통 경로로서, 직거래 경로가 기존경로에 대한 자극제로서 위치하게 된다. 이 견해에 의하면 직거래 사업은 스스로의 실천을 통해서 실시 주체에 이익을 가져오는 것만이 아니고, 전체 유통 경로 조직의 변혁에 대한 자극제로서도 작용한다는 것을 의미한다.

한편 일반적으로 유통 다원화론에 대한 비판으로서 노선별 선택에 대한 정보의 폐쇄, 정보 조작에 의한 정부의 오판, 과도한 자본 투자의 위험성을 들 수 있다. 앞에서 예를 든 도로와 자동차 교통의 경우에도 노선 A가 한가하고 통행료도 싸며 서비스도 좋다는 것을 전 자동차 운전기사에게 평등하게 알려주면, B, C, D노선을 선택하고 있던 사람도 일제히 A노선으로 이동해 버린다. 따라서 정보의 독점적 관리를 통해 유통 경로 다원화에 의한 유효한 경쟁적 효율을 달성할 수 있지만, 그러나 반대로 정보 조작에 의한 역효율이 발생할 수 있다.

또한 이 이론에서는 동형, 동종의 차가 동일한 도로를 이용한다고 단순화하게 가정하고 있지만, 대형 차량은 좁은 도로를 이용할 수 없으므로 비용의 고저는 동일 상품에 대한 판단일 뿐 이질적인 물품에 대한 판단은 될 수 없다. 따라서 상품의 특성과 형태에 알맞은 유통 경로가 각각 존재하게 된다.

농수산물에 있어서도 다종다양한 상품의 특성과 형태 및 거래량에 따라서 적정한 유통 경로가 존재하게 된다.

3. 증여론

증여 경제학자들은 앞서의 논리와는 정반대로 시장 메커니즘 그 자체를 부정하고 비시장 메커니즘을 제시하고 있다.[49]

증여론에서 직거래의 효과는 단순히 경쟁이나 경로 단축에 의해서 발생하는 경제적 효과가 아니고, 오히려 경제적으로는 마이너스 효과가 발생하더라도 생산

49 岡部守, 前揭書, pp.20-21.

자와 소비자 상호간의 인간적 신뢰감과 연대감의 형성 및 회복과 강화에 있다는 이론이다.

직거래 당사자는 직거래를 함으로써 소비자는 생산자가 어떠한 제조방법으로 생산하는 가를 알 수 있어서 안심하고 소비 할 수 있다. 또 소비자측의 구체적인 요구가 생산자에게 반영된다. 시장 유통에서 요구하는 고급의 포장과 선별 등은 직거래하는 소비자에게는 중요하지 않고 무의미하다.

직거래가 성립되면 생산자측에서는 고급의 포장과 선별에 요구되는 비인간적인 소외 노동에서 해방되어 생산자 자신이 자신의 판단에 의하여 자의적으로 신선하고 안전한 식품을 소비자에게 전달해 줄 수 있는 것이다.

증여론에서 생산자와 소비자의 직거래는 상품의 교환이 아니고 생산자가 소비자에게 식품을 증여하는 것이고, 소비자는 이에 대한 보상으로 생산자에게 생활비의 일부를 찬조한다고 하는 증여 경제학의 적용인 것이다.

그러나 이러한 인간성을 중심으로 한 비시장적인 증여적 경제 메커니즘은 생산자, 소비자의 경제 중심적 사고방식이 고도화해 감에 따라서 실제 거래에서 발생하는 빈도가 많지 않다.

제4절 직거래와 가격 결정 방식

우리가 생활하면서 구매를 하거나 판매를 하면서 일반적으로 이용하는 가격 결정 방식을 크게 나누어보면 일방적 가격결정 방식, 흥정에 의한 가격 결정방식 및 경쟁에 의한 가격 결정 방식의 3가지가 있고 이를 세분하면 다시 여러 가지로 구분할 수 있다.

직거래의 가격결정방식을 위와 같은 가격 결정 방식에 따라서 구분하면, 일방적 가격 결정 직거래 방식, 흥정에 의한 가격결정 직거래방식, 경쟁에 의한 가격결정 직거래 방식이 있다.

가격결정 방식에 대해서는 제8장 제2절에서 설명하고 있는 가격결정 메커니즘으로서의 경매편을 참고하기 바란다.

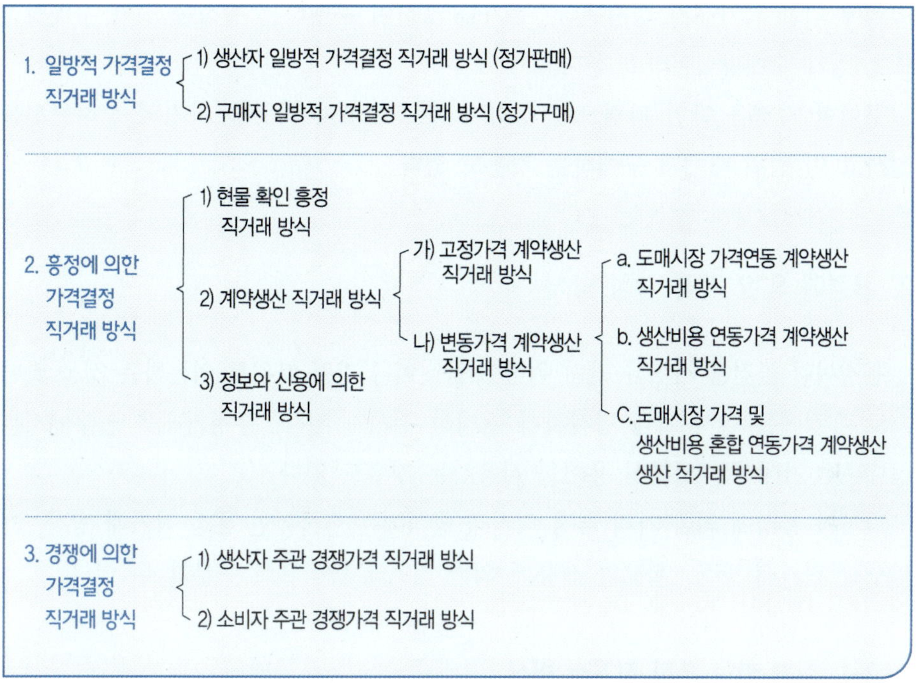

〈그림 7-4-1〉 가격 결정방식에 의한 직거래 형태

직거래에서 자주 이용되는 계약생산 직거래는 흥정에 의한 직거래 방식의 한 형태이다. 가격 결정방식에 의한 직거래 형태를 세분하면 〈그림 7-4-1〉과 같다.

1. 일방적 가격 결정 방식

일방적인 가격 결정 직거래방식에는 생산자에 의한 일방적 가격 결정 방식과 구매자에 의한 일방적 가격 결정 방식이 있다.

생산자에 의하여 일방적으로 가격을 결정하여 직거래가 성립되는 예로서는 생산자가 직매점에서 정가 판매를 하는 경우 등이다.

이와는 정반대로 구매자에 의하여 일방적으로 가격을 결정하여 직거래가 성립되는 예로서는 정부나 농어민단체(농 · 수협)의 비축사업 등이다. 정부나 농어민 단체에서 가격안정을 위하여 특정 농수산물을 구매할 경우에는 구매자가 사전에 구매 할 물량과 구매 단가를 결정한 후에 구매를 개시하므로 구매자 일방적 가격

결정에 의한 직거래가 성립된다. 정가를 정하여 구매하는 방식을 정가 구매방식 또는 정가 수매방식이라고 한다.

구매할 가격을 단일 가격으로 정하지 않고 구매가 가능한 가격의 상하한선을 정하고 이 범위 내에서 구매하는 경우도 있다.

2. 흥정에 의한 가격 결정 방식

흥정이란 물건을 사거나 팔기 위하여 품질이나 가격 따위를 의논하는 것을 말함으로 흥정에는 항시 거래 당사자가 거래의 주체가 된다. 흥정거래를 일부에서는 상대(相對)거래라는 일본식 용어를 사용하는 경우도 있다.

당사자 흥정에 의한 가격 결정 직거래 방식에는 현물확인 흥정 직거래 방식, 계약생산 직거래 방식, 정보와 신용에 의한 직거래 방식으로 구분할 수 있다.

2-1. 현물 확인 흥정 직거래 방식

직거래의 가장 초보적인 가격 결정 방식은 생산자가 소비자와 대면하여 현물을 확인하거나 현물을 점검하면서 가격을 결정하는 방식이다. 이 방식에서는 비록 생산자와 소비자가 합의에 의하여 가격을 결정한다 할지라도 생산자가 가격 결정의 주도권을 쥐고 있는 경우가 많다.

2-2. 계약생산 직거래 방식

가격 결정은 거래의 당사자가 흥정에 의하여 결정하는 것을 전제로 한다.

가격은 일정 기준에 의하여 생산자와 구매자가 사전에 결정하여 두고 사후에 생산을 개시하거나, 생산 활동이 진행 중일 때라도 농수산물을 수확하기 전에 가격을 결정하거나 또는 생산물 인도시기에 사전에 정한 조건으로 가격을 결정하는 방식을 계약생산 가격결정방식이라 한다.

계약생산 직거래 방식에는 고정가격 계약생산 직거래 방식, 변동가격 계약생산 직거래 방식이 있다.

2-2-1. 고정가격 계약생산 직거래 방식

현물확인 가격결정방식에서 진일보한 직거래의 발전형태로서 가격을 일정하게 결정하여 계약에 의하여 생산을 개시하거나 생산 중에 있다할지라도 거래당사자가 가격을 일정하게 결정한 후 생산완료시에 계약가격으로 농수산물을 인도하는 직거래 방식이다.

2-2-2. 변동가격 계약생산 직거래 방식

계약생산 직거래 방식에서 직거래 수량은 계약일자에 구체적으로 결정하여 두되, 생산자에게 지불할 가격은 농수산물의 인도일자 또는 인도시기에 결정하도록 계약한 직거래 방식이다.

이 방법에 의하여 성립되는 직거래 형태는 가격이 고정되지 않았으므로 변동가격 계약생산 직거래라 한다.

변동 가격 계약생산 직거래 방식의 최대 효과는 생산자 측은 안정된 판매계획을 수립할 수 있다는 것이고, 소비자 측은 안정된 계획구매가 가능하다는 것이다. 그러므로 양자의 목적을 달성하기 위하여 매년 혹은 매 계절마다 생산 예정량과 구입 예정량을 산출하여 인도일자에 결정할 가격산정의 기준을 계약시에 구체적으로 명기하여야 한다.

변동가격 계약생산 직거래방식은 변동가격을 결정하는 기준에 따라서 '도매시장 가격 + α'방식, '생산비 보증' 방식, '도매시장 가격 연동 및 생산비 보증 혼합' 방식이 있다.

① '도매시장 가격 + α' 방식

'도매시장 가격 + α' 방식은 인도시기에 구매자가 생산자에게 지불해야하는 가격은 인도일자를 기준으로 도매시장의 당일, 전일, 7일 이동 평균, 15일 이동 평균 가격 등 여러 가지 가격 중에서 하나의 가격과 연동하되 일정한 금액 α를 가감하여 가격을 결정하는 가격 결정방식이다. 이 방식은 인도시기의 시장 가격을 직거래 가격에 반영한다는 특징이 있다.

생산자측은 인도시기의 시장 가격에 일정한 α가격을 추가하여 수취함으로 일정한 수익을 기대할 수 있다. 구체적 방법은 후술하는 '도매시장 연동 및 생산비 보증 혼합' 방식을 참고하기 바란다.

② '생산비 보증' 방식

'생산비 보증' 방식은 도매시장 가격과는 관계없이 생산자가 농수산물을 획득하는데 소요된 생산비를 산출하여 이를 직거래 가격으로 결정하는 방식이다. 생산자는 생산비를 보증받음으로서 적자를 면할 수 있는 가격이다. 그러나 이 방식은 다음과 같은 문제점을 내포하고 있다.

첫째, 농수산물 생산비 산정이 어렵다. 농수산물의 생산원가 산정은 생산이 완료된 후에 결정된다. 생산 원가 산정시 동일 품질의 동일 사이즈 상품이라 할지라도 농·어장마다 생산한 생산량에 따라서 단위생산비는 현저하게 차이가 발생한다.

둘째, 생산비(계약가격)보다 시장 가격이 저렴하면 구매자가 직거래를 기피할 요인이 된다. 청과물처럼 그 생산량이 자연조건에 지배되고 있는 상품의 경우에 풍작이 예상되면 그 상품의 시장 가격은 계약가격을 하회하게 된다. 이렇게 되면 소비자측은 시장구입 가격보다도 높은 가격으로 산지에서 구입하여야 함으로 막대한 비용을 감수해야 한다. 이런 현상이 반복되면 소비자측은 직거래를 기피할 것이다.

셋째, 생산비(계약가격)보다 시장 가격이 높으면 생산자가 직거래를 기피할 요인이 된다. 계약가격이 시장 가격보다 저렴할 경우에 생산자측이 계약 내용대로 생산물을 소비자측에 출하하게 되면 생산자측은 시장출하보다 수익이 감소한다는 불만이 생기므로 다음부터는 직거래 계약을 기피하게 될 것이다.

③ '도매시장 가격 연동 및 생산비 보증 혼합' 방식

'도매시장 가격 + α' 방식과 '생산비 보증' 방식의 장점과 단점을 서로 절충한 것이 '도매시장 가격 연동 및 생산비 보증 혼합' 방식이다. 이 방식은 생산비 보증방식 보다 시장 가격이 상회하는 경우에는 도매시장 가격에 연동하여 가격을 결정하고, 이를 하회하는 경우에도 생산비를 보장해 주는 가격 결정 방식이다. 이 방법을 적용하면 생산자측은 어떠한 경우에도 시장 가격 보다 유리한 가격이 보증되는 유리한 가격조건이고 소비자측은 필요한 물량의 안정적인 확보는 될지언정 가격면에서는 시장 가격 보다 높은 가격을 항상 지불하여야 하는 불리한 조건이 될 것이다.

2-2-3. 정보와 신용에 의한 직거래방식

정보와 신용에 의한 직거래 형태를 '정보거래'라고도 하는데 거래가격을 생산자 상표의 신용도 및 제3자의 품질인증서에 의해서 가격을 흥정하여 결정하는 방법이다.

농수산물은 표준품 생산이 어렵고 선도가 다양하며 생산지역에 따라서 맛의 차이가 있기 때문에 농수산물의 거래는 현물확인에 의하는 확인거래가 주로 이용되지만 생산지와 소비지가 원격거리에 위치하고 있는 경우에는 현물을 확인하거나 계약생산에 의존하지 않고 생산자의 상표나 신용도에 의해서 전화, 인터넷 등의 통신수단을 통하여 가격을 흥정하면서 거래를 결정하는 경우가 많다.

생산지와 소비지가 가깝게 위치해 있다 할지라도 거래가 빈번하게 발생하고 동시에 구매자가 판매자의 상품 품질을 신용할 경우에는 현품의 확인 없이 상표와 신용도에 의해서 직거래는 성립할 수 있다. 또한 구매자는 농수산물을 보관하고 있는 냉동·냉장창고에서 발행하는 품질증명서의 품질 상태, 수량, 규격 등을 신뢰하고 현품 확인 없이 판매자와 합의에 의해서 가격을 결정하는 직거래방식도 있다.

상표나 생산자의 신용도에 의한 가격결정은 생산자의 판매행위가 일시적이거나 단기간에 걸쳐서 이루어진 경우에는 성립하기가 힘들고 오랫동안 지속적으로 생산자의 시장참여가 있었을 경우에 생산자의 인격, 성품, 명성 등과 더불어 시장참여자들에 의하여 상품에 대한 가치가 현물 없이도 평가 가능하였을 때에 거래가 성립하기 쉽다.

제3자의 품질인정서를 발급함에 있어서도 제3자의 공신력과 신용도가 높을 경우에 거래의 성립은 용이하다.

3. 경쟁에 의한 가격 결정 방식

경쟁에 의한 가격 결정 직거래 방식이란 경매 또는 입찰에 의하여 가격이 결정되는 직거래 방식을 말한다.

경매에 의해서 가격이 결정되는 가격 결정방식은 간접거래가 성립되고 있는 도매시장에서 이용하는 가격결정 방식으로 대표되고 있지만 직거래에서도 이용되는 가격 결정 방식이다.

직거래가 경매에 의해서 성립할 경우는 거래희망자가 경매에 자유롭게 참가 할 수도 있으나, 생산자가 선정한 한정된 구매자들만 경매에 응찰토록 자격을 부여하거나 또는 구매자가 선정한 한정된 생산자들만 경매에 응찰토록 자격을 부여하는 지명 경쟁 경매를 시행하는 경우가 많다.

경매에 의한 가격결정 직거래 방식은 일방적 가격결정 직거래방식이나 흥정에 의한 가격결정 직거래 방식보다 거래가 복잡하고(거래방식의 복잡성), 거래가 성립하기 위해서는 대규모 거래(거래량의 대규모성)가 필요로 하며, 거래에 참여하는 당사자는 최고 또는 최저 가격을 제시한 한 사람의 거래자를 제외하고 나머지는 전부 거래에서 탈락(거래자의 유일성)하는 특성을 내포하고 있기 때문에 직거래에서 자주 이용되는 거래 방식이 아니다.

경매 또는 입찰에 의한 가격 결정 직거래 방식은 1) 생산자 주관 경매에 의한 가격결정 직거래 방식, 2) 소비자 주관 경매에 의한 가격결정 직거래 방식이 있다.

1) 생산자 주관 경매에 의한 가격결정 직거래 방식

생산자가 주관하는 경매에 의한 직거래 방식은 거래방식의 복잡성, 거래량의 대규모성 거래자의 유일성으로 인하여 직거래의 통상적인 가격 결정방식이 아니기 때문에 소규모 농어가에서 이용하기 어려운 거래방식이지만, 대형 생산자나 농어민 단체(농수협 등)와 같이 대규모 생산자 또는 다수의 생산자로 구성된 생산자 단체가 이용하는 경우가 있다.

대규모 생산자가 경매를 통하여 가격을 결정하는 경우는 원양수산회사에서 수천톤급의 원양어선이 어획한 대량의 어획물을 판매 할 때 이용하는 경우가 있다.

다수의 생산자로 구성된 생산자 단체가 경매를 통하여 가격을 결정하는 직거래 방식은 단위 농수산업협동조합에서 흔히 발견할 수 있다. 사례로서 연안의 단위수협에서 실시한 해조류의 일종인 톳거래를 살펴보고자 한다.

연안에 산재한 어촌에서 조합원들이 개별적으로 소량씩 생산한 톳을 판매하기 위하여 단위 수협이 등급별 견본을 제시하고 경매 또는 입찰을 통하여 거래 상대방과 판매가격 및 판매수량을 결정한다. 입찰에 참여한 여러 명의 입찰자 중에서 한 사람만이 낙찰자로 결정된다. 낙찰자는 어민들이 톳을 보관하고 있는 각 부락을 순회하면서 톳을 인수한다. 상품을 현장에서 수집하는 이유는, 톳과 같이 부피가 크고 중량이 무거운 상품을 위판장까지 운반하여 위판장에 상장하게 되면, 운반 수송비가 과도하게 소요될 뿐만 아니라 운반과정에서 해조류의 감모, 감손 등과 같은 피해가 발생하기 때문이다.

어획물의 경우에도 경매에 의한 직거래 사례를 자주 발견할 수 있다. 어획물의 인수장소는 해상이나 양육항의 특정 장소에서도 가능하다. 인수장소에 대하여 무역업자는 해상이나 양육항의 부둣가를 선호하며, 제조업자는 양육항의 부둣가나 제조업자의 제조공장을 선호하는 것은 고품질 유지와 수송비의 절감효과를 얻을 수 있기 때문이다.

2) 소비자 주관 경매에 의한 가격결정 직거래 방식

소비자가 주관하는 경매에 의한 직거래 방식은 생산자가 경매를 주관하여 가격을 결정하는 직거래 방식처럼 거래방식의 복잡성, 거래량의 대규모성, 거래자의 유일성으로 인하여 직거래의 통상적인 가격 결정방식이 아니고 조달청, 군납, 대형 소매점, 가공공장, 기숙사, 병원 등에서 이용하는 경우가 있다.

제5절 직거래의 효과와 한계

1. 경제적 효과

농수산물 유통이 국민경제에 영향을 주는 요인은 농수산물 유통을 둘러싼 정치적인 요인, 경제적인 요인, 사회적인 요인, 문화적 요인 등이다. 그 많은 영향 요인 중에서 직거래는 경제적인 요인이 크게 작용하는 요인이다.

직거래의 경제적 효과를 우선 그림으로 살펴보면 〈그림 7-5-1〉과 같다. 그림은 직거래의 경제적 효과와 국민후생과의 관계를 나타내고 있다. 그림에서 보는 바와 같이 생산자의 기초공급을 SS, 수요자의 기초수요를 DD라 하고 생산자의 기초공급에 유통 마진을 합한 파생공급을 S'S'라 하면 직거래의 경제적 효과는 다음과 같이 나타난다.

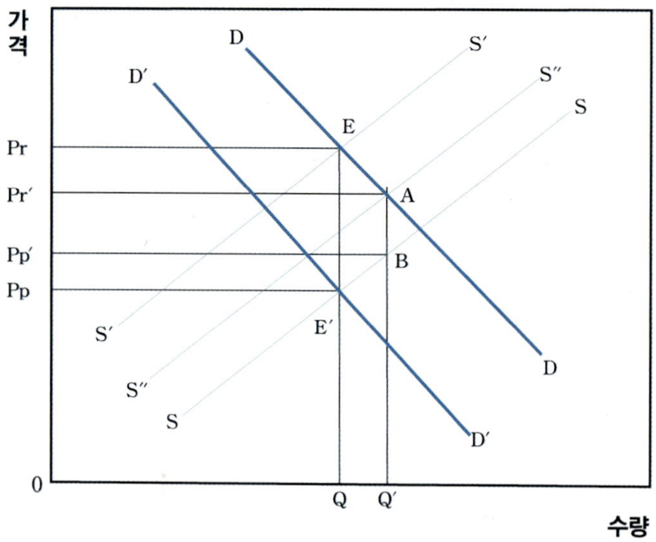

〈그림 7-5-1〉 유통효율과 소득분배

1) 시장의 공급량이 증가한다

생산자의 기초공급에 유통 마진을 합한 파생공급 S'S'은 직거래로 인하여 직거래 파생공급 S"S"로 이동한다. 이에 따라서 시장공급량은 QQ'만큼 증가한다.

2) 생산자 판매단가가 인상되고 생산자 후생이 증대된다

생산자 판매단가는 OPp로부터 OPp'로 상승한다. 따라서 생산자의 후생은 생산자가 수취한 판매단가가 상승한 차액과 시장공급량이 증가한 QQ'량을 계산하면 생산자의 후생은 Pp'BE'Pp 만큼 증가한다. 생산자들의 후생증가량 중에는 직거래 이전의 중간 유통참가자의 후생일부가 생산자들에게 이전되었다.

3) 소비자 구매단가가 하락하고 소비자 후생이 증대된다

소비자 구매단가는 OPr에서 OPr'로 하락한다. 따라서 소비자의 후생은 소비자가 지불한 지불단가의 차액과 시장수요량(시장공급량)이 증가한 QQ'량을 계산하면 소비자의 후생은 PrEAPr' 만큼 증가한다. 소비자들의 후생증가량 중에는 직거래 이전의 중간 유통참가자의 후생일부가 생산자들에게 이전되었다.

4) 중간 유통참가자의 후생이 변화하며 유통사업이 확장된다

직거래 이전의 중간 유통참가자들의 후생은 PrEE'Pp에서 Pr'ABPp'로 변화한다. 직거래 이전과 이후에도 다 같이 정상이윤이 발생할 수 있지만 후생의 증대는 기대하기 어렵다. 그러나 거래량 증대로 인한 사업의 확장은 기대할 수 있다.

5) 유통단계를 단축하여 유통 비용을 절약할 수 있다

중간 유통 비용은 PrEABE'Pp에서 Pr'ABPp'를 공제한 소비자 잉여 PrEAPr' + 생산자 잉여 Pp'BE'Pp의 합계 만큼 비용이 절약된다.

6) 사회전체적인 후생이 증대된다

직거래 이전의 생산자 후생 + 소비자 후생 + 중간 유통참가자 후생보다 사회전체적인 후생 EABE' 만큼 증대된다.

이어서 그림에는 나타나고 있지 않지만 직거래는 다음과 같이 국민경제에 더 많은 경제적 효과를 나타낼 수 있다.

1) 직거래는 자원배분을 적절히 하여 사회적 낭비를 줄일 수 있다

직거래가 적절한 자원배분을 통해 사회적 낭비를 줄 일수 있는 방법에는 두 가지가 있다.

첫째, 계약생산을 통해 과잉생산을 줄일 수 있다.

직거래는 계약생산과 계획출하를 가능하게 한다. 이를 통해 필요한 물량의 수급조정을 가능하게 함으로서 과잉생산에 따른 자원낭비를 줄 일 수 있다.

둘째, 직거래는 선별, 포장 비용을 절약하고 비 규격품도 판매 할 수 있다.

직거래는 소비자와 직접 교류함으로서 형식적인 포장이나 선별에 필요한 비용을 절약 할 수 있고, 비 규격품도 소비자에게 판매함으로서 자원낭비를 줄 일 수 있다.

2) 소비자의 의사를 생산과정에 반영하여 소비자 지향적인 생산을 할 수 있다

생산자와 소비자는 직접 의사교류를 통해 소비자의 기호를 생산자에게 전달하여 생산과정에 반영함으로써 소비자 지향적인 생산을 할 수 있고 이러한 과정에서 상인기능의 배제가 용이하다.

3) 생산자가 판로를 다양화하여 거래 교섭력을 높일 수 있다

생산자는 직거래 경로를 비롯한 다양한 유통 경로를 이용하여 유통 경로간에 경쟁이 발생하게 함으로서 거래 교섭력을 높일 수 있다.

4) 기타

소량거래 용이, 경로단축에 따른 신선 상품공급 등에 따른 경제적인 효과가 있다.

2. 유통 비용상의 효과

상품별 유통 비용과 마진을 측정하는 일반적인 방법은 추적 조사 방법, 단계별 조사 방법 및 통계적 조사 방법이다. 유통 비용과 마진을 측정하는 방법에 대해서는 제6장 제2절 마진의 계측 방법을 참고하기 바란다.

농수산물의 유통 마진을 알아보기 위하여 추적 조사 방법에 의해 과거에 농촌경제 연구원에서 측정한 수산물의 어종별 유통 마진은 〈표 7-5-1〉과 같고, 고등어의 유통단계별 유통 마진율은 〈표 7-5-2〉와 같다.

〈표 7-5-1〉 수산물 유통 마진

(단위: 원)

구 분	생산자 위판가격	소비자 지출가격	유 통 마 진		
			총마진	경 비	실마진
고 등 어 (30미/상자)	2,874	10,050	7,176 (100)	1,651 (23.0)	5,525 (77.0)
갈 치 (55미/상자)	35,938	81,600	45,652 (100)	2,013 (4.4)	43,639 (95.6)
오 징 어 (25미/상자)	11,174	24,000	13,726 (100)	1,415 (10.3)	12,311 (89.7)
냉동 오징어 (20미/팬)	16,061	28,000	11,939 (100)	2,168 (18.2)	9,771 (81.8)
활붕장어 (1kg)	3,400	7,000	3,600 (100)	1,209 (36.6)	2,391 (66.4)

〈표 7-5-2〉 고등어 유통단계별 마진율

(단위: 원/상자)

구　분	가 격	마진율 (%) (수 취 율)
생산자	2,874	(28.6)
산지위판장	3,050	1.7
중매인	3,800	7.5
소비지도매시장	4,000	2.0
중매인	4,200	2.0
중판(도매상)	5,000	7.9
소매상	10,050	50.3
총마진	7,176	71.4
경비	1,651	16.4
실마진	5,525	55.0

예로 든 두 표에서 알 수 있는 바와 같이 생산자 수취가격에 비하여 소비자 지출가격은 최소 2배에서 3.5배에 이르고 있다. 이와 같은 높은 유통 마진율은 공산품에서는 많지 않다. 고등어의 경우를 보면 생산자 수취가격은 소비자 지불가격의 28.6% 밖에 되지 않고 유통 마진이 무려 71.4%에 달하고 있다. 유통단계별 마진은 소매상이 가장 높아 50.3%를 차지하고 있다. 말하자면 생산자가 수취한 가격보다 유통과정에 개입한 소매상이 2배 정도의 마진을 갖는다. 각 어종별 유통단계의 유통 비용비율 및 금액은 표에 구체적으로 나타나 있지 않지만 고등어의 총비용 비율이 16.4%에 불과한 점을 고려하면 소매상의 마진율은 높은 것이다.

유통단계별로 유통 비용이 발생하는 요소를 산지 및 소비지 도매시장을 경유하는 상품을 기준으로 거래경로별로 보면 다음과 같다.

- 산지도매가격(1) = 생산자 수취가격 + 상장수수료 + 양육노임 + 기타노임
- 소비지 도매시장 도매가격(2) = (1) + 산지중매인 중개수수료 + 포장(결복)노임 + 상차비용 + 차량운송비 + 하차비용 + 소비지 중매인 위탁수수료 + 도매시장 상장수수료 + 기타 + 이윤

- **소비지 중매인의 중간도판매상 판매가격(3)** = (2) + 소비지 중매인 중개수수료 + 기타
- **소비지 중간판매의 소매상 판매가격(4)** = (3) + 상차료 + 운임 + 이윤 + 기타
- **소매상의 소비자 판매가격** = (4) + 운임 + 이윤 + 기타

이상의 비용요소와는 별도로 산지 위판 후 어획물을 냉동, 냉장하여 거래하는 상품의 경우에는 각각 동결, 보관비용이 추가되기 때문에 유통 비용은 증대된다.

산지 도매가격에 포함되는 위탁상장 수수료는 위판수수료, 판매수수료라고도 하며, 이는 법률에서 정한 바에 따라서 일정하게 위탁상장 수수료로 징수할 수 있으나 보통 3~5% 수준에서 징수한다.

3. 사회적 효과

생산자와 소비자의 직거래는 생산자와 소비자 사이의 대면거래(對面去來)가 대부분이다. 생산자가 생선상품을 생산하여 간접경로를 통해 판매할 때는 일단 판매된 상품이 어떤 경로를 어떻게 경유하여 어떤 소비자에게 전달되어 최종 소비되는지는 알지 못한다. 이런 점에서 간접경로를 통한 판매는 기계에 의해서 대량생산하는 기업의 공산품 생산과 다를 바 없이 영리성을 목표로 하게 된다. 영리추구만을 위한 생산방식에서는 생산자의 인간성은 생산에 반영되지 못하고 소비자의 의사에 의해 구속되어 생산하여야 함으로 생산자는 인간성의 소외감을 느끼게 된다.

직거래의 진전에 따라 수반되는 계약생산방식은 대면에 의하여 소비자와 생산자가 쌍방 의사소통을 충분히 하여 생산자가 소비자에게 우수한 영양, 소비자에게 적당한 규격, 색깔, 맛과 품질을 추천하고 소비자는 소비자가 원하는 품질을 생산자에게 주문함으로써 상호 인간성이 존중되는 방법이 생산윤리로 작용하게 되어 생산자와 소비자간에 인간적 유대감과 신뢰감이 형성된다. 생산자는 자신의 생산활동이 특정한 소비자를 만족시키고 소비자는 자신의 소비활동이 특정한 생산자를 만족시킨다는 의식이 잉태되어 사회의 공동체화가 촉진되는 요소로 작용한다. 이와 같은 방법이 발전하면 생산자와 소비자가 서로 이해하게 되고 신뢰를 바탕으로 대등하고 평등한 삶을 누리기 위해 스스로 협력하여 공동체를 쉽게 형성할 수 있게

된다. 공동체 의식을 통해 각종 경제외적 공동기능을 수행할 수 있고, 풍요로운 삶을 누릴 수 있는 인간적 유대감이 형성되는 것이다. 직거래에서 거래되는 생산물은 품질상으로도 안정성이 보장되도록 요구된다.

농업에서는 안전성이 보장되는 생산을 유기농업(有機農業)이라 하며, 화학비료, 살균제, 살충제, 식물성장 촉진제, 가축사료 첨가제 등의 사용을 억제하고, 유기물을 최대로 활용하여 생산한다. 양식업에서도 최근에 해수면, 내수면 어류양식을 포함하여 김과 같은 해조류 양식 등에서 유기 농업에서와 같은 유기 양식업의 개념을 도입하여 안전성을 높이는 의식이 형성되고 있다.

생산자가 이러한 유기 농수산물을 생산하면 높은 가격 획득은 물론 소비자와의 신뢰감 형성, 인간적 유대의식이 강화된다. 최근의 직거래에서는 소비자가 생산과정에 참여하여 생산을 체험하고 생산물의 성장과정을 관찰하면서 자연에 대하여 시간과 노력을 투입하는 경우가 증가하고 있어서 직거래는 자연애호사상을 고취시킬 수 있는 요소가 되고 있다.

4. 직거래의 한계

직거래가 효율적으로 성립되면 다른 거래에 비하여 경제적, 사회적으로 유통효율을 높일 수 있는 우수한 거래방법임에는 틀림없지만 직거래가 항상 간접거래보다 효율적인 거래방법은 아니다. 직거래는 다음과 같은 거래상의 한계와 문제점을 내포하고 있기 때문에 이를 극복하거나 보완하여야 한다.

첫째, 직거래는 간접거래의 보조적 거래방법으로 작용하고 있다.

직거래는 도매시장을 경유하면서 거래되는 간접거래 방법의 특징인 표준가격제시라는 특징을 대체할 수 있는 완전한 거래방법이 아니고 오히려 도매시장 중심의 유통체계가 가지는 유통 비용 과다발생과 같은 구조적 결함을 보완하는 보조적 거래방법으로 작용하고 있다.

소비지 거대 도매시장은 전국의 유통정보를 확보하여 다수의 중도매인들이 경쟁하면서 가격을 결정함으로 도매시장 가격은 비교적 공정하고 합리적으로 결정된다. 전국의 농수산물 거래자들은 중앙도매시장 거래가격을 그들의 가격결정 기초자료로 삼는다. 직거래는 거래당사자인 생산자와 소비자들의 거래에서도 도매시장 가격을 기준으로 삼아서 직거래 가격을 결정하는 경우가 일반적이다. 심지어는 직거래 가격을 도매시장 가격연동형으로 계약하는 경우도 있다.

직거래는 정보산업의 발달, 생산의 대형화, 생산자의 조직화, 수송수단의 기계화, 도로의 고속화로 인하여 점차 농수산물 거래에 미치는 영향력이 증대하고 있어서 도매시장을 통한 간접거래를 대체하고 있는 추세이다.

둘째, 규모의 거래가 성립하지 못하면 간접거래보다 비경제적이다.

직거래 당사자인 생산자들은 대소비지와 거리가 멀리 떨어진 농어촌에서 생산하며 생산량도 소량이다. 그러므로 소비지의 농수산물 가격이 생산지의 가격보다 높다 할지라도 소비지의 소비자들과 직거래를 성립시키기 어렵다. 만일 원거리 소비지에 수송하여 소비자들과 만나서 높은 가격으로 직거래를 하였다고 할지라도 소비지까지 수송하는 수송비가 발생하고 소비지까지 왕복하는데 소요되는 시간 손실이 발생한다. 그럼으로 직거래의 거래규모가 소량이면 규모의 경제를 실현하지 못하여 간접거래보다 비경제적이다.

셋째, 생산자의 시장교섭력이 약하면 사회적 효과가 부정적으로 형성될 수 있다.

농어민의 자본력, 조직력, 정보 등이 부족하여 거래당사자인 소비자에 비하여 시장교섭력이 약하면 자유스럽고 공정한 거래를 실현하지 못하고 거래 상대방에게 예속될 수 있다. 생산자는 거래의 보장과 지속성을 위해서 직거래를 요식적으로 계약하게 되면 직거래는 인간적인 신뢰감 증대라기 보다 인간적인 불신감이 형성되는 요인으로 작용하여 사회적 효과가 부정적으로 형성된다.

넷째, 전량거래의 원칙은 소비생활을 제약할 수 있다.

직거래가 채택하는 생산물 전량 거래의 원칙은 소비자의 소비생활을 제약하는 요소가 될수 있다. 소비자의 의사와는 달리 과잉생산에 의한 과잉구매-과잉소비를 하여야 할 경우가 발생하면 소비자의 소비행동이 곤란해진다. 소비자의 식생활을 급속하게 변화시키는 것은 단기간에 어렵거나 불가능하다. 생산의 불확실성을 특징으로 하는 농수산물의 전량거래란 용이한 것이 아니다.

다섯째, 직거래 홍보를 위해 과도한 비용을 지출할 수 있다.

직거래는 많은 경제적인 효과에도 불구하고 생산자 개인이나 단체의 상표와 품질이 양호하다는 것을 소비자에게 인식시키기 위해서 과도한 비용을 지출할 우려가 있다.

8 경매

제8장 | 경매

제1절 경매의 개념

1. 경매의 의의

경매(auction)의 성격을 이해하고 이를 분석함에 있어서 먼저 경매에 대하여 주의 깊게 살펴야할 세 가지가 있다. 그 세 가지란, 첫째, 경매의 본질은 실제로 무엇인가? 둘째, 경매는 유통구조에서 어떻게 적용되고 있는가? 셋째, 경매는 가격결정 메커니즘으로써 어떻게 작용하고 있는가? 하는 것이다.

그럼 경매란 무엇인가? 하는 첫째 질문에 대하여 분석해보기로 하자. 둘째 질문인 경매와 유통구조는 제1절에서 설명하고, 셋째 질문인 경매와 가격결정 메커니즘은 제4절에서 설명하기로 한다.

많은 사람들이 알고 있는 '경매란 가격을 제시하는 사람(응찰자: bidder)이 한사람 남을 때까지 가격이 올라가는 값매김'이라는 경매에 대한 초기의 개념은 아주 부정확하다. 이러한 개념은 경매가 발생한 초기의 개념이다.

경매라는 용어 자체는 auctio라는 원어에서 기원하며 올라간다(increase)는 뜻을 의미하지만 그 용어는 오늘날 잘못 쓰이고 있다. 왜냐하면 경매는 결코 상향식 가격 체계만을 유지하고 있지 않기 때문이다.

웹스터 사전에는 경매를 다음과 같이 정의하고 있다.

> Webster's Dictionary defines 'auction' as a 'public sale of property to the highest bidder (as by successive increased bids).'

> 경매란 '(입찰가격을 계속하여 증가시킴으로서) 최고가의 입찰자에게 재산을 판매하는 공개적인 판매이다.'

그러나 상향식 응찰방법이 많은 사람들에게 아주 익숙해 있다 할지라도 세계적으로 볼 때 상향식 경매방법은 여러 가지 경매 방법 중의 하나이다. 네덜란드식 경매에서처럼 가격이 높은 가격에서 낮은 가격으로 내려가거나 혹은 한・일(韓・日)식 경매와 같이 한꺼번에 많은 사람이 동시에 응찰하여 값을 매기도록 하는 다양한 방법과 일치하는 개념이 아니다.

더군다나 공개경매(public auction)와 경매의 원칙을 토대로 한 사매매(private sale)에는 차이가 있다. '공개경매'라는 문구는 누구나 경쟁하여 응찰(값매김)을 할 수 있는 절대적인 자유가 있으며 가장 높은 가격 제시자에게 판매한다는 것을 표현하고 있다. 사경매(private auction)는 경쟁적으로 값을 매길 수 있는 원칙에 입각한다 할지라도 모든 사람들이 참여할 수 있도록 공개되지 않는다는 차이가 있다. 사매매(private sale)는 개인 간의 거래를 말한다.

경매수단의 여러 가지 형태를 비교해 보면 효율적인 면에서 차이가 있다. 어떤 경매는 특정 응찰자가 다른 응찰자들이 가격 경쟁을 감수하기에 어렵도록 압력을 가하기도 한다. 그럼으로써 구매자들이 가격을 최대로 매길 수 없게 하는 것이다.

2. 경매의 필요성

1889년 부산 남포동에 '부산수산주식회사'가 설립되면서 우리나라의 현대식 도매시장은 효시를 이루게 되었고 동시에 경매제도도 처음으로 도입되었다. 경매제도가 수산물 거래에 도입된 이후 과일, 야채 등의 농산물을 비롯한 화훼, 자동차, 골동품 등의 다른 도매시장의 거래에도 이용되기 시작하면서 경매는 다양한 형태로 변형되면서 발전하였다.

오늘날 경매제도는 신선식품을 거래하는 도매시장의 가장 보편적인 가격 결정방법으로 정착되었고 심지어는 농수산물 도매시장이 아닌 화랑이나 골동품 시장에서도 경매를 거래방법으로 이용하고 있을 뿐만 아니라 인터넷 전자상거래에 있어서도 경매는 일반 소비자들에게 친숙해진 제도가 되었다.

그러면 이러한 경매제도는 거래방법으로서 얼마나 유효한 방법인가?

경매가 농수산물과 같은 신선상품이나 석유를 비롯한 천연상품, 원료상품 또는 고미술품과 같은 특정분야 상품거래에서 널리 시행되고 있는 이유는 무엇일까? 그

질문에 대한 해답중의 하나는 아마도 상품에 대한 표준적인 가치를 측정하기 어렵다는 대답일 것이다. 즉 경매는 표준적인 가격을 결정하기 어려운 상품에 대한 가격결정방법이다. 예를 들어서 신선상품 시장에 보내진 신선품의 가격은 선도(鮮度), 맛, 산지 및 규격 등에 따라서 가격이 달라지는데 선도와 맛, 규격 등과 같이 그 수준을 측정하기 어려운 상품은 판매자가 표준적인 가격을 제시하기 보다는 오히려 구매자들이 구매할 가격을 제시하게 하여 가격을 결정하는 경매의 방법이 합리적으로 가격을 측정하는 방법이 아닐까?

원고나 골동품의 가격은 매거래시마다 가격이 서로 다르게 결정된다. 링컨의 게티스버그 연설 원고 원본 같은 것은 경매의 방법이 아니라면 어떻게 가격을 매길 수가 있겠는가. 그러나 경매에는 몇 가지의 자격조건(qualification)이 있다. 경매가 실행되고 있는 업종(fields)의 모든 품종에서 경매가 일반화되고 있지는 않으며, 심지어 경매가 가장 인기가 있는 품종에서 조차도 전체 유통수준은 경매가 아니다. 뿐만 아니라 어떤 업종의 경매에서는 개별적인 흥정거래와 같이 소유권 이전 장치 정도로 존재하고 있다.

개별흥정에 의하여 가격을 결정할 수 없을 때 팔아야 할 상품을 가지고 있는 생산자 혹은 공급자는 유연하게 가격을 결정하고자 하면서 최대수익을 보장하기 위하여 희망구매자들로 하여금 경쟁하면서 구매할 수 있는 장치를 필요로 하게 되고 그 수단으로써 경매방법이 선택된다. 이러한 판매방법에서 경매상품을 위탁받은 경매자(수탁자)는 판매에 영향을 줄 수 있는데 특히 1차 판매단계에서는 더 큰 영향을 줄 수 있다.

표준적인 가격 결정이 어려운 상품 분야에서는 경매가 필요 없다는 것을 설명하기는 쉽지 않다. 최종 소비자 가격이 안정되어 있거나 혹은 다른 가격 결정 방안이 있다면 경매처럼 유연성 있는 가격결정 메커니즘은 불필요할 것이다.

어획물 판매가 성행하고 있는 아이슬란드에서 경매제도가 거의 채택되지 않고 있다. 그 이유는 어부에 의해 어획되는 아이슬란드의 모든 어획물은 냉동품 혹은 통조림용으로 가공됨에 따라서 어획물은 실질적으로 표준화 상품으로 변화하였기 때문이다. 그럼으로써 어획물은 안정적인 가격을 유지할 수 있게 된다.

특별한 경우이지만 많은 나라에서 정부 조달청(pawn-shop)의 불용 재산에 대해서도 정기적인 정가 판매를 이용하거나 혹은 경매에 의해서 판매되고 있다.

어떤 업종의 상품은 너무 표준화 되어있고 가격이 너무 안정적이어서 구매자들이 상품의 검사 없이 등급이나 상표로 물품을 구매할 수 있다. 이러한 상품들은 시간절약을 위해서 방문원, 서신, 전화, 인터넷 등과 같은 경로를 통해서 직접적으로 상품을 주문할 수 있다. 경매에 의한 구매는 구매자들에게 시간이 많이 필요로 하므로 수요 공급이 정상적이고 표준화된 상품에 대한 거래에서는 경매가 회피된다.

농수산물 도매시장에서는 다른 업종의 도매시장과 비교할 수 없을 만큼 경매에 의한 거래가 보편적이다. 우리나라에는 2012년 현재 전국에 11개소의 중앙도매시장이 소재하고 있는데 이 중에서 농산물 전용 중앙도매시장은 5개소, 농수산물 겸용 중앙도매시장은 4개소, 수산물 전용 중앙도매시장은 2개소가 있다. 그 밖에도 36개소의 지방 도매시장이 전국에 산재하고 있는데 중앙도매시장 11개소와 지방 도매시장 36개소 모두 경매를 거래의 기본 수단으로 이용하고 있다.

경매제도가 처음 도입된 수산물의 경우에는 부산, 여수, 인천을 비롯한 대규모 산지 어시장과 전국 연안의 소규모 포구나 도서 지방의 작은 어항에 이르기 까지 거의 모든 산지 도매시장의 양육 물량이 경매제도에 의하여 거래되고 있다. 소비지 도매시장에 있어서도 경매제도는 잘 발달되어 있다. 다른 소비지 도매시장에 큰 영향을 주는 서울의 가락동 농수산물 도매시장이나 노량진 수산물 도매시장에서 경매제도를 가격 결정의 기본수단으로 이용하고 있는 실정이다.

경매제도가 우리나라의 농수산물 도매시장에서 기본적인 가격 결정수단으로 이용되고 있다는 사실은 도매시장의 가장 중요한 기능인 가격 결정기능을 경매제도가 잘 반영하고 있다고 말할 수 있으나, 일부에서 경매제도에 대한 시비가 발생하고 있는 것은 경매제도를 비효율적, 비합리적으로 운용함으로써 야기되는 반작용이라고 볼 수 있다.

3. 경매와 유통구조

경매의 가장 흥미로운 특징 중의 하나는 상품을 소유하지 않으면서 단순한 판매자로서 경매활동을 집행하는 경매사들이다. 유통업계의 용어로서 경매사는 일정조건으로 판매하기로 동의하고 상품을 위탁시킨 사람들의 전형적인 거간(broker)이다. 그러나 경매사를 고용하고 있는 경매회사는 특별한 경우에 경매를 개시하기 전에 상품의 소유권을 획득하기도 한다. 경매회사와 위탁자 사이의 관계와 경매회사와 고객관계가 되는 수요자 사이의 관계는 〈그림 8-1-1〉에서 설명하고 있다.

그림에서 경매회사(경매자)와 위탁자, 경매회사(경매자)와 수요자 사이의 점선은 위탁자로부터 경매회사에게, 경매회사로부터 중도매인에게 상품이 단지 물질적으로 이동하고 있음을 나타내며, 소유권이 이전되는 것을 나타내는 것이 아니다(경매회사 X, Y). 그림의 중간부분에서 점선과 거의 평형을 이루고 있는 실선은 상품의 원소유자로부터 경매로 구매한 사람에게 소유권이 이전되어가는 경로를 나타내고 있다. 오른쪽 중간에 있는 점선과 실선으로 표시된 네모상자(Z)는 경매회사가 경매상품의 소유권 획득 없이 경매를 하는 경우와 소유권을 획득한 후에 경매를 하는 경우를 동시에 설명하고 있다.

경매회사(Z)는 자주, 정기적이라 할 정도로 위탁판매상(agent-middleman)으로서의 단순한 역할을 넘어서서 경매에서 재판매할 목적으로 상품의 소유권을 소유하는 중간상인(merchant-middleman)이 되는 경우도 있다. 이를 '매취판매'라 하며 우리나라에서는 특별한 경우에만 허용하고 있으나 매취판매 시행을 둘러싼 논의는 오랫동안 계속되고 있다.

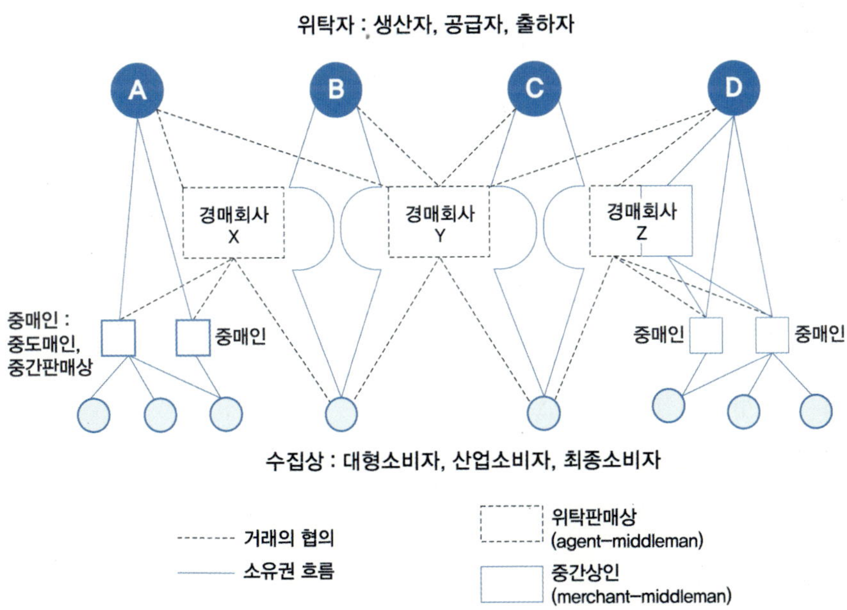

〈그림 8-1-1〉 유통 구조상의 경매회사

그림에서 알 수 있는 바와 같이 경매회사(X, Y, Z)를 나타내는 네모상자의 주변이, 부분적으로 점선과 실선으로 그려진 이유는 상품의 물적이동과 소유권의 이동을 설명하고 있다. 경매회사(X, Y)는 위탁자를 위해 단순히 판매를 대행하는 위탁판매상으로서 역할만 한다.

대부분의 시장거래에서 경매를 포함한 여러 가지 유통 경로가 이용자들에게 제시되고 있다. 여러 가지 유통 경로 중의 하나는 수요자와 공급자가 직접 흥정하여 거래하는 직거래 유통 경로이다. 직거래의 수요자는 소비자(수집상 등)이거나 혹은 중도매인(dealer)이 될 것이다. 수요자와 공급자와의 직거래에서 공급자가 dealer나 구매자를 찾을 수도 있고 반대로 수요자가 공급하고자 하는 공급자를 찾을 수도 있다. 거래 교섭은 단기간에 성립될 수도 있고 장기간에 걸쳐서 진행될 수도 있다. 그림에서 실선으로 된 직선은 실제로 이용되고 있는 수요자와 공급자간의 직거래를 설명하고 있다. 이런 형태의 거래는 경매제도와는 달리 실제적인 소유권이 일방의 교섭당사자에게서 상대방에게 상품교환(exchange)과 함께 소유권이 넘겨진다.

또 다른 유통 경로는 공급자가 dealer에게 판매하면 다시 dealer가 수집업자 혹은 사용자에게 판매하는 경로이다. 이러한 거래에서 dealer는 재판매를 목적으로 구매한 중간상인(merchant-middleman)이다. 그림에서 실선은 상품의 물리적 이동에 수반하여 소유권의 흐름 경로를 설명하고 있다. 실제적으로 dealer는 상품의 최초 소유자에게서 구매하는 것과 마찬가지로 경매에서 구입함으로써 재판매용 상품을 확보할 수 있다. 〈그림 8-1-1〉은 주로 dealer가 경매 회사의 서비스를 통하여 상품 위탁자로부터 소유권을 취득하여 다시 이를 소비자인 고객에게 재판매하는 것을 설명하고 있다.

제2절 경매 제도의 발달

경매제도가 B.C. 500년경에 처음으로 인류생활에 이용된 이후에 여러 가지 형태로 변화하면서 발전하였다. 그리스의 역사가 헤로도투스(Herodotus, B.C.484~B.C.425)의 설명에 의하면 약 B.C. 500년 전에 바빌론(Babylon)[50]에서 1년에 한 번씩 결혼적령기에 있는 여인들을 대상으로 결혼 조건을 경매로서 결정하였다고 한다. 아름다운 처녀들을 시골의 멋쟁이 총각들이 직접 값을 매겨서 구매한 것이 경매제도의 시작이다.

경매는 고대 로마인들의 거래에서도 상당한 수준까지 이용되었다. 로마인들은 돈이 부족 할 때에 재산을 판매하는 방법으로 경매를 이용하였다. 예를 들면 Caligula[51]는 빚을 청산하기 위해서나 생활비 부족분을 보충하기 위해서 가족 소유의 장식품 및 재산을 경매에 상장시켰다. 아마도 역사적으로 가장 비상식적인 경매는 A.D. 193년에 열린 경매일 것이다. 당시 왕실 근위병들이 로마 왕실을 포위하고 집권중인 왕을 살해한 후에 근위병 대장인 Perinax가 로마인 중에서 가장 많은 기부금을 지급하는 사람에게 왕관을 바치겠다고 알렸다. 이 경매에는 Didius Julianus가 병사 1인당 6,250드라크마스(drachmas)를 지불하기로 약속하고 다른 경쟁자들을 이김으로써 근위대장은 그를 황제로 선출하였다. 그러나 Didius는 Sepitimius사령관이 수도를 포위하고 왕을 참수함으로써 왕권을 단지 두 달 밖에 장악하지 못하였다.

경매제도는 자본주의 사회의 수산업에서 특히 잘 발달되었다. 오늘날과 같이 양육항마다 수산물을 판매할 수 있는 근대적인 위판장이 구비되기 이전에는 어선이 어장에서 부두에 귀항하여 즐비하게 어항부두에서 어획물 양육을 기다리고 있을 때, 어상인(魚商人)이 바닷가의 어선에 몰려가 양육할 어획물의 전부 혹은 일부에 대하여 선장과 판매교섭을 하였다고 하자. 판매흥정은 틀림없이 시장 여건, 어획물의 품질, 다른 곳으로부터 유입될 어획물의 공급량과 거래교섭자들의 상대적인 거래능력 등에 의하여 이루어질 수 있을 것이다. 그러나 시간이 조금 지난 후 어선의 선장들이 어가(魚價)를 알아보고자 선창가 선술집에 모여 지역 유통업자들에게 전화를 걸어보면 또 다른 거래자를 만날 수 있게 된다. 또한 생선이 필요한 시장 상인들도 선장들의 습관을 알고 목로주점에 들러서 어가(魚價)에 대한 흥정을 할 수 있다. 상인들은 그들이 선박을 방문했을 때와 아주 다른 분위기에서 선장이 새로

50 바빌론은 고대 메소포타미아에 있었던 도시로서 현재는 이라크의 바그다드 남쪽 80㎞ 지점에 위치하는 알히라 지역에 유적지가 있다.

51 Caligula는 고대 로마의 제3대 황제(재위 A.D. 37~41)로서, 즉위 초에는 민심수습책으로 원로원, 군대, 민중에게 환영을 받았으나 낭비와 증여로 재정을 파탄시키고 잔혹한 독재정치를 강행하여 근위병의 한 장교에게 암살되었다.

운 정보를 가지고 있을 것이라는 기대를 가지면서, 선박을 방문했을 때와 동일한 방법으로 선장과 흥정을 다시 시작하게 될 것이다. 그러나 다수가 모인 목로주점의 거래 센터에서 진행되는 거래 흥정은 다음과 같은 두 가지 면에서 어선에서 하는 흥정과 다르다.

(1) 구매희망자들은 다른 구매자들이 출현하게 될지 모르기 때문에 선장들이 꼭 자기와 거래하리라고 기대하지 않는다.
(2) 선장들도 어획물을 판매하고자 하는 다른 선장들이 나타날지 모르기 때문에 구매희망자가 꼭 자기와 거래하리라 기대하지 않는다.

한편에서 개별 거래를 위한 흥정을 하면서 다른 한편에서도 다른 구매자들과도 흥정을 함으로서 구매자들로 하여금 구매경쟁을 자극하게 되면 경매의식이 잉태된다. 특히 상품의 공급량이 부족할 때 경매의식은 높아진다. 예를 들어 상인이 어획물에 대하여 kg당 천원을 선장에게 제시하면 꼭 어류를 구매할 필요가 있는 다른 상인이 이를 엿듣고 '선장, 그 거래 그만 두게, 내가 천 백원을 내지.'하고 제시하는 일이 벌어진다. 선장도 그가 seller의 시장에 있다는 것을 재빨리 인식하게 되면서 그가 상인 상호간에 경쟁을 시켜서 어가를 높이도록 하여 수익을 향상시키도록 할 수 있다.

이와 같은 판매형태가 정착되어 감에 따라서 어민들이 스스로 협정을 맺어서 경매를 통해서만 판매하도록 하고 나아가서 더욱 적절한 교역 장소를 결정하게 되는 것은 자연스러운 어획물 판매의 발전단계가 될 것이다. 이어서 정기적으로 교역할 시간과 장소를 결정하고 거래가 발생할 것이라는 가정으로 판매조건 즉 특별한 거래법칙을 정하게 될 것이다.

1. 영 · 미의 경매제도

정보의 교류가 부족한 오래전부터 경매는 판매수단으로서 이용되었다.

영국에서 경매방법이 처음 도입된 시기를 알아내기는 어려운 일이다. Oxford English Dictionary에 의하면 가장 오래된 경매라는 용어는 1595년에 있었다고 한다. 그러나 17세기 말에는 그림을 팔기 위하여 커피집이나 목로주점에 모여서 경매가

열렸다. London Gazette의 1882년도 발간물 속에는 '경매장이 매일 열림' 이라는 기록이 있다.

17세기에 영국에서는 적어도 몇 차례에 걸친 가구의 경매가 있었다. 1662년에는 선박의 경매가 있었고 또 다른 재산에 대한 경매도 있었다. 세계적으로 유명한 경매회사인 Sotheby는 1744년에 설립되었고 Christie는 1766년에 영업을 개시하였다.

1660년에서 1740년 사이에 시행된 영국의 경매는 그것이 법원의 명령에 의한 경매이거나 사적인 경매이거나 간에 아주 일반화 되었다. 가구나 물건의 경매가 토지보다 훨씬 발달하였다. 두 형태의 재산 모두 1739년 3월 8일~10일자 런던 이브닝포스트지에 경매에 대한 광고가 게재되었다.

미국은 여러 나라에서 이민해온 사람들과 함께 그들의 사고(ideas), 제도 및 기구도 옮겨왔다. 이러한 방법으로 경매도 영국에서 미국으로 전승되어 초기 미국 식민지 통치자들이 적법한 절차에 의하여 재산을 처분하거나 상품 재고를 처분하는 방법으로 경매를 이용하였다. 초창기 미국에서는 경매가 산지시장이나 1차 시장 단계에서 특히 널리 이용되었다. 점차 동부 이민자들의 정착인구와 이용면적이 증가함에 따라서 경매는 급속도로 발전하였다. 그러나 경매의 방법은 영국식 혹은 상향식 가격결정을 적용하였지만 그 구체적인 경매의 정보는 부족하였다.

18세기 초기 영국 제조업자 및 수출업자들이 미국 항구에 소재하고 있는 대리점에 상품을 위탁하면, 대리점은 수입품에 부과된 관세를 지불하고 경매로 상품을 판매한 후에 약속어음을 수취하여 은행에서 할인하고, 그 금액에서 대리점 수수료를 공제하고 남은 나머지 금액을 영국의 위탁주에게 송금하였다. 초창기 미국의 상업에서 경매가 널리 이용되었기 때문에 경매를 이용하지 못한 전통적인 미국의 수입업자나 중간상들은 어려움에 봉착하였다. 영국인의 가격정책은 경매방법을 이용하여 미국시장에서 미국 제품을 몰아내고 영국제품을 더 많이 판매하는데 중점을 두었다. 그럼으로써 경매방법은 미국에서 심각한 공개적인 반발을 사게 되고 강력한 시민운동을 초래하는 원인이 되었다. 그러나 새롭게 도입된 거래방법인 경매제도는 미국의 아주 매력 있는 상업적 수단이었다.

미국의 경매를 역사적 관점에서 설명할 때 옛 남부의 불명예스러운 노예 매매제도를 언급하지 않으면 불완전한 설명이 된다. 그 당시 노예들은 가구처럼 재산으로 생각되었으며 때로는 매도인들이 정가제로서 팔기도 하고 매매 당사자 간에 개별 흥정에 의하여 팔리기도 하였으나 거의 대부분은 경매에서 매매되었다.

노예의 수요조건은 성별, 신체조건마다 다양하였다. 젊고 건강한 노예는 높은 가격이 매겨졌는데 무려 $1,750인 경우도 있었다. 남자는 젊지 않을지라도 숙련된 노예는 거래에서 인기가 있었고 여자들은 아기를 생산할 수 있거나 하녀로 이용할 수 있거나 또는 어린여자가 인기가 있었다. 어린이들은 가족과 함께 인수한 후 나중에 금액을 지불하므로 투기적인 구매가 되었다.

노예교역은 미국이 노예수입을 금지하는 연방법이 통과된 1808년까지는 제한받지 않았으나 그때까지 수입업자들은 노예를 농장주에게 판매하거나, 재판매를 통하여 돈을 벌고자 하는 중간상인(대리인, 거간)들인 2차 무역업자들에게 판매하였다. 노예수입은 수입을 제한하는 형법이 강화된 1808년 이후에 노예 1차 시장은 종지부를 찍었다. 그러나 노예 전문 매매업자를 통하여 매매하는 악질적인 농장주 사이에서 노예교역은 계속되었다. 노예 전문 매매업자들은 농장주들의 일손부족을 보충하거나 재판매용 차익을 노리는 거간들에게 노예를 공급하였다. 1862년 노예해방령이 선포된 후에는 노예매매는 완전히 법적으로 금지되었다.

노예경매는 영국식(상향식) 가격결정방법이 이용되었고 경매사는 노예시장에 모인 군중들에게 시장 개장연설을 떠들썩하게 한 후에 가족단위나 개인별로 경매를 시작하였다. 그는 상품을 진열하듯이 노예를 전부 진열시키고 입찰가를 부르기 시작하지만 때로는 가격을 확정하기 위해서는 처음에 제시한 가격을 낮추기도 하였다. 응찰가격이 제시되기 시작하면 경매사는 가격을 상향조정하여 호가하며 더 이상 최고 가격이 제시되지 않을 때까지 실질적인 호가는 계속된다.

노예가 가족집단으로 팔릴 때 입찰가격은 가끔 개인당 평균가격으로 호가된다. 5인 가족 노예는 가치 면에서 아버지 $1,200, 어머니 $950 그리고 세 어린이가 각각 $725, $650, $475라고 하면 합계금액이 가족 모두 $4,000로 추정될 것이다. 이러한 경우에 실질경매는 한사람 당 $200에서 시작하여 가족 모두에게 $3,500에 상당하는 $700수준으로 상향하여 가격이 매겨져서 최종적으로 $800에서 가격이 결정된다.

오늘날에는 거의 없는 이런 판매방법은 전체적으로 큰 금액을 호가하는 대신에 적은 금액임을 강조할 수 있고, '입찰자에게 집단으로 질 좋은 노예를 판매한다.' 라는 생각을 심어주어 경매사의 이익을 최대화 할 수 있었기 때문에 널리 채택되었다.

2. 동양의 경매제도

동양에서는 개별흥정으로 어획물을 판매하게 되면 어업자에게는 불리하고 유통업자가 유리하게 거래된다는 사실이 확인되었다. 일본에서는 1,800년대 후반까지 유통업자들이 어민들을 속박하는 유통체제를 유지하였다. 당시 일본의 봉건조직 속에서 통치자들은 어상인들에게 유통 독점권, 소위 ura-ukeoi[52]시스템이라는 유통 독점권을 부여하여 대형 상업지역의 유통업자들이 전국에 산재하고 있는 소규모 어업자들을 통제할 수 있게 하였다. 이에 따라 특혜를 얻은 상인들은 대영주에게 그들이 향유한 독점적인 유통이용권에 대한 공납을 올렸다.

일본에서 유신혁명의 첫 단계는 영주제와 이에 따른 독점구조의 붕괴였다. 1869년에 시작된 이 혁신은 1910-1930년 사이에 가속화되었으므로 이전에 독점적 특혜를 누렸던 여러 가지 행위는 시장경제 형태로 바뀌었다. 구 시장제도는 시장의 중개상과 공급자 사이에 격렬한 경쟁체제로 대치되었다. 즉 어업자들은 의무적으로 독점권을 가진 중개업자들에게 판매하는 대신에 자본주의 경쟁 체제 속에서 임의로 판매할 수 있게 되었다. 이러한 새로운 제도 속에서 어업자들은 유통업자들에게 금융지원을 받으면서 선용품 구매와 어획물 판매에 따른 개별적인 거래가 발달되었다. 그러나 어업자들은 새로운 유통업자들인 객주로부터 금융지원을 받음으로서 채무-채권자 관계가 성립되어 상품에 대한 판매 경쟁은 없거나 거의 없었다. 즉 어획물 공급자(어업자)들은 그들이 자금을 차입한 사람들에게만 교역을 하여야 함으로 거대한 수요독점 혹은 구매독점 현상이 존재하였다. 이로 인하여 채권자인 구매자(유통업자)들은 임의적으로 가격을 결정할 수 있었고 어업자들에게 공급자금을 적게 제공했을 뿐만 아니라 가격을 압박하였다. 어민들은 불가능한 일은 아닐지라도 독점금지법이 없는 한 그러한 곤경에서 빠져나오기가 어렵다는 것을 알게

52 일본의 영주제하에서 봉건영주가 금융 중심의 유통업자에게 도급계약으로 어류의 유통을 전담하는 권리를 부여하고 어민들은 생산에 전념토록하게 하는 제도이다.

되었다.

이상과 같이 유통업자들의 독점적 횡포를 배제하고 유통업자와 생산자들이 공정하게 거래할 수 있는 방법은 공개 시장 제도를 도입하여 구매자들이 경매 시장에서 상품을 구매하게 함으로써 유통업자들의 횡포를 방지할 수 있게 하는 것이었다.

2차 세계대전이 시작될 때까지 홍콩시장은 lann 혹은 중간상들이 어업자들을 지배하였다. 상업 자본주의자들은 어업자들에게 어업에 필요한 선용품과 자금을 제공해주는 대신에 어업자들의 어획물을 그들에게 가져올 것을 요구하였다. 그러한 요구는 채권 채무관계가 청산될 때까지 계속되었다. 그러나 1940년 크라운 식민지 법률이 입법됨으로써 lann에 의한 어민의 지배는 자율적인 협동조합 관리로 대체되었다. 협동조합은 어민들의 재정적인 부담을 책임지고 상인 유통업자들의 채무를 변제하였다. 만일 법률제정이 없었다면 어업자들의 상업 유통업자에 대한 채무는 대를 이어서 부모가 자식에게 넘겨주어야 할 정도였다.

법개정 이후에 생산자들은 상업자본가(독점 판매자)에게서 벗어나 공개된 경쟁시장에서 구매 경쟁자들에게 상품을 팔수 있게 되었다. 이러한 공개시장 기구는 어류판매를 위한 공개경매와 개별흥정(구매자와 협동조합 판매담당자의 교섭)형태를 도입하게 되었다. 모든 어업생산자들은 상품을 공개시장을 통하여 유통시키고자 하였기 때문에 매점매석은 제거되었고 경매는 시장개혁 프로그램을 이행하는 효과적인 도구가 되었다.

중국에서는 네 가지 방법으로 사찰과 승려를 위해서 모금을 하였는데 전당포, 상호 금융기관, 복권 그리고 경매에 의한 판매가 그것이다. 죽은 승려들의 개인 소유품은 7세기 초까지 다른 승려들에게 경매에 부쳐졌으며 경매사로서의 임무를 수행하는 승려가 정상가격을 알리고 그 물건이 신품인지 그리고 낡았는지 오래된 것인지를 설명하였다.

3. 미래의 경매 제도

유통에 경매를 적용함으로써 커다란 발전이 있었음에도 불구하고 세계의 여러

나라에서는 아직도 경매의 유용한 잠재력을 충분히 활용하지 못하고 있다. 많은 신생국 중에는 아직도 유통업자들이 생산자들을 지배하고 있다. 아프리카의 어떤 나라에서는 밤에 생선을 어획하여 밤에 유통업자에게 판매하고, 낮에는 어획대금을 수취하여 선용품을 구매하고 출어 준비를 한다. 유통상인들은 밤에 구입한 어획물을 낮에 시장에서 판매한다. 상인들이 판매를 지배하고 있는 한 상인들이 어업자를 지배할 수 있다. 생산자들이 어획한 대량의 어획물을 유통업자를 대신하여 구매해 줄 효율적인 경쟁자들이 없으면 생산자들은 유통업자들이 생산자들에게 지불하고자 하는 금액을 받고 유통업자들에게 판매하여야 한다. 이에 따라서 어업자들은 상인들에게 자본적으로 종속될 수밖에 없음으로 생산자들은 어획물을 상인들에게 판매하지 않을 수 없다.

만약 저개발국가들이 홍콩, 일본과 같이 유통업자들에게 종속되는 경험을 가지게 되면 국제기구와 같은 특별한 조직이 개입하여 다음과 같은 방법으로 생산자들을 유통업자들에게 경제적 노예상태에서 벗어나게 할 수 있을 것이다.

a) 생산자들에게 자금을 지원하여 유통업자들로부터 전도금에 대한 압박에서 벗어나게 한다.
b) 구시대적인 유통업자들의 활동을 금지시키고 경매와 같은 공개 시장기구를 만들어서 판매를 신속하게 하게 한다.

이러한 방법을 시행하게 되면 어업자들은 그들이 생산한 어획물에 대하여 충분한 시장 가격을 수취할 수 있게 될 것이고 또한 경매는 경제적 도구로서 뿐만 아니라 사회적 도구로서 헌신할 수 있을 것이다.

제3절 가격결정 메커니즘으로서의 경매

거래상의 가격결정방법은 복잡한 요소들을 내포하고 있지만 정가형, 흥정형, 경쟁형이라는 세 가지의 기본적인 가격결정방법에 의해서 이루어지는데 경매는 이러한 세 가지 형태 가운데 하나인 경쟁형(경쟁 가격 결정 행태)의 하부형태에 속한다.

1. 정가형

이 형태는 선진국에서처럼 거래 질서가 확립되어 있는 사회에서 소비자에게 가장 일반화되어 있는 가격 결정형태이며, 가격 결정자는 판매자이다. 판매자는 고객이 구매하리라 예상되는 금액으로 가격을 정한다. 이 가격 결정 형태는 판매자가 일방적으로 가격을 결정함으로 일방적 가격 결정형(fixed or take-it leave-it pricing)이라 하거나 가격이 정해지면 구매자가 흥정할 수 없는 정해진 가격이라 하여 정가형이라 하고 이 가격을 정가(定價)가격 또는 단순히 정가라고 한다.

정가형 가격은 비록 판매자들이 가격을 결정한다 할지라도 잠재 구매자들은 판매자들이 결정한 가격이 만족스럽지 않으면 구매하지 않음으로서 결정된 가격을 거절할 수 있다. 정가형에서 판매자는 고객이 상품을 구매하느냐 혹은 구매하지 않느냐를 반영하여 가격을 조정할 수는 있으나 이때에도 고객과 흥정이나 협상을 통하여 가격을 결정하는 것은 아니다.

2. 흥정형

흥정가격 결정(private treaty pricing) 형태는 쌍방 흥정 가격 결정형이라고 하거나 단순히 흥정형이라고 한다. 구매자와 판매자 쌍방이 흥정하여 구체적인 가격을 결정하던가 혹은 가격이 구체화 되지 않고 쌍방 중 어느 한쪽에서 '조정할 수 있는 이유'가 있는 수준에서 초기 결정 가격을 제시한다. 이어서 하나 혹은 복수의 반대 가격이 제시되고 거래자 상호간에 일방이 유리한 가격이 결정되도록 흥정과 토론이나 협상이 수반된다. 흥정 또는 협상과 조정은 쌍방이 동의하는 가격에 도달할 때까지 계속된다. 이러한 가격결정 형태를 쌍방 흥정 가격 결정형 또는 흥정형이라 한다. 흥정형은 협의형, 협상형이라 하기도 한다. 흥정에 의해서 결정되는 가격을 흥정가격이라 한다. 일부에서는 흥정에 의해서 성립하는 거래를 상대매매(相對賣買), 흥정에 의해서 결정되는 가격을 상대가격(相對價格)이라 하는데 이는 일본 용어를 그대로 옮긴 것이다.

3. 경쟁형

경쟁가격결정(Competitive bid pricing) 형태는 거래당사자의 일방 또는 쌍방이 경쟁하면서 가격을 결정하는 방법으로서 단순히 경쟁형이라고 한다. 경쟁형은 봉인입찰형(입찰제)과 경매형(경매제)의 두 가지 종류가 있다. 일반적인 경매형은 거래당사자의 일방인 구매자가 경쟁하면서 가격을 결정하지만, 이와는 달리 거래당사자의 쌍방이 경쟁하면서 가격을 결정하는 방법은 증권거래나 특별한 상품거래에서 이용되고 있다.

경쟁 가격 결정형은 다른 가격 결정형태와 기본적으로 다르다.

경쟁형은 정가형과는 달리 맞춤옷을 거래 할 때처럼 매 거래마다 가격이 유연하게 변화하면서 결정된다. 경쟁형은 개별 흥정형과도 큰 차이가 있다. 개별 흥정형은 판매자와 구매자가 개별적으로 흥정하여 가격을 결정하지만 경쟁형은 구매자가 다른 구매자들 앞에서 가격을 공개적으로 제시하면서 가격을 결정한다.

경쟁형의 두 종류인 봉인 입찰제와 경매형의 내용은 다음과 같다.

3-1. 봉인 입찰형(sealed-bid arrangements)

봉인 입찰제란 거래 가격을 봉인하여 제시하는 방법으로서 저가(低價) 낙찰형과 고가(高價) 낙찰형의 두 형태가 있다.

- 저가 낙찰형: 거래자의 일방이 자신과 거래를 희망하는 거래당사자들에게 거래가격을 봉인하여 제시하게 하되, 경쟁적으로 낮게 제시하게 하여 최저 가격 제시자를 거래자로 결정하는 방법이다. 예를 들면 건물을 건축할 때 건설업자들이 수주(受注)를 위하여 경쟁하는 것처럼 다른 업자들보다 낮은 가격을 제시하도록 입찰을 통하여 경쟁을 시키는 형태이다. 정부의 조달청에서 구입하는 조달물자도 저가 낙찰형을 이용하고 있다.
- 고가 낙찰형: 거래의 일방이 자신과 거래를 희망하는 거래당사자들에게 거래가격을 봉인하여 경쟁적으로 높게 제시하게 하여 가격을 결정하는 방법이다. 예를 들면 채벌권을 판매할 때와 같이 상품을 구매하고자 하는 업자가 상대방에게 보다 높은 가격을 제시하도록 경쟁시키는 형태이다. 법원 부동산 경매도 고가 낙찰형에 해당한다.

3-2. 경매형

이 가격 결정형태는 구매하고자 하는 자들이 서로 가격을 높게 호가하도록 하는데 높은 가격은 다른 호가자에 의해서 계속적으로 이어져 최종적으로 가장 높은 가격을 제시하는 호가자가 구매자가 된다. 예외는 있지만 통상적으로 경매사가 최종 경락자(구매자)를 경매를 통하여 현장에서 결정한다.

위에서 설명한 봉인 입찰제와 경매제는 동일한 경쟁형 가격결정 방법의 범주에 속하지만 다음과 같은 세 가지 면에서 차이점이 있다.

첫째, 봉인 입찰제는 판매자(위탁자)가 상품을 판매하는데 열중하는데 비하여 경매제는 구매자가 상품을 구매하기 위하여 열중한다.

둘째, 봉인 입찰제는 입찰 소요시간이 길고 경매제는 경매에 소요되는 시간이 짧다.

봉인 입찰제는 등록시간과 가격제시 시간 사이의 간격이 길어서 가격제시를 할 때도 일정시간을 여유롭게 부여하지만 경매는 순식간에 시행된다. 또한 등록시간과 가격제시 시간에 입찰에 소요되는 필요 금액을 준비하고 입찰 전략을 수립하는데 이용할 수 있다. 경매제는 비용조달과 전략수립에 이용할 충분한 시간이 제공되지 않고 경매에 소요되는 시간도 순간적이다.

셋째, 봉인입찰제는 한번만 가격을 제시하지만 경매제는 여러번 가격을 제시할 수 있다. 입찰제는 경쟁자들의 거래 희망 가격을 알지 못한 채 한번 만 가격을 제시한다. 그러나 경매제는 여러 번 응찰가격을 제시할 수 있고 또한 다른 경쟁자들의 응찰가격을 관찰하면서 응찰가를 제시할 수 있다. 따라서 봉인입찰제는 경매제와 비교하여 훨씬 맹목적으로 가격을 제시하게 된다.

경매제에서는 경매장에 구매 희망자들이 얼마나 참석하느냐에 따라서 경매품에 대하여 관심이 얼마나 강열한가를 판단할 수 있다.

경쟁형 가격결정의 근본적인 특징은 매 거래 시마다 그 때의 수요와 공급에 초점을 맞추어 경쟁하는데 있다. 매 거래 시마다 결정되는 거래가격은 최후에 낙찰한 구매자가 제시한 가격이며, 낙찰자는 매번 완전히 다른 사람으로 바뀔 수 있다. 낙찰가격도 거래시 마다 매번 다른 가격이 결정되는데 그 가격은 응찰자가 취득하기를 희망하는 상품에 대하여 얼마나 높은 가격을 제시하느냐에 달려있다.

경매와 거래소와의 차이점도 명백히 구분할 필요가 있다. 거래소란 판매자와 구매자가 거래를 성립시키기 위하여 만나는 장소일 뿐이다. 유명한 거래소로는 영국

베드포드 소재의 면화거래소, 미국 뉴욕소재의 다이아몬드 중개거래소, 미국 뉴욕의 주식거래소가 있다.

거래소는 판매자들이 공급할 상품에 대하여 상대방에게 값을 제시하고 구매자들도 구매할 상품에 대하여 상대방에게 값을 제시하는 장소로서 '쌍방(雙方)경매' 장소이다. 주식거래소에서는 구매자와 판매자가 경쟁하여 구매 및 판매가격을 제시한다. 주식시장은 거래 절차상 판매자들이 스스로 판매경쟁을 하는 한편으로 구매자들도 스스로 구매경쟁을 함으로써 거래가 성립된다. 그것은 판매자와 구매자들이 상호 효과적인 교역을 위하여 서로 만족할 만한 가격 수준을 찾아 낼 수 있도록 위임한 중개인(broker)을 통하여 경쟁함에 있어서 다자간 협상이 성립되게 하는 형태적 특징이 있다.

강력한 경쟁이 있는 시장 여건에서는 주식 구입을 희망하는 자들이 상호간에 경쟁을 함으로써 값이 올라가는 경향이며, 느슨한 경쟁의 시장여건은 반대로 판매자들이 경쟁을 하면서 구매 희망자들을 찾기 위하여 끊임없이 노력한다. 거래소의 가격 결정장치가 특별한 것은 아니다. 단순한 거래소는 개인 구매자와 판매자의 사적인 흥정만 하는 곳이지만 보다 복잡한 거래소는 매매 당사자 간에 경쟁적인 가격 제시가 이루어질 뿐이다.

경매는 거래할 품목을 전량 상장하여 거래하는 확인거래를 원칙으로 하지만 거래소 거래는 거래할 물품의 견본이나 표준품을 상장하여 거래하는 견본거래 또는 표준품 거래를 원칙으로 한다.

4. 경매식 판매의 응용

경매 제도는 적어도 특정 상품에 있어서는 거의 모든 나라의 가장 중요한 판매방법이다. 예를 들어 미국에서는 경매로 대량의 잎담배를 거래하며 농장에서 시장으로 옮겨지는 거의 모든 가축과 과일, 야채, 가금, 달걀, 보석이 경매에 의하여 판매되었으며 예술품과 건물, 건물부지 조차 도매로 경매되었다. 경매에 의하여 판매된 품목은 그 밖에도 비행기, 고가구, 사인(sign), 자동나사못 스쿠루, 목초지, 자동차(신품, 중고품, 수입품, 국내품, 스포츠카), 차고, 자동차 장비, 유흥업소와 그 허가 등, 경매 상품의 종류가 다양하고 많다. 특정한 판매형태로서 경매의 이용은 세계 대부분의 나라로 확대되었다.

물품을 판매함에 있어서 경매제도를 응용할 것인가 아니면 다른 가격 결정방법을 이용할 것인가 하는 의사결정은 주관적인 판단에 의존하고 있지만 기본적으로 경매는 다른 판매방법과 비교하여 경제 효율성이 어떤가를 판단하는 문제이다. 즉, 매매당사자들이 거래에 투입하는 노력과 관련하여 경매가 수익을 최대화할 수 있는 제도라면 경매가 이용될 것이다. 만약 그렇지 않다면 더욱 효과적인 판매 메커니즘이 채택될 것이다. 일정기간에 거래 수단의 효율성에 변화가 나타나면 새로운 판매방법을 생각하게 될 것이다. 경매에 상장되는 대부분의 상품들은 가공업체나 제조업체의 기본이 되는 원료이거나 또는 이전에 다른 사람에 의하여 사용된 중고품이다. 경매에서 판매되는 상품 중에는 신규 공산품은 거의 없다. 보통 경매에서 팔린 상품은 희소성이 있는 오래된 골동품이거나 거의 새로운 중고품이다.

농수산물은 천연상품 및 원료형태로 경매에 상장된다. 좋은 예는 미국에서 볼 수 있다. 잎담배, 과일, 모피, 차, 목재, 야채, 면화와 다른 많은 상품들이 1차 유통단계에서 경매되고 있다. 어류는 세계 대부분의 지역에서 1차 유통단계에 경매로서 판매된다.

그러나 다음과 같은 두 가지 면에서 경매의 중요성을 과장하고 있는 경향이 있다.

첫째, '천연상품은 주로 경매방법이 이용된다.'는 문구는 천연상품의 가공품 판매도 경매방법을 이용한다고 오해될 수 있다.

잎담배, 가축, 면화, 차 등과 같이 천연상품이나 원료 상품류 판매에 경매가 일반화 되어 있는 분야라 할지라도 1차 유통단계가 아닌 그 다음 단계에는 정가형이나 흥정형 판매방법이 이용되고 있기 때문에 경매방법은 거의 이용되지 않고 있다.

둘째, 상장된 경매 목록표만으로는 정확한 품질과 등급을 알 수 없다.

경매에는 간혹 신품이 상장되는 경우가 있다. 최근에 성행하는 인터넷 경매는 중고품 경매도 성행하지만 신품만 전문적으로 경매하는 사이트도 등장하였다.

경매에 상장된 상품들이 정상품이라고 선전하지만 재고품을 정리할 목적으로 경매에 상장시키거나 또는 경매에 상장시킬 목적으로 특별히 염가로 제작하는 상품도 있어서 상장된 경매 목록표만으로는 정확한 상품의 품질과 등급을 알기 어렵다. 일부의 신제품(예, 응접실 가구)은 경매에 상장시킬 목적으로 특별히 제작되기도 한다. 그러한 제품은 표면상으로는 정상적인 유통 경로를 통하여 판매할 것으로 만들어졌다고 선전하지만 그것이 원 소유자에게 경제적 만족을 주기 위하여 급히 팔아야 할 사정이 생겼다고 선전하면서 경매로 판매한다. 실제로 그런 제품은 이익을 얻을 목적으로 경매에서 팔도록 계획된 것이었다.

제4절 경매의 유형

세계적으로 이용되고 있는 수많은 경매제도는 서로 공통점과 유사점이 많지만 정확하고 명백하게 동일한 제도는 많지 않다. 여러 가지 경매제도는 각제도의 성질에 따라서 다음과 같이 구분할 수 있다.

1. 가격 결정 방식에 의한 구분

경매가격을 제시함에 있어서 가격이 낮은 쪽에서 높은 쪽으로 차츰 올라가는 형태를 상향식 경매라 한다. 또는 이 제도가 발달된 국가의 명칭을 인용하여 영국식 경매라 한다. 반대로 경매사가 경매의 첫 제시가격을 높은 가격 수준에서 시작하여 응찰자가 나타날 때까지 차츰 낮은 가격의 방향으로 가격이 제시 되는 형태를 하향식 경매 또는 이 제도가 발달된 국가의 명칭을 인용하여 네덜란드식 경매라 한다.

1-1. 영국식 경매

영국식 경매(the English-ascending bid-auction) 제도는 영어권에서 가장 보편적으로 사용하는 경매 방법으로서 상향식 경매라고도 한다. 실제로 경매에 활발하게 종사하고 있는 사람일지라도 많은 사람들은 다른 제도가 존재하고 있다는 사실을 모르고 있을 정도로 일반적으로 이용하는 제도이다.

상향식 판매방법의 원칙은 아주 단순하다. 경매사가 경매 물품에 관심을 가지고 모인 구매자들에게 첫 가격를 제시한다. 그 후 응찰자들은 최고응찰자가 남을 때까지 가격경쟁을 계속한다. 마지막 응찰가격은 예정가격과 동일하거나 예정가격을 초과하게 함으로서 경매상품이나 물량은 최종적으로 남은 응찰자에게 돌아갈 것이다. 〈그림 8-4-1〉은 영국식 경매 제도의 경매과정을 설명하고 있다.

영국식 경매는 본질적으로 단순하지만 실제는 다소 복잡하다. 응찰자들은 서로 계속하여 높은 가격을 제시하면서 경매에 부쳐진 물품을 구매하기 위하여 경쟁한다. 가격 수준이 높아감에 따라서 많은 경쟁 응찰자들이 점차적으로 탈락한다.

응찰자들이 각 단계의 가격 수준을 알게 하고 경매물량이 어느 정도인지 알림으로서 응찰자들이 상향식 응찰가격을 제시할 수 있도록 하는 것이 경매사의 의무이다. 경매가 절정단계로 진행되면 단지 한사람을 제외한 모든 예상 구매자들은 탈락하고 최종 응찰자가 물품의 소유권을 얻게 된다.

경매의 첫 순서는 상장된 물품을 구매하기 위하여 기다리고 있는 응찰자들로부터 응찰가격을 제시하도록 종용하면서 시작된다. 이러한 절차는 시간이 많이 소요되므로 경매사는 종종 구체적인 금액을 제시한다. 예를 들어서, '만원 내실 분 없으십니까?' 그래도 만약 응찰자가 없으면 첫 응찰가격이 제시될 때까지 더 낮은 금액을 제시한다. 그렇게 하여 응찰자가 나타나면 그 후에는 점차 첫 응찰자의 가격보다 높아져서 나중에는 상당히 높은 가격이 형성된다. 경매사는 당초 판매하기로

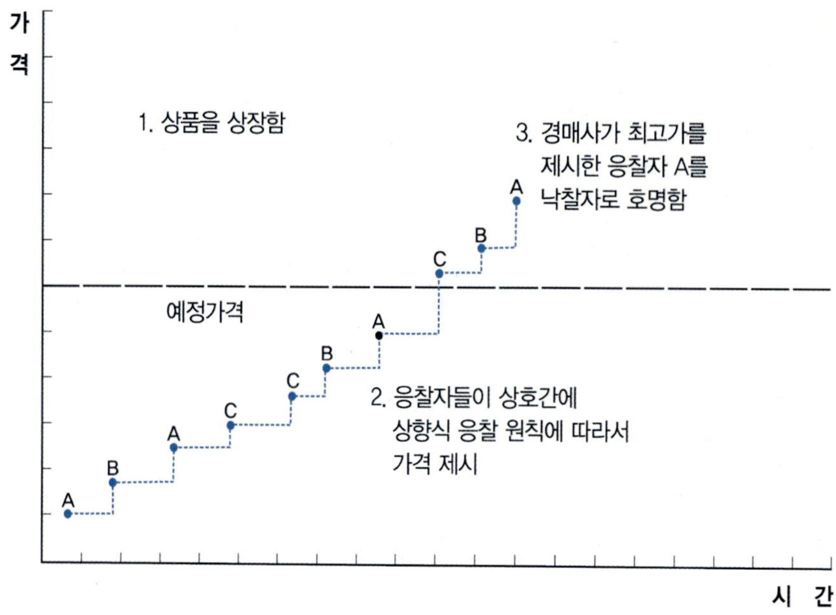

〈그림 8-4-1〉 영국식 경매과정

내정한 예정가격을 넘어서면 더 이상 적정한 가격의 응찰이 없을 것이라 생각하고 응찰을 종료시킨다. 만일 예정가격을 사전에 정해두지 않았다 할지라도 정해진 경매시간이 경과하면 마찬가지로 경매를 종료한다. 때로는 최종적으로 제시된 가격보다 높은 가격을 3회 호창하여 더 높은 가격이 제시되지 않으면 최종적으로 제시된 가격을 낙찰가격으로 정한다.

경매사는 보통 구매자가 받아들일 수 있는 첫 응찰가격을 알아내려는 시도를 하지만, 설사 모른다 할지라도 그 대신에 구체적인 다른 가격으로 시작하여 최고가격에 한 명 내지 두 명의 업자가 계속하여 응찰하기를 바라면서 실질적인 경쟁이 되도록 점차 가격을 올려나간다. 사실 유능한 경매사는 이런 절차를 잘 알고 있어야 시장에서 일류 위탁품을 확보할 수 있고 상품의 가치를 잘 판단할 수 있다. 경매사는 때때로 이런 방법으로 운영하여도 예정가격 수준에 도달하지 않은 채 시간이 초과하면 판매하지 않고 상품을 철수시켜 버린다.

상향식 경매를 복잡하게 만드는 요소는 응찰자들의 가격제시가 공개적으로 이루어지지 않고 귀를 당기고, 눈으로 윙크를 하는 등 다양한 방법의 신호 응찰을 하는데 있다. 이러한 신호 응찰은 경매사가 응찰자를 빨리 발견하지 못하는 단점이 있는데 비하여 여러 가지 장점이 있다. 만약 응찰자들이 목소리로 가격을 제시한다면 경매장은 시끄러워서 온통 혼란이 야기될 것이고 또한 여러 사람이 동시에 호가하면 여러 사람이 제시한 금액을 잘 알아듣기 힘들기 때문에 경매사가 실수를 저지를 기회가 많아진다.

일단 신호방법 경매가 채택되면 구매자와 판매자가 신호의 의미가 무엇인지 정확히 알 수 있도록 하기 위하여 가격 구간제(system of price intervals)를 도입해야 한다. 미국의 담배, 가축시장에서는 구간 금액이 고정되어 있다. 어떤 상황에서든 경매사는 가격인상에 아주 신중해야 한다. 가격인상은 물품의 예상 판매가격을 고려하면서 가격이 매겨지고 있는 가격 수준을 기초로 하여 결정된다. 어떤 의미로 예상구매자들은 경매사가 경매금액을 확정하여 알릴 때까지 실질적인 가격인상이 얼마나 되었으며 정확한 응찰금액이 얼마인지 모른 채 맹목적으로 응찰을 한다고 할 수 있다. 경매사는 그가 예상하고 있는 금액과 현재 호가하고 있는 가격을 고려하면서 응찰자들을 이끌어 나간다. 이런 종류의 경매에는 초심자라 할지라도 훌륭하게 참여할 수 있을 것이다.

상향식 경매에서 가격경쟁은 아주 강열하게 이루어진다. 더욱이 경매사는 다른 경매형태에서 보다 더 많이 가격에 영향을 줄 수 있다. 영국식 경매는 개인 간의 경쟁이 다른 경매에서보다 강열하게 나타나고 또한 경매사가 요령을 부려서 가격에 영향을 주는 기회를 많이 가지도록 조직되어 있다. 경매사의 영향은 부분적으로 경매사 자신의 개성, 목소리, 침착성에 달려 있으나, 주로 상품의 가치를 알아야 하고 경쟁을 자극시키는 기술이 있어야 하며 때로는 판매 속도를 가속화 시킬 줄 알아야 한다.

1-2. 네덜란드식 경매

네덜란드식 경매(the Dutch-descending price-auction) 제도는 하향 가격식 경매제이다. 경매사는 경매시작 가격을 결정하고 응찰자가 나타날 때까지 가격의 하향구간마다 가격을 제시하며, 그 가격은 단순히 응찰자들을 경매에 참여시키는 초대장이며 응찰자의 첫 호가가격이 최고가격이며 낙찰가격이 된다. 이 제도에서 예상구매자들은 영국식에서와 마찬가지로 상호간에 경쟁을 벌린다. 각 응찰자는 순간순간에 그가 직면하고 있는 경쟁구조를 의식하면서 경쟁한다. 네덜란드식 경매는 〈그림 8-4-2〉에서 나타나 있다.

하향식 가격제도는 사람의 목소리로 진행하는 호가식 또는 전자 장치식 시계, (소위 네덜란드 시계)에 의해서 행해지는 시계식(clock method) 두 가지 방법이 일반적이다.

호가식은 경매시작과 동시에 경매사가 구매자가 나타날 때까지 판매가격을 목소리로 알리는 경매방법이고, 시계식은 경매시작과 동시에 시계가 작동하며, 일정시한 내에 구매자가 나타나지 않으면 유찰되는 경매방법이다. 호가식 방법(oral method)은 네덜란드 뿐만 아니라 유럽, 영국, 중동 및 기타 여러 곳에서 이용되고 있다. 네덜란드식 경매방법이 상향식 경매방법이 발달된 영국의 Hull에서 어류판매에 이용되고 있고 네덜란드의 Grimsby에서는 영국식이 실시되고 있다는 사실은 흥미롭다.

네덜란드식 경매의 핵심은 예상구매자가 가격이 너무 낮아지기 전에 응찰할 것이라는 기대감을 가지고 사전에 정해진 가격 구간별로 가격을 떨어뜨리면서 가정적(假定的) 가격을 호가하는 것이다. 경매사는 응찰자가 가장 높은 가격으로

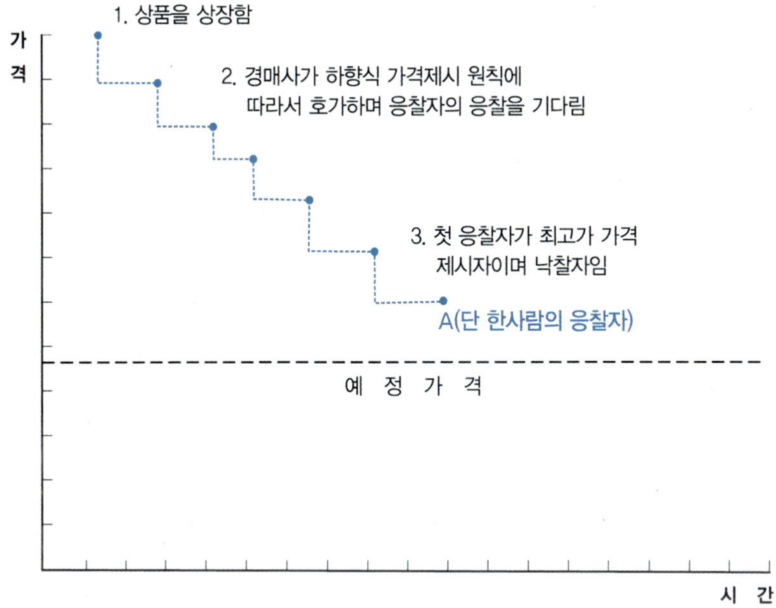

〈그림 8-4-2〉 네덜란드식 하향식 경매 과정

응찰할 수 있도록 높은 가격 수준에서 가격을 제시하면서 시작하여야 한다. 한편으로 경매시간에 제약을 받는 시장여건에서는 가격을 너무 높게 시작하지 말아야 한다.

통상적으로 볼 때 경매사가 응찰자들을 속이거나 영향을 줄 수 없다. 첫 제시가격이 선택되어 호가된 후에 경매사는 계속하여 낮은 가격을 호가하는데 그 동안에 응찰자가 나타나면 그는 첫 응찰자이면서 최고가를 제시한 낙찰자가 된다. 경매사는 첫 응찰자를 낙찰자로 호명하면서 낙찰금액을 공표한다. 네덜란드식 경매는 오직 한 번의 가격제시로 낙찰이 결정된다.

네덜란드식 경매가 실제로 어떻게 실시되는가를 설명하기 위하여 여기에 우선 몇 가지 가정을 하자. 경매할 상품의 물량이 20kg이며 판매단위는 kg이고 상품의 추정가격은 kg당 50센트라고 하자. 경매사는 55센트에서 가격을 제시하기 시작하여 1센트 구간으로 급속히 가격을 낮추면서 55, 54, 53, 52・・・48순으로 가격을 호가하는 순간에 한사람의 예상구매자(응찰자)가 'mine'이라고 외치면 그 상품의 경매는 종료된다. 경매사가 응찰자의 낙찰가격을 알리면 낙찰자는 그 물량의 전부 혹은 일부를 구매할 것인가를 알려야 한다. 만일 일부가 남게 되면 보통 다른 응찰자들이 같은 가격으로 구매하게 한다.

가격구간 혹은 가격 하향단계는 고정되어 있거나 적어도 거래에 잘 알려져 있다. 그러나 상품의 종류가 다양하고 가격 수준이 다양하므로 가격구간도 다양할 수 있다. 가격의 하락 폭은 일정하게 유지한다. 상품의 수요가 높아지거나 일시적인 공급부족으로 가격이 비싸지면 가격구간이 보다 높아진다. 계절별로 수요 공급의 수준에 따라서 가격구간이 변화할 수 있다.

경매사는 호가하는 최소 가격 수준을 결정하여 두고 최소가격을 호가하여도 응찰자가 없으면 상품을 판매하지 않을 수도 있다. 만약 응찰자가 경매가 개시되기 전에 상품을 검사할 기회를 갖지 않았다면 응찰시 최소한 견본이라도 볼 수 있도록 한다.

네덜란드에서 하향식 경매는 상품이 경매가 이루어지는 곳에 자리 잡고 있는 구매자들 앞에 진열된다. 이스라엘의 선어 하향식 경매에서는 상품마다 다양한 형태로 정해져 있는 kg단위의 상자별로 상장된다. 창고에서 이동식 벨트를 타고 운반되는 선어는 구매자들을 통과하는 동안에 경매사가 하향식 금액을 호가하기 시작하면 상장된 상품을 볼 수 있다. 네덜란드 방식에서 시계식(clock method)이 아닌 호가식(oral method)은 상품의 품질 차이가 다양한 비표준적인 농수산물과 꽃의 판매에 주로 이용된다.

하향식 경매의 장점의 하나는 가격을 인하하기 위한 구매자들의 담합이 실행되기 어렵다는 논쟁이 있다. 이 논쟁은 의미가 없다. 네덜란드식 경매에서도 이론적으로는 영국식에서처럼 응찰자들이 상호간에 경쟁하지 않겠다고 약속함으로써 담합하는 것은 가능하다. 그러나 실제로 네덜란드식에서 담합은 성립하기 어렵기 때문에 영국식에서 보다 담합으로 인한 문제가 심각하게 야기되지 않는다.

아직 한 가지 의문은 남는다. 네덜란드식에서 구매자들 간에 경쟁의식은 있는 것인가?

대답은 영국식에서의 경쟁의식 보다도 네덜란드식에서 경쟁의식이 더 크다는 것이다. 단지, 네덜란드식 경쟁의식은 영국식에서처럼 명백한 것이 아니고 은밀할 뿐이지만 실제로 네덜란드식이 영국식보다 더 강한 경쟁을 자극한다고 한다. 그 이유는 네덜란드식 경매에서는 응찰자들이 그의 경쟁자들을 과대평가하기 쉽기 때문이다.

2. 가격 응찰 시차(時差)에 의한 구분

응찰자가 가격을 제시할 때 응찰자들이 동시에 여러 가지 가격을 각각 제시하는가 또는 응찰자들이 각각 시차를 두고 가격을 제시하는가에 따라 동시 호가식과 시차식으로 구분할 수 있다.

2-1. 시차식 경매

시차식(時差式)은 경매사가 제시하는 가격에 대하여 많은 응찰자 중에서 그 가격을 승락하는 한사람이 나타나면 경매사는 이 가격을 최소가격으로 하여 다시 시차를 두고 더 높은 가격을 제시하기를 반복하는 과정을 거치다가 더 이상 가격제시가 없을 때 최종가격 제시자를 낙찰자로 결정하는 경매제도를 시차식이라 한다. 상향식 경매방법이 시차식 경매의 전형적인 형태이다. 앞에서 설명한 바 있는 영국식(상향식) 경매 제도와 〈그림 8-4-1〉에서 나타내고 있는 경매과정을 참고하기 바란다.

2-2. 동시 호가식 경매

동시 호가식 경매(the simultaneous-bidding auction)란 여러 응찰자들이 동시에 여러 가지 가격을 각각 제시하는 방법이다. 이 방법은 동양의 한국과 일본에서 주로 이용되고 있어서 한・일식 경매(the Korean-Japanese auction)라고도 한다. 한・일 양국의 농・수산물 도매시장에서 주로 이용되는 경매방법은 동시 호가식이며 다른 나라에서는 거의 사용되지 않는 독특한 방식이다.

이 제도의 특징은 동시에 혹은 거의 동시에 손신호로 가격을 알리면서 예상 구매자들이 모두 입찰가격을 제시할 수 있다는 것이다. 이론적으로는 모든 응찰자들이 입찰가격을 동시에 제시할 수 있으나 실질적으로 엄밀하게 관찰하면 전체 응찰자들이 동시에 가격을 제시할 수는 없다.

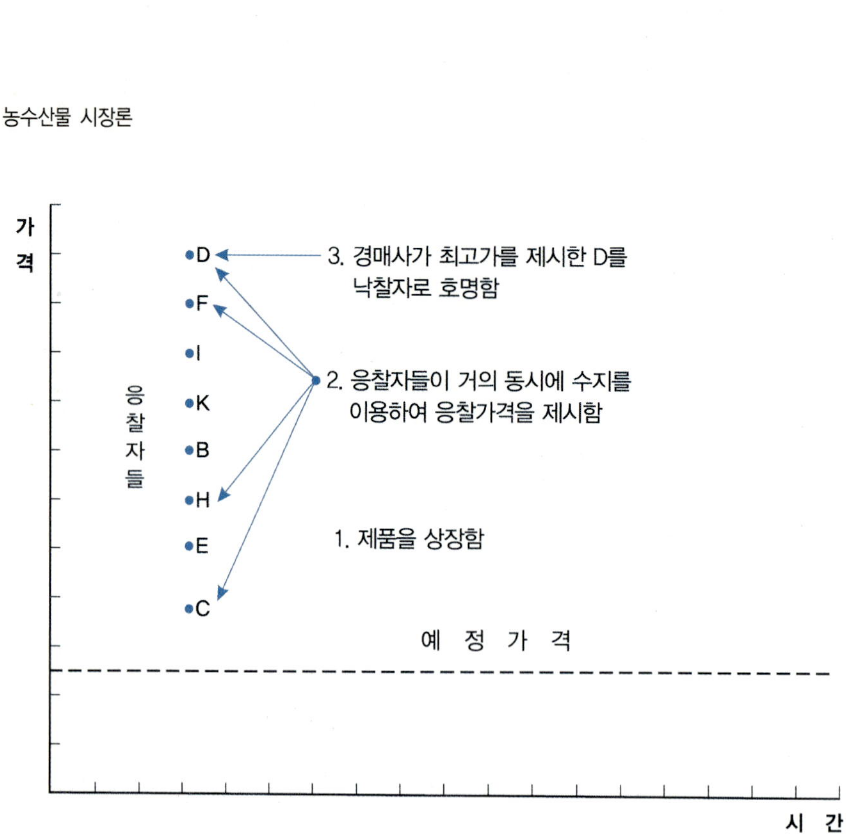

〈그림 8-4-3〉 한 · 일 동시 호가식 경매과정

동시 호가식에서 경매사의 경매개시 신호에 따라서 여러 응찰자들이 공중에 복잡한 손짓을 하지만 경매사가 손신호를 알아채는 데 소요되는 시간은 잠깐일 뿐이다. 응찰자가 제시한 최고가격을 수차례 호가하여도 더 높은 응찰가격이 제시되지 않으면 최고가격을 제시한 응찰자가 경매사에 의해 호명됨으로써 상품을 낙찰하게 되는데 경매체계는 〈그림 8-4-3〉에서 나타나 있다.

응찰자들이 낙찰하기 위해서는 주어진 한정된 시간 내에 최대가격을 제시하여야 한다. 응찰자들이 동시에 가격을 제시하여야 한다 할지라도 다른 사람의 제시가격을 인지하면서 주어진 시간 내에 제시 가격을 높일 수 있다. 규정상 응찰가격을 수정하여 인상시키는 것을 배제하고 있지 않기 때문에 시간이라는 요소는 상향식이건 동시 호가식이건 경매가 진행되는 중간에는 중요하지 않지만 최고가를 제시해야하는 마지막 순간에는 시간이 대단히 중요하다. 경매가 시작되기 전에 구매자들은 그날 상장된 상품을 검사하는데 상당한 시간을 소비한다. 수량과 품질 계산이 복잡한 농수산물을 바닥이나 진열대에 진열하면 각 구매자들은 관심을 가진 상품을 검사하고 메모하면서 예정가격을 산정한다.

동시호가 경매는 영국식이나 네덜란드식보다 대단히 시끄럽고 혼란스럽다는 것을 특징으로 하고 있다. 경매사의 관심을 집중시키고자 하는 응찰자들의 노력이 경매를 방해하는 요소로 작용하지만 노련한 경매사는 경매를 차질 없이 진행한다.

새벽 일찍 경매를 알리는 부저소리와 함께 상장된 물량에 대하여 농수산물의 경매가 개시되면 응찰자들은 계속적으로 가격을 제시한다. 경매사는 그가 경매하는 상품과 물량별로 구매자들이 가격을 응찰하도록 끈덕지게 재촉하고, 각 구매자들은 손가락 신호(finger sign: 수지식 호가)로 가격을 제시하면서 자기가 제시한 가격이 낙찰가격으로서 경매사가 호가할 수 있도록 경매사의 주목을 끌고자 시도한다. 동시호가제에서 흥분하지 않고 냉정을 유지하는 사람은 경매사 한명 뿐일 정도이다. 주식시장의 소란스러움이 중개인들의 거래를 광란스럽게 만드는 것처럼 동시 호가식 경매사들도 목소리로 분위기를 조정하면서 응찰자들을 경매에 몰두하게 만든다.

한·일식 경매에서 이용되는 수지신호는 손가락으로 1부터 9까지의 숫자를 나타낸다. 십단위, 백단위, 천단위, 만단위 등의 숫자는 신호를 급속히 반복함으로서 표시할 수 있지만 꼭 필수적인 것은 아니다. 왜냐하면 경매사는 경매 상품에 대한 응찰 가격 수준을 사전에 예상하고 있기 때문에 응찰자가 5를 나타내는 신호를 하면 경매사는 오천원, 오만원 또는 오십만원으로 가격을 호가할 수 있기 때문이다.

한일식 경매제는 경매속도가 빠른 특징이 있다. 1건의 경매를 완료하는데 1분도 소요되지 않는 경우가 대부분이다. 동시 호가제는 경매 전에 경매상품의 진열이 완료되므로 상품의 검사는 경매 전에 이루어지고 경매 개시이후에 검사를 위하여 시간을 허비하지 않는다.

농수산물 경매는 경매속도가 중요하기 때문에 경매사는 각 물량별로 가능한 한 빨리 가격을 결정한다. 경매사는 응찰자들의 손가락이 물결을 이루면서 제시하는 여러 가지 가격 중에서 최고가를 선택하여 낙찰가격을 결정한다, 노련한 경매사는 응찰가격 제시와 거의 동시에 가격을 인지한다. 물론 미숙련된 경매사는 제시가격을 이해하는데 시간을 지체하는 경우도 있다. 일본의 오사카에서는 동시호가제가 오랫동안 이용된 이후에 일부는 전자식으로 대체되었으나 전자식의 효율성이 동시호가식에 미치지 못하여 다시 동시 호가식으로 바뀐 바 있다. 우리나라의 농수산물 경매에서는 2000년대에 동시 호가식 경매의 일부가 전자식으로 변경 시행되고 있지만 동시 호가식이 주류를 이루고 있다.

3. 가격 표시 수단에 의한 구분

가격표시 수단에 의한 경매는 수지식, 기록식, 전광판식으로 구분할 수 있다. 이외에도 응찰자가 제시 가격을 표시하는 수단은 다양하다.

한・일식(동시 호가식) 경매에서는 주로 손가락 신호로서 가격을 표시하고 있어서 한・일식(동시 호가식) 경매가 곧바로 수지식(手指式)이라고 불릴 정도이지만 한국과 일본에서는 수지식에 의한 방법이외에도 표찰 기록식, 주판식, 전광판식, 서면 기록식 등이 이용되고 있으며 표찰 기록식이 변형되어 비닐 재료를 사용한 수첩 표지에 백묵으로 숫자를 기입하는 수첩표지 기록식도 있다. 기록식 경매에 대해서는 본 장 본 절 4-2-1의 기재식 경매를 참고하기 바란다. 최근에는 전화, 컴퓨터, 전자기기 등을 이용한 경매가 성행하고 있을 정도이다. 여기서는 우리나라 농

〈표 8-4-1〉 가격표시 수단에 의한 경매의 장단점

	수 지 식	기록식	전 광 판 식
방법	구매자가 손가락으로 응찰가격 표시	구매자가 나무흑판 또는 특정한 표지에 희망 응찰가격 표시	개인 의자에 부착된 입력기 또는 휴대용 전자식 단말기로 희망 응찰가격 표시
장점	• 경쟁적 호가유도 • 공개적 가격 결정 • 구매자 전원이 동시에 응찰가능 • 다량의 물량 신속처리 • 경매사가 계획한 예정가격 유도 가능	• 공개적 가격 결정 • 구매자 전원이 동시에 응찰가능	• 신속하고 공개적인 가격결정 • 응찰가격의 투명성 확보 • 다량의 물량 신속처리 • 구매자 전원이 동시에 응찰가능
단점	• 경매사가 판단착오로 적정가격까지 유도하지 못할 가능성 내포 • 경매사가 제시가격을 잘못 인식할 수 있음 • 전문지식이 없는 출하자로부터 가격 결정의 객관성을 오해할 가능성 내포 • 경매사와 응찰자, 응찰자와 응찰자간의 담합우려	• 좌동 • 응찰가격 기록으로 경매시간 과다소요	• 시설비용 과다 • 기계 고장시 응급처치 곤란 • 비현실적 가격 제시시 가격 조정곤란

수산물에서 많이 이용되는 수지식, 표찰 기록식(또는 수첩 등의 표지 기록식), 전광판식의 가격 표시 방법을 간략하게 설명하고 그 장단점을 〈표 8-4-1〉에서 살펴보고자 한다.

수지식이란 사전에 정해진 표준적인 신호 방법에 따라서 응찰자가 낙찰 희망가격을 손가락으로 표시하고 경매사는 최고가격을 제시한 응찰자에게 낙찰 시키는 방법이다. 이 경우에 응찰자는 손가락으로 나타낸 숫자를 어깨 높이 이상 올려야 경매사, 출하자등이 알아볼 수 있다. 경매사는 낙찰 가격을 출하자등 이해관계자가 쉽게 알아들을 수 있도록 3회 이상 호창한다.

전자식은 경매회사에서 전광판에 출하자명, 품종, 품명, 수량, 품위 등급을 표시한 후에 경매를 개시한다. 응찰자들은 전광판에 게재된 물품 내역과 현물을 확인하면서 전자식 단말기 또는 응찰기(리모컨: 원격조정 콘트롤러)를 조작하여 낙찰 희망가격을 제시한다. 전광판에는 낙찰자와 낙찰 금액 등이 표시된다.

기록식 경매에서는 응찰자들이 손바닥 만큼 작은 직사각형 칠판이나 수첩 표지에 낙찰 희망 가격을 기재하여 경매사에게 제시하며 경매사는 최고가격을 제시한 응찰자를 낙찰자로 호창한다. 이 경우에 숫자를 기록한 표찰은 머리 높이 이상 올려서 다른 응찰자들과 이해 관계자들도 응찰가격을 확인할 수 있어야 한다.

4. 경쟁 가격 인지 여부에 따른 구분

응찰자들이 자신의 경쟁자인 다른 응찰자들이 제시하는 응찰 가격을 인지(認知)하면서 자신의 가격을 제시하는가 아니면 다른 응찰자들의 제시 가격을 알지 못하고 자신의 가격을 제시하는가에 따라서 가격 인지식 경매(shared reserve price bid)와 요행식 경매(haphazard bidding system)로 구분할 수 있다. 인지식은 가격을 공개적으로 제시함으로 공개식이라고도 한다. 인지식에서는 가격을 공개적으로 제시함으로 상대방의 가격을 인지하고 그보다 높은 가격을 제시할 수 있기 때문에 낙찰여부는 자신이 능동적으로 결정한다.

그러나 요행식에서는 상대방의 가격을 모르고 자신의 가격을 비밀스럽게 제시하면서 응찰한다. 요행식에서 설사 자신이 낙찰자로 선정되었다 할지라도 그 낙찰은 다행스럽게 다른 사람이 자신보다 낮은 가격으로 응찰하였기 때문에 낙찰된 것으로 생각하게 되어 이를 요행식 경매라 한다.

상향식은 다른 응찰자들이 제시한 가격이 바뀔 때 마다 경매사가 이를 알려 줌으로서 자신이 가격을 제시 할 때는 다른 응찰자들의 가격을 참고할 수 있어서 인지식에 해당한다. 하향식 경매에서는 경매사가 가격을 호가하고 있다 할지라도 다른 응찰자들의 응찰 가격을 인지하지 못한 채 응찰하여야 함으로 요행식에 해당한다. 상향식 경매의 낙찰자는 차순위 응찰가격을 인지하고 낙찰가격을 제시하였음으로 차순위 응찰가격과 거의 차이가 없는 수준에서 낙찰되지만, 하향식 경매의 낙찰자는 다른 응찰자들의 응찰 가격을 알 수 없음으로 현실로 나타난 바 없는 예상된 차순위 응찰가격과 얼마의 차액으로 낙찰하였는지 알 수 없다.

그러나 하향식 경매의 경우에는 경매사가 가격을 호가하고 있기 때문에 응찰자가 경매사의 호가를 참고하여 낙찰가격을 제시할 수 있으므로 하향식 경매를 인지식이라고 주장할 수도 있다.

인지식의 경우에는 다른 사람들의 가격을 알게 되어 전체적으로 시장의 수요와 공급 수준을 그들로부터 어느 정도 예측 할 수 있어서 시장 가격에 대한 위험을 감소시킬 수 있으나 요행식에서는 오직 혼자만의 예측에 의존하여 판단하여야 하므로 시장 가격에 대한 위험수준이 높다.

4-1. 인지식 경매

위에서 자세히 설명한 바와 같이 상향식 경매와 동시 호가식 경매가 인지식 경매(shared reserve price bid)에 해당한다.

4-2. 요행식 경매

요행식 경매제도(haphazard bidding system)에서는 응찰자가 경매사에게 비공개적으로 비밀스럽게 응찰가격을 알리고 경매사는 다른 사람들에게 응찰자들의 가격을 공개하지 않고 오직 낙찰자의 가격만 공개하는 제도이다.

그러므로 각 참가자는 맹목적으로 가격을 제시하는데 〈그림 8-4-4〉는 이러한 요행식 경매의 가격제시를 설명하고 있다. 요행식은 가격을 비밀스럽게 제시하므로 비밀식이라고도 한다. 요행식 경매에는 다음과 같은 여러 가지 유형이 있다.

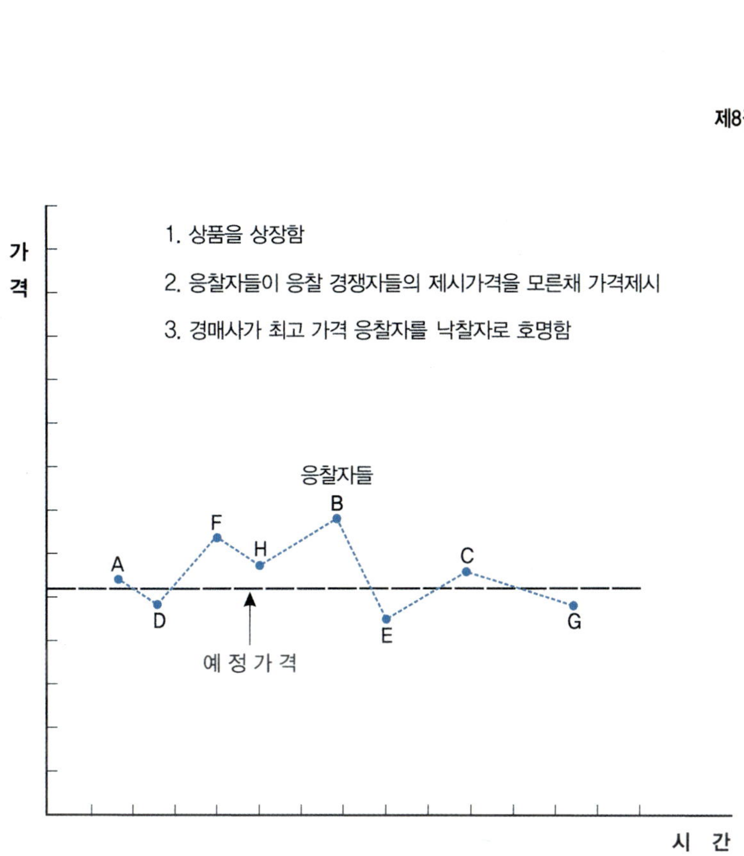

〈그림 8-4-4〉 요행식 경매 과정

4-2-1. 기재식 경매

기재식 경매(written-bid auction) 제도는 흔히 '입찰(tender)'이라거나 '벙어리'식 경매라고 부르는데 모든 응찰가격은 응찰자들이 개별적으로 비밀스럽게 서면으로 기재하여 경매 담당관에게 제출한다.

기재식 경매는 건설공사를 발주하기 위하여 실시하는 봉인 입찰(sealed-bid)방식과 비슷하다. 건설공사를 발주하는 업체는 경매의 구매자가 아니고 판매자이며 입찰액을 산정하는데 오랜 시간이 소요된다. 입찰의 참여요청과 계약을 부여하는 가격제시 사이에는 몇 주 혹은 몇 달이 걸리기도 하지만 기재식 경매에서는 경매 참여와 기재가격을 제출하는 데는 수십초에 불과하고 길어야 1-2분밖에 소요되지 않는다. 기재식 경매는 가격제시가 한번만 이루어지는 경우가 많음으로 경매가 아니라는 논쟁이 있지만, 기재식은 농수산물 경매장에서 이용되는 경우가 많을 뿐만 아니라 입찰보다 짧은 시간에 판매하는 점에서 경매로 분류하는 경우가 많다.

기재식 경매제도는 한국과 일본의 산지 어시장에서 많이 이용한다. 어떤 어시장에서 채택하고 있는 기재식 경매의 절차를 예를 들어 설명해보자. 건어물을 전문적으로 판매하는 도매상이 건어물을 전시하고, 경매에 상장한 상품에 대하여 가격을 제시하도록 예상구매자들을 초청한다. 개별적인 응찰자들은 구매금액을 기재하여 상자에 넣거나 경매사에게 건넨다. 경매사는 허용된 시간 내에 제출한 유효한 일련의 응찰가격을 점검한 후에 낙찰자를 결정하여 공개한다.

기재식 경매는 동시 호가식 경매에 비하여 시간을 많이 소요하는 특성이 있다. 기재식은 물량이 상장된 후 응찰자가 가격을 제시하고 낙찰자를 결정하는데 하나의 상품판매에 2분의 경매시간이 소요된다고 하면 1시간에 오직 30번의 판매만 가능하지만, 동시 호가식 방법의 경매에서는 1시간에 수 백건을 판매할 수 있다.

기재식 경매에서 경매가 늦어지는 경향을 없애는 한 방법은 한꺼번에 몇 개의 물량을 함께 경매시키는 것이다. 그러나 얼마나 많은 물량을 어떤 범위까지 한 물량으로 결합시키는가 하는 문제는 경매에서 중요한 요소이다. 응찰자들이 필요한 물건은 소량인데도 경매사가 많은 물량을 한꺼번에 경매하면 응찰자들이 현명하게 응찰하기가 어렵다.

기재식의 한 단점은 응찰자가 가격을 제시함에 있어서 유연성을 가질 수 없다는 것이다. 만약 응찰자가 상장된 물품을 확실히 확보하기를 원한다면 높은 가격으로 응찰해야만 하지만 때로는 반대로 영국식에서 보다 낮은 가격으로 상품을 확보할 수도 있다. 기재식에서 유연성을 발휘할 수 있는 특별한 경우도 있다. 즉 한사람의 응찰자가 복수의 응찰가격을 제시하는 방식이다. 예를 들어 세 사람의 응찰자 A, B, C가 각각 세 가지 가격 수준을 제시하였는데 응찰자 A가 제시한 세가지 가격 중에서 두 번째로 높은 가격이 응찰자 A의 경쟁자들인 B, C가 제시한 모든 가격보다 높을 때만이 A의 두 번째로 높은 가격이 낙찰가격으로서 효력을 발휘한다. 즉, 어떤 입찰자가 제시한 두 가격 중에서 낮은 가격이 다른 입찰자들 가격보다 높으면

〈표 8-4-2〉 차선가격 경매방법

가격 수준	입 찰 자 A	입 찰 자 B	입 찰 자 C
최 고	$ 4.00	$ 4.50	$ 6.00
중 간	3.00	3.50	5.00
최 저	2.00	2.50	4.00

그 가격을 낙찰가격으로 삼는다. 이러한 경매를 차선가격경매(second-highest bid auction)라 한다. 이 원칙은 개별 입찰자가 세 개 혹은 그 이상의 가격을 제시할 수 있도록 확대할 수 있다. 예를 들어 설명한바 있는 세 사람의 입찰자 A, B, C가 각각 세 가지 가격 수준으로 응찰하여 낙찰자를 결정하는 방법은 다음과 같이 〈표 8-4-2〉에서 숫자로 설명할 수 있다.

〈표 8-4-2〉에서 보는 바와 같이 차선가격 경매에 의하면 입찰자 C가 두 번째로 높게 제시한 $5.00이 입찰자 A와 B가 제시한 최고가격보다 높으므로 낙찰가격이 된다. 이러한 가격결정 방법을 차선가격 경매방법이라 한다.

우리나라에는 많은 분야에서 기재식 경매 방법이 성행하고 있다. 경매 시간이 짧은 농수산물 경매에서 조차 패찰 기재식, 수첩 표지 기재식 등의 방법으로 기재식을 널리 이용하고 있으나 기재하는데 많은 시간을 허용하지 않고 불과 10초-30초 이내에 응찰자들이 기재를 완료하여야 하기 때문에 경매시간이 상당한 정도로 오래 걸린다고 볼 수 없지만 수지식 보다는 오래 걸리는 편이다.

기재식 경매 제도는 실제적으로 경매가 아니라는 논쟁은 설득력이 약하다. 만약 설득력을 얻기 위해서는 비밀 응찰제도는 모두 경매가 아니라는 논쟁이 성공을 거두어야 할 것이다. 기재식 경매제도는 수지식 방법만큼 경매에 많이 이용된다. 비록 경쟁에 의한 입찰방법과 경매방법 사이의 차이점을 정확하게 설명하기 힘들다 할지라도 기재식과 다음에 설명하는 귓속말 혹은 악수식도 모두 경매의 한 방법이라고 볼 수 있다.

4-2-2. 악수식 경매

악수식 경매(handshake auction)는 가장 오래된 경매 방법 중의 하나로서 예상구매자가 경매사의 손가락을 쥐면서 응찰가격을 제시하는 방법이며, 수세기 전의 중국에 기원을 두고 있다. 이 방법은 최근까지 파키스탄 Karachi에서 건어물 판매에 이용되었고 현재에도 일본의 시모노세끼(下關) 복어 경매에 이용하고 있는 독창적인 경매이다. 반원형으로 모여 선 응찰자 집단이 각각 차례대로 경매사의 손을 꽉 쥘 기회를 가지면서 응찰가격을 손가락을 통해서 경매사에게 제시한다. 응찰자들은 경매사 손목과 손가락에 씌워져있는 검은 조각의 천속에서 그가 알리고자 하는 화폐단위를 경매사의 특정 손가락을 눌리면서 알리는데, 처음에는 높은 단위에서부터 점차로 십단위로 내려가고 그리고 마지막에 한자리 단위 금액을 제시한다.

경매사는 각 참가자들의 응찰가격을 신중하게 확인하고 낙찰자를 공개한다. 각 응찰자들의 제시가격은 비밀이 유지되어야 함으로 경매사는 신중하게 판단한다. 경매사는 개인적으로 우호관계에 있는 구매자에게 편의를 제공하지 말아야 하고 생산자의 이익만을 위하여 최선의 행동을 하지도 말아야 한다. 구매자들이 응찰금액을 제시할 때 다섯 손가락만으로 제시하도록 제한되어 있으나 여러 번 손가락을 쥠으로써 가격 제시의 유연성을 확보할 수 있다. 경매사는 그가 알게 된 응찰자들의 제시가격을 누설하지 말아야 함으로 예상구매자들은 그들의 제시가격이 다른 사람보다 낮거나 높을지 모르기 때문에 그들이 낙찰자로 선정되는 것은 요행이 작용하여 결정된다고 판단하여 이러한 형태의 경매를 요행식이라고도 한다.

악수식에서 응찰자는 경매사가 헷갈리도록 속임수나 요령을 부리면서 가격을 제시할 수 있다. 즉 실제로 응찰하는 가격보다 더 낮게 응찰한다는 인상을 주기 위해서 정상적으로 해야 하는 방법 대신에 십 단위의 가격제시를 반복하면서 엄지손가락을 포함한 전체 손을 꽉 쥘 수도 있다. 반대로 더 비싼가격을 제시하기를 바라면 손가락을 쥐는 과정을 반복하면서 손가락 쥐는 회수를 화폐 단위보다 줄일 수도 있다.

시모노세끼의 중매상들은 악수식이 구매자나 판매자 모두의 개별적인 이익을 보호하기 위한 합리적인 방법이라고 강열하게 주장한다. 비밀을 유지하는 것이야말로 수산물 전문가나 수산물 상인들간에 발생할 수 있는 불건전한(unhealthy) 경쟁을 회피할 수 있다고 말한다. 시모노세끼에서 오랫동안 수산물 시장에 종사한 한 사람은 경매사와 중매인들이 그들의 이익을 위해서 생산자들의 이익과는 관계없이 담합하여 가격을 결정할 수 있고 또한 사전에 집단적인 사전 약속을 함으로써 구매자를 지명해 둘 수도 있다고 한다. 이 경매방법의 가장 큰 결점은 절차상 시간소요가 많다는 것이다. Karachi에서는 정부 당국의 반대를 포함한 여러가지 이유 때문에 1959년에 이 제도는 중단되었고 영국식(상향식 경매)으로 대체되었다. 그러나 일본의 시모노세끼에서는 악수식 경매를 자랑스러운 전통으로 삼고 2012년 지금도 시행하고 있다.

4-2-3. 귓속말 경매

귓속말 경매(whispered-bid auction) 제도에서는 경매사가 판매할 상품을 알리면 예상 구매자들이 경매사에게 접근하여 그의 귀에다 대고 귓속말로 응찰가격을 제시한다. 귓속말 방식은 신호를 하거나 고함을 지르는 것보다 훨씬 단순한 입찰 제도로써 개별 응찰자들은 다른 사람의 응찰가격에 관한 아무런 정보도 없이 가격을 제시하기 때문에 요행식 입찰이라고 한다.

귓속말 경매제도는 Singapore, Manila, Venice, Chioggia에서만 실시되고 있다. 구매자들은 수많은 판매자들로부터 상품을 쉽게 확보할 수 있기 때문에 판매자들이 경매의 응찰자들을 모으기가 쉽지 않아서 판매자들은 자주 구매자들에게 참여를 종용하고 응찰가격을 제시하기를 조른다.

귓속말 경매는 악수식 경매에서와 마찬가지로 응찰자들이 경매사에게 가격을 제시하면 경매사가 마음속으로 응찰자들로부터 들은 가격을 정리하여 최고가격 응찰자에게 물건을 낙찰시킨다. 상장된 모든 물량에 대하여 그런 과정이 반복되므로 엄밀한 의미로 말할 때 이 제도는 아주 시간 소모적인 경매이며 특정한 시장 여건에서만 실시될 수 있다. 그러나 귓속말 제도가 실시되는 곳에서 속도는 중요한 것 같지 않다. 경매사가 몇 개의 물량을 한꺼번에 상장시켜서 판매할 수 있으나 그렇게 하면 예상구매자들이 상장물량에 대한 정보를 얻기가 힘들어서 현명하게 가격을 제시하기가 힘들어지고 정보가 없으면 적정한 물품을 알지 못하거나 가격을 비싸게 응찰할 수 있다. 귓속말 경매를 실시하는 이유를 특별히 구분해 내기는 힘들다. 짐작컨대 Singapore에서는 신용상태가 위험한 특정 중개상을 배제시키기 위하여 채택하고 있는 것 같다. 그러나 일부 연구가들은 귓속말 제도는 입찰자들이 구매력에 관계없이 입찰자 모두가 가격을 제시할 수 있는 평등한 기회를 부여하고 있고 나아가서 경매사가 시장수요에 관한 상황을 잘 알 수 있는 장점이 있다고 주장한다. 비밀 입찰제도는 감정을 배제시킬 수 있는 경매제도이지만 제도의 형태에 따라서 구매자들이 영향을 받고 있다는 주장도 있다.

Venice의 수산 회사 중역은 귓속말 입찰제도의 중요 목적은 경매사에게 수산물 수요의 시장 정보를 제공하는데 있기 때문에 경매사가 응찰자들의 가격을 취사선택(take-it-or-leave-it)하여 현명하게 가격을 결정할 수 있다고 주장한다. 그의 견해에 의하면 귓속말 경매는 상품의 위탁자에게 도움을 주도록 고안된 경매는 아니다. 귓속말 경매의 단점은 경매 기간 중에 정찰제나 흥정가격 제도로 변경할 수 있다는 점이다. 한 연구가는 다음과 같이 마닐라의 귓속말 경매를 조사하였다.

"이미 실시된 귓속말 경매에서 결정된 가격으로, 전체 물량 중에서 동급의 어류 일부에 대해서 구매자가 가격을 제시하는 것을 제외한다면 항상 귓속말 경매는 시행된다. 이미 귓속말 경매로 팔린 물량을 가리키면서 다음과 같은 비슷한 말을 한다. '나는 이것을(구매하고자하는 생선 통을 가리키면서) 꼭 같은 가격으로 살 것이다.' 그러면 다른 구매자들도 물량이 다 팔릴 때까지 꼭 동일가격과 동일한 방법으로 구매를 한다. 이러한 형태는 동질 동급(同質同級)의 물량이 많을 때, 특히 아침 늦게까지 남아있는 물량이 많을 때에 발생한다."

Singapore와 Manila에서 경매제도를 이용하고 있는 여러 어시장 중 각각 오직 한군데서만 귓속말 경매제도를 실시하고 있다는 사실은 아주 흥미롭다. Singapore에서 영국식 제도는 단지 한군데의 시장에서 실시되고 있으나 나머지는 정통적인 방법을 변형하여 이용하고 있다. 거래자의 숫자가 하나, 둘 줄어들면 경매는 중단되고 가격은 구매자와 판매자 사이에 개별적인 흥정으로 결정된다. 특히 판매자 중심시장(seller's market)에서는 시장의 가격을 점검할 목적으로 잠깐 동안 귓속말 경매가 시행되고 나면 곧바로 흥정(take-it-or-leave-it)할 수 있는 개별협상이 이용된다.

5. 그 밖의 구분

경매를 분류하는 기준에 따라서 경매를 또 다른 여러 가지 유형으로 나눌 수 있을 것이다. 여기서는 앞에서 설명한 유형에 포함 되지 않은 몇 가지 기준에 따라서 경매의 형태를 구분해 보고자 한다.

5-1. 시간 구간별 경매

시간 구간별 경매(time-interval auction)는 응찰자들로 하여금 응찰을 재촉하기보다는 응찰가격을 신중히 고려하는데 필요한 적정한 시간을 제공한다. 이것은 경매 속도가 중요하지 않은 부동산 경매에서 장점으로 이용되고 있으며 가격을 생각하는 시간을 충분히 제공하면 더 높은 가격에 낙찰시킬 수 있다. 시간 구간(간격)은 정해진 길이의 양초를 태우거나 모래잔 혹은 자명종을 이용하여 결정할 수 있다. 매우 드물긴 하지만 이러한 시간 측정 장치는 오늘날에도 아직 특정 경매시장에서 사용되고 있다. 현재 미국 New Bedford 수산물 경매에서 응찰자들은 끝나는 신호종이 울리는 반시간 동안에 한배(배떼기) 물량의 어류에 값을 매겨 응찰한다.

가장 오래된 시간 간격별 경매제도의 하나는 양초 태우기로서 응찰자가 공개적으로 호가를 하거나 신호를 함으로써 응찰가격을 제시할 수 있는 시간을 측정하는데 이용되었다. 상향식을 기본으로 하여 30분 이내에 공개적인 응찰이 허용되었다. 영국남부 Cornwal지방의 Cornish 경매에서 사용된 방법에서는, 경매를 집행하는 경매사가 양초 꼭대기에 1인치 핀을 꼽고 핀이 곧바로 서 있는 동안에는 상향식 응찰이 가능하나 핀이 쓰러지면 물량은 마지막 응찰자에게 낙찰되었다. 마지막 응찰자가 바로 최고가격을 제시한 응찰자이기 때문이다. 그러나 모든 응찰자가 마지막 순간까지 기다린다면 첫 응찰자가 마지막 응찰자이며 최고가격 제시자가 되어 낙찰자가 된다. 17세기 후반 영국에서 널리 이용된 양초태우기 경매방식은 최근까지 이용된 특별한 경매형태로서 1932년 부동산 경매에 이용되었다는 기록을 볼 수 있다. 양초 태우기 경매의 가장 재미있는 특징의 하나는 예상구매자들의 응찰전략이다. 경쟁자를 위협하여 경쟁을 하지 못하도록 하기 위하여 응찰 초반에 높은 가격을 제시할 수 있고, 한편으로 전혀 반대의 전술로서 시간이 끝나기 바로 직전에 높은 가격을 제시하기 위하여 응찰할 수 있는 마지막 순간까지 기다릴 수도 있다. 응찰자는 세심한 주의를 기울여서 촛불이 꺼지는 마지막 순간을 기다려서 바로 마지막 순간에 다른 사람이 제시한 가격보다 높은 가격을 제시함으로써 경쟁에서 우위를 차지할 수 있다. 사실 Samuel Pepys[53]는 그의 일기에서 이러한 전략을 사용하였다고 언급하고 있다. 그러나 대부분의 경우에 응찰자들은 기다리는 전략을 채택하는 것이 힘들지만 최후의 마지막 순간까지 계속하여 상대방과 가격경쟁을 벌리는 작전을 구사하는 경우가 많다.

시간 구간별 경매에서 내정가격이나 최저가격을 설정하는 것은 중요하다. 그렇

53 사무엘 피프스(Samuel Pepys)는 17세기 영국의 저작가, 행정가이고 해군장관을 역임하였다. 1660년부터 1669년 사이의 일기 9권은 당시의 풍속을 연구하는 좋은 자료가 되고 있다.

지 않으면 마지막이면서 최고가격을 제시하는 응찰자가 구매자가 되기 때문에 응찰자들은 최후의 순간까지 기다렸다가 가격을 제시하는 일에 용기를 얻게 될 것이다.

5-2. 영국 및 화란식의 결합형 경매

영국 및 화란식 결합형 경매(combination English-Dutch auction) 제도는 준 네덜란드식이라고 하며 네덜란드식에서 처럼 기본적으로 하향식 가격 체제이지만 하향식 과정을 밟는데 필요한 시작 가격을 설정하는데 상향식 원리를 도입하는 경매제도이다. 네덜란드식에서 핵심적인 것은 아니지만 중요한 요소는 시장 가격이며, 경매사가 가능한 한 더 높은 가격을 확보하기 위하여 입찰에 참여한 최고 수요가격을 초과하는 가격을 하향식 시작가격으로 삼는다. 일반시장에서는 판매자들이 시장조건을 반영한 당일의 가격을 기준으로 하여 상품의 가격을 시장가치에 거의 접근시킬 수 있기 때문에 가격이 심각한 문제는 아니다. 네덜란드식에서 경매사의 제시가격은 시장 가격을 넘는 수준에서 하향식으로 진행할 수 있다. 그러나 골동품과 같은 특이한 상품이 잘 팔릴 때는 정밀한 시장 가격 수준이 존재하지 않기 때문에 가격을 얼마로 제시하여야 할 것인가를 결정하는 것은 쉽지 않다. 그러한 상황을 고려하여 준네덜란드식이 고안되었다.

첫 단계는 상향식 입찰 즉 영국식으로 시작하지만 첫 단계의 최고 낙찰자가, 두 번째 단계인 네덜란드식 경매의 시작가격 단계까지 최고가격을 제시하지 않으면 낙찰자가 될 수 없다. 따라서 네덜란드식의 시작 가격을 결정하기 위하여 첫 단계에서 얻은 영국식 가격의 두 배 혹은 영국식 가격을 보다 정밀화하여 그것을 시장가격으로 삼아서 입찰이 하향식으로 출발한다. 그러므로 네덜란드식 경매가 시작될 때의 가격은 영국식 경매에서의 최대가격을 포함하고 있다. 첫 단계의 영국식 경매에서 충분히 높은 가격을 확보하는 것은 두 번째 단계인 네덜란드식 경매를 성공시키는데 너무 중요하므로 상향식(첫 단계)경매에서 가격을 제시한 응찰자들에게 Holland Plok이라 불리는 자그마한 보너스를 주기도 한다.

준네덜란드식 경매제도는 영국식 경매제도의 장점을 곧바로 적용할 수 있기 때문에 경매시작 가격결정이 어려운 곳에서 이용될 수 있다. 영국식 단계에서 설정한 가격을 네덜란드식 단계에서 마지막으로 결정한 가격과 비교하는 것은 첫 단계에 일부 응찰자들이 가격을 제시하지 않기 때문에 의미가 없다. 만일 그들이 참여하지 않아서 첫 단계 가격이 낮아지면 응찰자들은 첫 단계에 낙찰한 가격보다도 네덜란드식 단계에서 더 낮은 가격으로 낙찰할 수도 있다. 그러므로 결합식 경매제도는 진실로 관심을 가진 구매자들이 두 번째 경매에 참여하지 않음으로써 영국식 경매에서 확보한 가격보다 더 높은 가격을 창출해 내는데 실패할 수 있다. 결합식 경매에서 낙찰되는 금액은 최고 수요가격을 가진 응찰자가 경쟁자의 수요가격을 과대평가 한다면 영국식 경매에서 낙찰한 가격을 초과하기도 한다.

결합식 경매제도는 많이 보급되어 있지 않다. 그 이유는 성가시고 시간 소모적이라는 단점을 보유하고 있기 때문이다. 아마도 이러한 이유로 네덜란드식을 좋아할만한 도시인 암스테르담 골동품 경매에 순수 영국식이 가장 많이 이용되고 있다. 그러나 결합식의 단점에도 불구하고 네덜란드의 골동품 경매에서 몇 군데는 아직도 결합식 경매를 채택하고 있다.

5-3. 순환 청취식 경매

순환 청취식 경매(audible-bid rotation aution)는 파키스탄에서 실시한 바 있고, 일본에서 실시하는 악수식 경매와 같이 응찰자들이 가격을 구두로서 차례대로 경매사에게 제시한다. 가격을 제시하는 방법이 공개적이라는 면에서 악수식 경매와 차이가 있다. 이러한 차이는 차례로 가격을 제시한다는 공통점이 있으나 악수식과 순환청취식 경매는 전혀 다른 경매제도로 구분할 수 있을 만큼 차이가 있다. 순환청취식 경매에서는 모든 응찰자들이 응찰가격을 청취할 수 있어서 낙찰이 요행이 아니지만 악수식 경매에서는 요행식이다. 그러므로 순환청취식은 차라리 상향식 형태를 띄고 있어서 준 영국식이라고 생각할 수 있다.

순환청취식은 미국 Washington주 Seattle의 Halibut 판매에 이용되고 있다. 어기(漁期) 중에 두 척 이상이 물량을 상장하면 경매회사는 구매자들을 모으기 위하여 매일 시장을 개장한다. 그러나 한척이면 전화로 경매를 한다. 가격은 차례로 개별 구매자들이 매 선박별 파운드당으로 제시한다. 대·중·소형어류의 입찰은 별도로 실시된다. 경매사는 응찰자가 제시하는 최저 10분의 1 센트 단위로 이전보다 가격을 높이거나 '통과'라고 말하면서 이전 가격을 확정시킨다. 가격을 올리는 기회를 한사람을 제외하고 모든 구매자들이 '통과'라고 하면 경매사는 제일 마지막 응찰자인 최고가격 제시자를 낙찰자로 지명한다. Seattle의 Halibut 경매에서 어류 구매자들은 소비시장에서 고객유치를 위해 서로 경쟁하는 유통업자들이므로 필요로 하지 않는 어류에 대하여 가격을 높이는 것과 같이 불필요한 비용발생을 방지하고자 노력하고 또한 전날 지불한 가격과 오늘 지불할 구매가격이 균형을 이루기를 바란다. 이렇게 하면 어획물을 실제로 필요로 하는 날에 구매자가 구매할 수 있는 장점이 있다.

5-4. 응찰자 자격부여식 경매

응찰자 자격부여식 경매(preauction qualification sale)란 응찰자들이 경매에서 가격을 제시하기 전에 어떤 방법으로든지 그들에게 응찰의 자격을 부여해야 할 경우에 경매회사가 시행하는 변형된 경매를 말한다. 응찰자격 부여는 재정능력, 가격을 제시하는 입찰에 대한 성실성, 응찰자의 성질을 기준으로 하여 결정하고 보증금 납부가 수반되어야 한다. 사전에 자격을 부여하는 몇 가지 이유가 있다.

첫째, 판매자 및 대리인, 중매사가 예상구매자가 누구인가를 안다는 것은 판매계획을 잘 작성할 수 있게 한다.

둘째, 사전에 예상구매자가 경매에 전혀 관심을 가지지 않으면 경매를 취소하거나 연기할 수 있다.

셋째, 가장 중요한 이유로서 응찰자들이 성실하고 능력이 있다는 사실을 판매자들에게 확신시키는데 있다. 상당히 값비싼 부동산 경매에서 최고가격 제시자가 정신 장애자로서 기관에 수용된 경력이 있다는 보고가 있다면 사전 자격 부여절차는 이러한 사건을 방지할 수 있을 것이다.

목재 채벌권 판매에서 미국 연방정부 임업국은 전혀 다른 두 가지 판매 방법을 사용하였다. 한 가지 방법은 봉인식 입찰로서 최고가격 제시자를 낙찰자로 하였다. 동일한 두 가격이 제시되면 두 응찰자 모두 탈락시키거나 두 응찰자에게 목재를 할당하거나 또는 두 응찰자에게 추첨을 하게 하여 낙찰자를 결정하였다. 이 제도는 서면 기재식에서 효율적이다.

또 다른 하나의 방안은 아주 일반적인 판매계획으로서 임업국이 사전에 자격심사를 실시한다. 구두경매에 참여하고자 하는 사람은 먼저 봉함식 경매를 하여야만 하고 정부가 평가한 일정금액의 보증을 하여야 한다. 잠재구매자는 5%의 담보금을 제공하고 판매대리점을 만족시킬 수 있도록 재정적 책임을 보증하여야 한다. 보증금 요구는 경매에서 아주 중요하다. 1930년대 중반, 거대한 Van 부동산 경매에서 판매담당회사인 Adrian H Muller & Sons 회사는 잠재적인 구매자들에게 Morgan & Co.의 선불보증을 요구하였다. 이러한 요구는 구매자들의 신뢰와 재정능력에 덧붙여서 Muller & Sons의 경매에 통상적으로 참여하는 소규모 투기자들의 참여를 제한하는 것이다.

5-5. 침묵경매

기재식 경매의 한 변형으로서 소위 침묵경매(silent auction)가 때때로 미국의 그림 판매에 이용된다. 이 제도는 참여자들이 맹목적으로 가격을 제시하지 않는다는 면에서 기재식 경매와 차이가 있다. 즉 가격은 순서적으로 조금씩 상향하는 제도이다. 그림을 판매하는 침묵경매에서 각 예상구매자는 판매 5일전에 진열대에 놓여 있는 입찰용지에 그들의 성명, 주소, 입찰금액을 기재한다. 그 종이에는 경매에서 1회에 추가로 더 지불할 수 있는 최저 추가 응찰 가능금액(increment bid)과 함께 기본적인 최저 입찰제시액을 구체적으로 기재한다. 즉 1회 제시할 수 있는 응찰금액은 최저 입찰제시액(minimum bid)에 최저 추가 응찰가능액이 0배에서 몇 배까지 추가된 금액이다. 관계당사자는 물품에 부여할 최종 응찰금액을 확인할 수 있고 또한 응찰자가 원하면 최저 추가 응찰가능 금액의 몇 배수만큼 가격을 높일 수 있다. 모든 경매용 그림은 입찰 당일 오전 7시 30분 이전에 입찰용지에 기재된 금액을 제출하고 그중에서 최고 가격이 낙찰가격이 된다. 이러한 특별한 침묵경매는 5일간의 전시기간 동안 정상적인 영국식 경매와 함께 개최된다.

침묵경매로 팔릴 수 있는 물품에 대한 최저 입찰액과 추가 응찰가능액을 나타낸 예가 〈표 8-4-3〉이다.

이러한 예상금액에 누구라도 경매기간 동안 최저 추가응찰액을 몇 배씩 높게 제시할 수 있으며, 경매 마지막날까지 최고가격을 제시한 응찰자가 낙찰자가 된다. 판매방법이 너무 생기가 없고 단조로워서 고객들로부터 외면당할 것이라는 공식적 의문이 있다.

〈표 8-4-3〉 침묵경매 응찰 가능액

물 품	최초 최저응찰 가능금액	최저 추가응찰 가능금액
A	$ 675	$ 50
B	450	50
C	115	10
D	75	10
E	55	10
F	50	25
G	50	10
H	45	10
I	20	5
J	15	5

경매는 목요일에 개시되어 토요일 아침까지 계속되지만 첫날부터 표 8-4-3에서와 같은 최저금액은 용지에 기재하는 응찰자는 거의 없으며, 있다 할지라도 단지 1배의 추가 응찰가능액 정도를 기재할 뿐이다. 최저응찰액 $15과 최저 추가응찰가능액 $5의 상품이 첫날부터 $25로 기재하면 인기가 있으나 이러한 경매는 침묵경매의 일반적인 형태가 아니다.

침묵경매에서 응찰자들의 동기를 확실히 설명할 수는 없다. 관심이 있는 한 부부의 대화를 소개해 보자. 부인은 소묘 소품에 입찰하기를 원하지만 남편은 경매가 종료되기 직전인 토요일까지 기다려 보도록 권유한다. 그렇지 않으면 다른 사람이 그녀의 응찰금액에 $5를 추가하여 가격을 인상시킬 수 있으며 그럴 경우에 부인이 구매하고자하는 상품은 당초 제시금액보다 $10을 더 지불하는 수도 있다. 그림을 비싸게 만드는 반대의 전략도 이러한 방법으로 실행할 수 있다.

5-6. 기타 경매

그 밖에도 경매 실시 지역을 기준으로 구분하면 산지 경매와 소비지 경매로 구분할 수 있으며 경매에서 낙찰한 가격의 효력 시간을 기준으로 하면 수시 경매, 일별 경매, 분기별 경매, 어기별 경매, 년별 경매로 구분할 수 있다. 하루에 몇 번 경매를 실시하는가 하는 것처럼 경매회수에 따라서 1회 경매, 2회 경매하는 식으로 구분할 수 있다. 연속적, 불연속적 경매인가에 따라서도 구분할 수 있다. 경매를 실시하는 경매장(auction room) 내에서 이동하면서 경매를 실시하면 이동식이라 하고 반대로 경매사나 응찰자가 한군데에서 움직이지 않고 거래가 진행되면 고정식이라 한다. 경매상품을 전량 상장하면 전량 상장식, 견본 등 일부만 상장하년 견본 상장식이라 한다. 일본에서는 물품을 보관하고 있는 창고에서 품질보증서를 발행하여 그 보증서로 현물 없이 경매하는 보증서 상장 경매도 있다. 응찰자들이 제시하는 가격이 중량이나 수량단위이면 단가경매라 하고 전량을 한꺼번에 경매하면 전량경매라 한다. 경매에 상장되는 상품의 종류에 따라서 골동품 경매, 농산물 경매, 수산물 경매, 중고차 경매 등으로 구분할 수 있다.

이와 같이 경매의 종류는 분류의 기준과 내용에 따라서 다양하게 구분할 수 있다. 이상으로 논의한 경매제도 중 일부는 일반적인 적용면에서 상대적으로 중요하지 않긴 하지만 특별한 여건에서는 아주 유용한 구분이 될 수 있다. 현재까지 설명한 몇 가지 경매방법과 함께 전 세계적으로 이용되고 있는 변형된 경매의 형태는 상당히 많다.

그러나 모든 경매제도를 모든 시장여건에 적용시킬 수는 없다. 어떤 제도는 특별한 상품판매에서 다른 제도보다 우수하다. 예를 들어 부동산과 수산물 경매에서는 서로 다른 경매방법을 요구한다. 구매자의 성격도 특별한 경매제도를 적용하는데 중요한 요소이다. 부업 삼아서 경매를 즐기는 사람들과는 달리 업무가 바쁜 출하자들은 빨리 판매하는 방법을 훨씬 선호한다.

물론 경매의 효율성을 측정하는 특별한 기준이나 표준을 근거로 하여 가장 적당한 경매의 유형을 적용하여야 한다. 경매제도의 효율성 측정에 가장 중요한 요소는 다음과 같은 세 가지이다.

첫째, 상장 상품에 매길 가격 수준
둘째, 판매의 소요시간 및 속도
셋째, 예상구매자들을 수용할 수 있는 수용력

어떤 형태의 경매방법을 선택할 것인가 하는 것은 위탁시키는 판매상품을 고려하여 신중하게 결정하여야 한다.

6. 경매 유형의 복합성

우리가 이용하는 여러 가지 경매의 유형(auction types)을 종류별로 구분해보면 어떤 관점에서, 어떤 성질과 어떤 요소를 기준으로 하여 구분할 것인가에 따라서 경매 분류의 결과도 달라진다. 하나의 기준에 의하여 분류된 하나의 유형은 또 다른 기준에 의하여 다른 형태의 경매에 해당할 수 있다.

가격 결정 방향을 기준으로 하여 분류된 상향식 경매는 가격 제시수단에 따른 수지식이나 기재식에도 해당될 수 있으며 응찰가격을 시차면에서 구분하면 동시 호가식이나 시차식에 해당할 수 있다. 〈표 8-4-4〉는 양분법에 의한 경매의 유형을 나타내고 있다.

〈표 8-4-4〉에서 설명하고 있는 경매의 유형은 전부 양분법에 의한 분류이지만 실제로는 그 보다 더 많은 형태로 구분할 수 있다. 경매의 낙찰 가격이 미치는 시간 효력면에서 구분하면 즉석식, 1일식, 월별식, 분기식, 어기식, 반기식, 연차식 등으로 다양하게 구분할 수 있다. 경매를 경매대상 상품의 종류를 기준으로 하여 구분하면 수산물 경매, 농산물 경매, 골동품 경매등과 같이 그 종류를 다 열거하기 힘들 정도로 많은 유형화가 가능할 것이다.

우리나라의 농수산물 도매시장에서 이용하고 있는 경매 유형은 가격 결정 방향면에서 상향식이고 가격 제시면에서 동시 호가식인데 이를 합하여 동시호가 상향식이라 한다. 가격제시 수단면에서는 대형 도매시장은 수지식을 이용하지만 중소형 도매시장에서는 수지식과 기록식을 혼용하고 있다. 대형시장에서 수지식을 이

〈표 8-4-4〉 양분법에 의한 경매의 유형

유형 구분의 요소	양분법에 의한 유형	
가격의 결정 방향	상향식	하향식
가격 제시의 시차	시차식	동시 호가식
가격제시 수단	수지식	기재식
낙찰의 요행성	인지식	요행식
기　타	고정식, 경매시간구간식, 연속식 공개식, 정기식, 견본상장식	이동식, 경매시간비구간식, 불연속식, 비밀식, 임시식, 전량상장식

용하는 이유는 기록식에 비하여 경매시간을 훨씬 단축할 수 있기 때문이다. 서울의 가락동 농수산물 시장과 노량진 수산물 도매시장에서는 주로 동시호가 상향수지식 방법을 이용하고 있다. 양재동 꽃시장에서는 하향식이고 경매시간이 5초씩 구간이 정해져 있으며 전광판을 이용하는 가격표시방법을 이용한다. 법원에서는 서면 기록식 입찰방법을 이용하고 있으며 자동차 중고경매장은 상향식이며 전광판식을 이용하고 있다.

제5절 우리나라 경매 사례

농수산물 도매시장에서 경매제도를 기본적인 거래의 수단으로 이용하고 있는 이유는 농수산물이 가지고 있는 상품적 특성이 경매가 추구하고 있는 비표준적 상품의 공정하고 합리적인 가격실현과 가장 접근하고 있기 때문이다. 아래에서 소개하는 사례지역의 경매는 조사 당시를 기준으로 설명하고 있기 때문에 현재를 기준으로 비교하면 경매의 방법에 다소의 차이가 발생하고 있다. 그러나 사례로 삼은 경매제도는 우리나라 농수산물 경매제도를 이해하는데 도움이 될 것으로 판단하여 여기에 싣는다.

1. 대형 어시장 경매

우리나라 최대의 산지 수산물 도매시장인 P어시장은 매일 새벽 6시에 경매를 시작한다. 경매사의 우렁찬 목소리가 조용한 새벽에 울려 퍼지고 이에 응답하는 듯 130명의 중도매인들이 무슨 암호를 주고받는 것처럼 손가락 신호를 재빨리 주고받는다.

이러한 이색적인 광경은 처음 어시장을 방문하는 사람을 어리둥절하게 만든다. 중도매인들은 손가락으로 사전에 약속된 신호를 만들면서 어가(魚價)를 표시하여 경매사에게 전달하는데 손가락 신호를 할 때에는 경매장에서 경매를 주재하고 있는 경매사, 어획물을 위탁한 출하주, 다른 중도매인들이 잘 볼 수 있도록 손가락을 높이 올려야 한다. 일제히 올라오는 손가락이 물결을 이루는 사이에 경매사는 가장 높은 가격을 제시하는 중도매인을 발견하고 그 가격을 호창하고 있는 사이에 다른 중도매인이 더 높은 가격을 제시한다. 이에 따라서 경매사도 다시 높은 가격을 호창하는 행위를 수차 반복하다가 최종적으로 최고가격을 제시한 중도매인의 번호와 금액을 호창하여 경락사실을 공표함으로서 1건의 경매는 완료된다. 이어서 곧 바로 경매사와 중도매인들은 다른 어류가 진열되어 있는 진열장으로 이동한다. 경매가 진행되는 동안에는 언제나 경락가격에 대한 착오를 방지하기 위하여 수기(손으로 기재)하는 기록원이 기록을 남기는 동시에 녹음기에는 전체 경매를 집행하는 경매사의 육성을 녹음해 둔다. 경매사가 다른 진열장으로 이동할 때 경매보조사를 비롯한 중도매인, 중도매인 사무원, 중도매인에게서 물건을 구매하고자 하는 중간상인과 소매인들이 함께 이동하기 때문에 경매장 내에는 소란스러움이 계속된다. 그러므로 경매를 진행하는 경매사의 육성은 경매장에 참석한 모든 사람이 알 수 있도록 우렁차고 명확하여야 한다. 그러나 경매사의 육성은 주문(呪文)을 외우듯이 독특한 멜로디와 후렴이 삽입되어 있어서 일상적으로 익숙해 있지 않은 사람들에게는 이상한 주술처럼 들리기도 한다. 경매사는 중도매인들의 응찰을 종용하면서 경매분위기에 흥을 돋우기 위하여 경매사마다 독특한 리듬이나 후렴을 붙여서 경매를 진행하는데 이들은 경매사 자격시험에 통과하였을 뿐만 아니라 경매 보조사 등으로 오랫동안 경매장에서 근무해 온 경매업무 베테랑들이다. 경매가격은 경매사의 판단에 의해서 영향을 받을 수 있음으로 경매사의 책임과 의무는 막중하다. 경매사는 중도매인과 같은 응찰자와의 담합금지, 출하자 또는 구매자로부터 금품수수 금지, 그 밖의 규정을 준수하여야 하고 그리고 적절한 가격이 결정될 수 있도록 시세판단이 예리하여야 하는 능력을 구비하여야 한다.

P어시장의 경매는 한국과 일본에서만 성행하고 있는 동시호가 상향수지식을 이용한다, 동시 호가식은 상향식, 하향식과는 달리 응찰자들이 한꺼번에 여러 명이 가격을 제시하는 점에서 특징적이며 가격표시를 손가락 신호를 이용하는 점에서 서양에서는 볼 수 없는 제도이다.

검지를 펴면 1을 나타내고 검지와 중지를 펴면 2, 중지・약지・무명지는 3, 엄지를 뺀 네 손가락은 4, 다섯 손가락은 5, 엄지는 6, 엄지와 검지는 7, 엄지・검지・중지는 8 그리고 9는 엄지와 검지를 원형을 그리듯이 구부리면서 표시한다.

수지신호의 방법은 다른 농수산물 도매시장과 동일한 방법을 이용하고 있지만 일부 도매시장의 수지신호는 약간 차이가 있다.

경매의 진행은 입하순서에 의하여 진열된 경매장을 옮겨 다니면서 경매하므로 이동식이며, 경매할 물품 전량을 경매장에 전량 상장하여 경매하므로 전량 상장식을 이용하고 있다.

한 번의 경매로 거래되는 물량은 일정 구역에 진열된 동종 동일상품 전부를 대상으로 삼지만 가격은 한 상자를 기준으로 제시한다. 부피가 크고 중량이 무거운 대형어류는 마리당 판매한다. 대량의 물량인 경우에는 수량단위 및 중량단위로 단가경매를 하지만 물량의 계산이 복잡하거나 여러 어종이 소량씩이면 전체 물량을 합쳐서 가격을 한꺼번에 제시하도록 하고 있어서 전부 경매를 병용하고 있다.

2. 중형 어시장 경매

K수협은 육지지역과 도서지역으로 구성된 비교적 넓은 행정구역을 업무구역으로하는 수산업협동조합으로서 우리나라의 거대 수협중의 하나이다.

이 지역 수협을 사례지역으로 삼는 이유는 지역의 위치가 남해안의 중심부에 자리잡고 있으며 지역 인근에 해조류 양식업, 정치성어업, 자망어업, 저인망어업, 연승어업등 다양한 어업이 성행하고 있고 50미터 거리의 인접한 지역 내에 건어류(마른어류)와 해조류 위판장 1개소, 선어 위판장 1개소, 활어 위판장 1개소 합계 3개 위판장이 개설되어 있을 뿐만 아니라 3개의 위판장이 각각 서로 다른 경매방법을 이용하고 있어서 우리나라 경매 위판장의 유형을 이해하는데 표본적인 지역이라고 판단하였기 때문이다.

먼저 건어류와 해조류 경매를 보자. K수협본소에서 관리하는 건어물 공판장의 경매는 아침 8시 경매사의 호각소리가 울리면서 시작된다. 11월부터 4월까지의 동절기는 김의 위판이 주류를 이루며 그 기간 동안 미역과 다시마도 일부 취급한다. 김은 속 단위로 거래된다. 하절기인 5월부터 10월까지는 멸치와 문어의 경매가 주종을 이루며 새우도 일부 취급한다. 멸치는 1㎏/포 단위로, 문어는 20마리/축을 경매단위로 하여 단가경매가 이루어진다. 경매사는 출하주가 상장한 상품을 대상으로 매건 경매마다 호각을 불어서 새로운 경매가 시작됨을 알리고, 중도매인(응찰자)은 수첩(10cm×15cm)의 검정 비닐표지에 응찰 금액을 단가 단위로 적어서 경매사에게 보인다.

경매사는 응찰 가격 중에서 제일 높은 가격을 제시한 중도매인의 가격과 중도매인의 번호를 호창하면서 낙찰자를 알린다. 이와 같은 과정을 반복하면서 1일 약 150건의 경매를 성립시키는데 한 건당 60초 정도의 시간이 소요되므로 하루의 총 경매시간은 2시간 30분 정도 걸린다. 수지식에 비하여 건당 경매시간이 많이 소요되는 이유는 경매사의 경매 개시 호각과 함께 상장되는 김이나 문어에 대하여 중도매사들이 매번 품질을 검사하기 때문이다.

대형 어시장에서는 경매 개시 전에 경매할 선어와 냉동물을 경매장에 진열해 두므로 응찰자들이 사전에 품질을 확인할 수 있다. 그러므로 경매가 개시되고 보조경매사가 경매 물품 중에서 표본을 추출하여 품질을 확인시켜줄 때에는 경매 전에 응찰자들이 확인한 품질과 차이가 있는지 여부를 간단하게 확인하면서 응찰을 하기 때문에 경매사의 응찰 요청신호와 동시에 응찰자들의 가격제시가 가능하다. 그러나 사례 경매장인 K수협 건어물 공판장은 중형 경매장으로서 경매장의 상품진열대가 협소하여 상품을 동시에 2군데 정도 밖에 진열할 수 없어서 한 번의 경매가 끝나고 다음 경매가 시작될 때 마다 새로운 경매 상품을 진열함으로 응찰자(중도매인)들도 경매와 경매가 이어지는 불과 1분 이내의 짧은 시간 내에 품질을 재빨리 확인하고 가격을 제시하여야 한다.

건어물 경매장의 상품 진열대는 높이 1m, 가로 2.2m, 세로 1.25m 정도의 것으로서 6개가 이어져 있는 기다란 경매대 겸용 진열대이다. 이곳에 대량의 상품을 진열할 수 없어서 진열대를 2구역으로 나누어서 진열하고 구역별로 교대로 경매를 실시하지만 경매사는 이동함이 없이 고정위치에서 경매를 주재하고 응찰자들도 이동 없이 응찰한다. 이러한 경매를 장소에 의하여 경매의 유형을 구분하면 고정식 경매에 해당한다.

다음은 K수협 N지소 활어 경매시장을 알아보자. 활어경매는 K수협의 N지소에서 주관하고 있다. 활어 경매장은 선어 위판장과 연접하면서 건어물 위판장과 불과 50m 거리에 서로 대각으로 위치해 있다. 활어 위판장과 선어 위판장은 어선의 접안과 양육이 용이하도록 접안시설과 양육장을 구비하고 있으며, 위판장의 옥내면적이 149평인데 비하여 옥외면적이 250평으로서 비교적 넓은 주차장을 구비하고 있다. 위판장 인근 지역의 어획물은 선박으로 운반하지 않고 차량을 이용하여 운반해오며, 차량운반은 날이 갈수록 점점 빈번해지고 있다.

활어 경매장에는 활어 수조 2개가 있으며, 그중 1개소는 낙지전용, 1개소는 기타 활어전용으로 사용하면서 2개의 수조가 동시에 경매를 시작한다. 이와는 별도로 활어수조 입구 임시경매장에서는 선어경매가 진행된다.

위판장의 옥내시설은 활어 판매전용으로 사용되고 있으며, 건물입구로부터 중앙쪽으로 2대의 긴 사각형(0.4m×1.06m) 활어수조가 고정되어 있고, 수조 양끝에 경매대 2대가 있으며 수조 반대편 양 옆쪽에는 중도매인들이 구매한 활어를 보관할 수 있는 탱크식 수조가 준비돼 있다. 어민들은 모기망, 어망, 운반용 컨테이너 등에 활어를 담아서 경매에 상장하기 위하여 경매대 바로 밑의 활어수조 중앙 옆쪽부터 진열하기 시작한다. 진열한 줄이 건물입구 끝에 도달하면 다시 중앙쪽으로 진열하는 「디귿자」형 진열을 하고 진열순서에 따라 경매가 진행된다. 진열순서는 입하순서이다. 경매대에 올라선 경매사의 마이크 소리에 따라 중매인들은 수첩의 검정 비닐표지에 백묵으로 금액을 기재하여 응찰한다. 수첩은 건어물 위판장에서 사용하는 규격과 동일하며 이 규격의 수첩은 같은 곳에서 경매하는 선어 경매장에서도 사용된다.

경매는 동시에 동일한 매장 내에서 활어 2개소, 선어 1개소의 경매가 이루어지는데, 경매의 장소가 고정되어 있으므로 고정식 경매에 해당한다. 활어의 경매는 10초 이내에 1회씩 성립하는데 반하여 선어의 경매는 약간 더 시간이 소요된다. 낙지는 물량 전체에 대하여 ㎏당 단가경매이며 다른 활어의 잡어류는 단가경매를 원칙으로 하지만 대형 어류에 대해서는 마리수를 단위로 한다. 종류가 복잡하고 전체 물량이 소량으로 상장된 물품은 전량에 대하여 가격을 제시하는 경매를 하기도 한다.

N지소에서 실시하는 경매는 이밖에도 시기에 따라서 물김의 단가경매가 수첩 기재식으로 진행되며 또한 동일 업무 구역 내에 있는 M어촌계의 참장어(하모)의 거래를 주관하기도 한다.

M어촌계원들은 매년 5월부터 9월 사이에 인근어장에서 풍어를 이루는 참장어를 어획하는데 이 어류는 일본으로 수출하고자 하는 수출 상인들에게 주로 판매된다.

참장어는 일정기간 효력이 있는 단가 경매를 한다. 어민들은 공정하고 합리적인 가격으로 판매하기 위하여 판매전문가와 수출상들이 경매로 결정한 단가에 따라 활어 상태의 참장어를 수출상에게 중량만 확인하고 인도한다. 수시로 변동하는 시장가격을 반영하기 위하여 매 조금[54]시마다(월 2회) 판매 담당자와 수출업자간에 단가를 조정한다. 이 경우에 단가가 효력을 발생하는 기간이 격주간이므로 격주간식 경매라 할 수 있다.

3. 소형 어시장 경매

이번에는 도서지역에 위치하면서 수출용 삼치를 주로 위판하는 N수협 활선어 경매를 소개하고자 한다. 이 지역에서 생산되는 일반적인 활선어 경매는 다른 산지수산물 시장의 경매제도와 특별한 차이가 없이 동시호가 상향 수지식을 이용하고 있다. 그러나 이 지역 특산품인 삼치, 중하(중간 크기의 새우), 서대에 대한 경매 방법은 다른 지역에서 발견할 수 없는 특별한 경매 방법을 이용하고 있다. 즉, N수협지역에서 생산되는 계절상품인 9월-12월의 삼치, 4월-6월의 중하, 5월-8월의 서대를 위판할 때는 다른 지역에서 이용하지 않는 특이한 단가경매가 이루어진다. 이들 중에서 삼치의 예를 들어서 경매방법을 소개하고자 한다.

삼치는 맛과 선도가 좋아서 수출용으로 판매되기 때문에 양육이 완료되면 오전중으로 부산에 운송하고 밤중에 일본으로 운송하여 익일 오전에는 일본의 위판장에 상장된다. 그러므로 양육되자 말자 수출용 수집업자가 인수할 수 있도록 당일 경매가 개시되는 7시 30분에 다른 어종보다 우선적으로 삼치의 경매를 시작한다. 이 시간에는 삼치 생산업자는 아직 양육을 시작하지 않은 상태이므로 중도매인들이 현품을 확인할 수 없는 시간대이다. 그러나 경매는 현품 없이 중도매인들이 구매할 단가와 구매량을 기록하여 경매사에게 제시함으로써 삼치의 당일 경매는 완료된다.

삼치는 응찰지에 기재한 최고가격 제시자가 제1낙찰자, 차순위 가격 제시자가 제2낙찰자로 결정되며 제1낙찰자가 생산자로부터 인수할 수 있는 수량은 응찰시에

54 조금(neap tide)이란 조석간만의 차가 가장 작은 때를 말하며 음력 8일과 23일이다. 소조(小潮)라고도 하며 사리에 대응하는 말이다.

구매단가와 함께 요구한 수량에 한정된다. 만일 경매 후 전체 생산어민이 양육하는 삼치의 수량이 제1낙찰자가 낙찰한 수량보다 적으면 그 날의 삼치는 제1낙찰자만이 인수할 수 있다. 그러나 생산어민의 양육량이 제1낙찰자의 낙찰수량을 초과하면 초과 수량만큼 제2낙찰자가 제1낙찰자보다 낮은 금액으로 인수할 수 있다. 대량의 물량이 입하되면 이러한 방법으로 제3, 제4의 낙찰자도 인수 가능하다. 생산자들은 양육순위에 따라서 차례로 제1낙찰자에게 삼치를 인계하고 이어서 남은 어획물을 제2낙찰자와 제3낙찰자 순서로 인계한다. 생산자가 수령하는 수취금액은 생산량에 따라서 각각 다르지만 단가는 모두가 동일하다. 어떤 생산자가 삼치를 제1낙찰자에게 인계하였다고 하여 제1낙찰자가 지불하는 높은 경매단가로 계산하여 금액을 수령하는 것이 아니고 제1낙찰자와 제2낙찰자 등 모든 낙찰자가 지불한 총액에서 생산자들이 판매한 총생산량을 나눈 단가에 의하여 각 생산자의 수령액이 결정되는 것이다. 생산어민 전부가 제1낙찰자에게만 인계한 경우에는 두말할 나위 없이 제1낙찰자가 지불한 단가를 어민들이 수령한다.

예를 들어 제1낙찰자가 단가 9,000원에 4톤을, 제2낙찰자가 단가 8,000원에 1톤을 인수하였다고 하고 생산자 A가 200kg을 제1낙찰자에게 납품하였다고 할 때 생산자 A가 수령하는 수령단가는 제1낙찰자가 지불한 9,000원이 아니고 당일 낙찰한 낙찰자 전원의 평균단가가 된다.

다음 〈표 8-5-1〉는 평균단가에 의해서 생산자 수취액을 결정하는 과정을 설명하고 있다. 생산자 개인은 제1낙찰자에게 납품하였거나 제2낙찰자에게 납품하였거나 상관없이 당일의 평균 낙찰가격을 개인의 수취가격 단가로 산정한다. 당일의 평균 낙찰가는 제1낙찰자가 지불한 9,000원×4톤 = 36,000,000원과 제2낙찰자가 지불한 8,000원×1톤 = 8,000,000원의 합계액 44,000,000원을 평균단가를 산정

〈표 8-5-1〉 N수협 삼치 경매의 생산자 수취액 산정방법

낙찰자 지불액	생산자 A의 수취액
제1낙찰자: 9,000원×4톤 = 36,000,000원 제2낙찰자: 8,000원×1톤 = 8,000,000원 합 계: 44,000,000원 kg 단가 = 44,000,000원÷5톤 = 8,800원	평균단가 8,800원×판매량 200kg = 176,000원

하면 kg단가 = 44,000,000원÷5톤 = 8,800원이 산출된다. 개인별 생산자 수취액은 (평균단가×개인 판매량)으로 산출된다.

이상과 같은 경매에 대하여 경매의 유형을 구분해 보면, 가격표시 수단면에서 서면기록식, 응찰가격 효력면에서 당일식, 낙찰자 숫자면에서 복수 낙찰식, 가격제시 단위면에서 단가식에 해당하고, 또 다른 특징으로 불연속적 수시 경매이다.

N지역은 오래전부터 삼치 집산지로 명성이 높기 때문에 이와 같이 결정된 삼치 경매가격은 남해안 일대의 삼치생산지인 다른 도서(섬)에서 판매되는 삼치의 거래 기준 가격으로 제공되고 있을 정도이다.

N수협은 겨울에는 매일 위판장을 아침 7시 30분부터 오후 5시까지, 여름에는 아침 8시 30분부터 오후 6시까지 개장하여 어획물을 경매하지만 보통 경매가 진행되는 시간은 아침 개장시간에 집중되어 1-2시간이다. 이 시간이 지나면 당일 경매해야 할 물량의 대부분이 거래되므로 경매는 일단 중단된다.

그러나 중단된 이후에 입하하는 어획물이 있으면 비록 물량이 소량이어서 경매 업무를 번거롭게 하는 불편이 수반된다 할지라도 당일 경매마감 시간 이전이면 언제나 경매를 수시로 재개함으로써 어민들의 판매 대기 시간을 최소화시키고 있다. 이와 같은 불연속적 수시경매가 가능하기 위해서는 경매를 수시로 재개할 때마다 중매인들을 쉽게 집합 시킬 수 있는 소지역이어야 한다.

4. 여러 가지 물품의 경매

우리나라에는 여러 분야의 상품거래에서 경매를 이용하고 있다. 여기서는 골동품, 꽃, 자동차 시장에서 채용하고 있는 경매를 소개한다.

4-1. 그림과 골동품 경매

화랑의 거리로 이름난 인사동 화랑가에는 H미술품 주식회사를 비롯하여 몇군데의 판매회사에서 정기적 또는 비정기적인 경매를 실시하는데, 판매회사는 대부분 경매실시 전에 골동품, 고미술품, 도자기, 인형 등의 예술품을 소장자로부터 판매위탁을 받아서 전문가에게 진품여부, 하자여부와 감정가격을 의뢰하여 작품의 내정가격을 정하고 경매로 판매할 작품 목록을 작성하여 예상구매자들에게 제시한 후에 예상구매자의 경매참여 등록을 받아 경매를 실시한다. 현품을 진열대 위에 올려놓고 경매 상품을 소개한 후 경매사가 경매 예정가격을 제시하면서 상향식 경매를 시작한다.

구매를 희망하는 구매희망자들이 흰바탕에 검정숫자가 적힌 플라스틱 번호판을 들어 올리거나 또는 여러 가지 신호로 응찰가격을 제시하면 경매분위기는 열기를 더해 간다. 보통의 경우에는 응찰가격은 응찰 번호판을 한번씩 들 때마다 일정액씩 오르는 구간가격제를 이용하지만 때로는 응찰자가 가격을 따로 제시하는 경우도 있다. 이와 같은 상향식 경매방법은 세계적으로 유명한 예술품 경매회사인 소더비, 크리스티 등에서 채용하고 있는 경매방법이다.

한국에서 미술품 경매가 처음 열린 것은 1930년대 경성미술품 구락부 회관에서부터였으며 그 후 1971년 고미술품상 중앙회가 경매의 맥을 이어왔으나 그 성과는 미미하였다. 18세기의 백자양각매화문 반단이형 연적은 3억9천만원에 낙찰된 바 있다. 예술작품인 경우에 가격을 결정하는 요인은 단순히 오래되었다는 시대성만이 고려되는 것이 아니고 예술성, 특이성, 희귀성, 상태 보존성 등이다.

경매에서 거래된 작품이 차후 진품이 아닌 위품으로 판정 나거나 미발견된 하자가 발견되면 경매회사에서 가격을 보상해 주고 있다. 인사동의 미술품경매는 이와 같이 상향식, 전량상장식, 정기식 또는 비정기식, 고정식의 성격을 가지고 있다.

4-2. 꽃 경매

꽃 상품 시장은 농수산물과 같은 천연 자원적 신선상품의 성격으로 인하여 일찍부터 경매가 발달한 분야이다. 꽃의 나라로 유명한 네덜란드에서 네덜란드식 경매가 성행한 상품 역시 꽃이었다.

양재동 꽃시장은 전국 꽃 판매의 최대 경매 시장으로서 다수의 경매인과 OOO인의 중도매인이 거래한다. 경매사가 경매 직전에 견본을 보여준 후 꽃의 상장(上場)번호와 상장수량, 꽃 품명, 꽃 등급을 알린 후 전면에 설치한 전광판으로 경매를 시작한다. 전광판에는 상장번호와 수량이 기재되어 있으며 경매사가 높은 가격에서 호가하는 하향식 경매가 시작된다. 5초안에 응찰자 중에서 먼저 응찰기의 전자버턴을 누르는 중도매인이 자동적으로 낙찰자로 선정되면서 전광판에는 낙찰자의 번호와 금액이 나타나고 경매는 종료된다. 경매가 진행되는 경매시간 구간은

5초간이며 시간경과 상황도 전광판에 나타난다. 경매사는 경매 개시금액을 호가하기 시작한 후 점차 일정액씩 낮은 금액을 호가하는 하향 정액호가식을 이용한다. 꽃의 등급은 봉오리, 길이, 꽃의 균질성 등을 고려하여 특품, 상품, 보통품의 3등급으로 구분한다. 출하자와 소비자는 전광판에 나타나는 공개적인 숫자로 경매를 투명하게 확인할 수 있다. 꽃 경매와 같이 하향식 경매에서 가장 중요한 경매 요소 중 의 하나는 경매사가 최초 제시하는 상한가를 어떤 수준으로 결정할 것인가 하는 것이다. 양재동 꽃시장은 경매사들이 모여서 최근 1주일간의 생산량과 가격을 평균하고 주변 시장 가격과의 차액을 고려하여 상한가를 결정한다.

4-3. 법원 경매

법원에서는 경매일 2주전에 경매내용을 내정가격과 함께 공고한다. 내정가격은 시가를 기준으로 하여 결정하는데 감정사가 감정한 가격이다. 법원에 따라 월별 시행횟수는 일정하지 않으나 94년부터 비공개 서면 기록식 경매를 실시하고 있다. 그 이후에는 공개적으로 가격을 부르는 호창제 시절에 비하여 경매 전문가, 브로커들의 참여는 줄어든 대신에 경매에 대한 전문지식이 없는 일반구매자의 참여가 증가하였다. 비공개 서면 기록식 경매하에서는 기본적인 판단력만 있으면 누구나 경매에 참가할 수 있는 환경으로 변화되었다.

법원 경매의 대상물은 대부분 건물, 토지 등 부동산이므로 응찰을 희망할 때는 세입자의 임대차 관계를 주민등록부와 등기부등본을 통하여 확인함으로써 경매 후 재산양도에 따른 문제점을 사전에 제거할 수 있어야 한다. 최근에는 법원 경매에 참가하는 소비자들을 위한 전문 컨설팅회사가 설립되어 일반소비자들의 경매참여에 도움을 제공하고 있다.

9 농수산물 시장 정책

제9장 | 농수산물 시장 정책

제1절 농수산 시장 정책의 대상

농수산물 시장 정책은 농수산업의 산업 정책의 한 분야이다. 농수산물 시장 정책의 범위는 농수산업 생산자가 농수산물에 대하여 생산 계획 단계에서 구상하는 시장대책을 시작으로 하여 농수산물이 소비자의 식탁에 이르도록 까지의 전체 과정을 포함한다. 정확하게는 식품 산업까지도 포함하고 있으므로 농수산물 · 식품 시장 정책이라고 하는 쪽이 옳을지도 모른다. 그러나 농수산업 정책을 농수산물 시장 정책과 동일하게 해석할 수 없는 바와 같이 식품 산업 정책을 식품 시장 정책과 동일하게 해석할 수 없다.

시장 정책이란 공공부문이 자유 시장체제에 개입하는 정책을 말한다. 자유 경쟁 체제에서 공공부문이 시장에 개입하는 목적은 시장 기능이 효율적으로 작용하게 하는데 있다. 시장 기능이란 재화와 서비스를 시장에 제공함에 있어서 적품(適品)을 적소(適所), 적시(適時)에 제공할 수 있도록 적(適)을 발견하고 실현하며, 동시에 적(適)의 발견과 실현에 소요되는 비용 절감을 도모하는 것을 말한다. 또는 시장 기능이란 수요와 공급을 적절히 매개하고 양자를 양적, 질적, 시간적, 공간적으로 보다 효율적으로 결합시키는 것이라고 말해도 좋다.

개별기업(농어가를 포함한다)은 기업 행동으로서 시장기능 수행에 노력한다 할지라도 기업의 시장 기능 수행에 의해서 시장 전체가 바람직스러운 성과를 올린다고는 말할 수 없다. 왜냐하면 시장기능이란 개별기업이 개별 기업의 목적만을 추구함으로서 달성되는 것이 아니고 공공(公共)에 의해서 수행해야 할 기능도 많이 있기 때문이다.

공공이 주체가 된 농수산물 시장 정책의 대상은 농수산물(식품을 포함함)의 수요와 공급을 적절히 결합시킴에 있어서 민간기업에 맡겨서는 성과가 크게 나타나지 않거나 성과가 나타나기 어려운 성질을 가진 부문을 대상으로 한다.

제2절 농수산물 시장 정책의 4대 과제

농수산물의 수요와 공급을 적절히 결합함에 있어서 민간 기업으로서는 불가능하거나 또는 민간기업에 맡겨서는 성과를 크게 올릴 수 없는 분야가 농수산물 시장 정책의 과제의 대상이 되어야 하는데 이는 농수산업 생산자를 포함하여 유통 기능을 담당하고 있는 담당자 및 농수산물의 성격으로부터 판단하여야 한다.

이상과 같은 요인을 고려한 농수산물의 시장 정책 4대 과제란 시장경쟁자들에 대한 경쟁 환경의 정비, 대기업에 대한 농수산물 생산자 등의 대항력(countervailing power) 강화, 시장의 안정과 확대, 소비자 권리의 보호이다. 농수산물 시장 정책 4대 과제에 식품 유통의 합리화를 포함시켜 시장 정책의 5대 과제라 한다.

1. 경쟁 환경의 정비

시장 경쟁 조건이 완전 상태에 가깝도록 한다는 것은 농수산물 시장 정책만이 아니고 다른 산업의 시장 정책에서도 중요하지만, 완전 경쟁이 작용해야 할 농수산물 시장에 있어서 경쟁 환경의 정비는 더욱 중요하다. 시장경쟁자들에 대한 경쟁 환경 정비의 주요요인은 통계정보, 규격화, 거래방법의 규제를 들 수 있다.

1-1. 통계 정보

농수산업은 현대의 여러 가지 산업 중에서 완전 경쟁이 작용해야하는 전형적인 산업임에도 불구하고 몇 가지 점에서 완전경쟁조건이 결여되어 있다. 그 중에서도 특히 정보의 불완전성은 커다란 문제이다. 예를 들면 자연조건의 변동과 이에 대한 예측이 아주 불확실하기 때문에 농수산물의 수확과 어획량에 대한 예측도 어렵다. 생산자나 소비자 모두 전국에 광범하게 산재하고 있기 때문에 생산자가 출하할 곳을 선정 한다던가 출하량을 결정하기 위해서 독자적으로 수집하는 시황정보란 단위 협동조합을 비롯한 온라인 공간 등 한정된 곳에서 얻는 정보에 불과하다. 이에 따라서 공공기관은 농수산업 정보의 완전성을 높이기 위하여 공공기관이 수행하는 시장 정책 중에서도 통계정보(생산통계, 시황정보, 장기관측)를 완전경쟁 상태에 가깝도록 작성하는 것을 기본으로 삼고 있으며, 또한 공공기관이 생산한 통계정보는 공개를 원칙으로 하고 있다. 정보의 공개는 경쟁 및 거래당사자가 동등한 입장에서 이용할 수 있다는 점에서 공정성 확보에 도움이 된다.

동일한 정보를 획득한 경우에도 어떠한 기업이나 생산자가 모두 동일한 행동을 하는 것은 아니다. 예를 들어 가락동 시장의 수박 입하량이 많아서 시세가 하락하였다고 하는 시황정보를 입수하였다고 하자, 그러면 어떤 사람은 가락동 시장으로의 출하량을 억제하려고 하는 의사결정을 내릴 수도 있다. 그러나 한편에서는 다른 산지에서 가락동 시장으로 출하를 억제하려고 하고 있으므로 자신은 출하량을 당초대로 출하하거나 오히려 출하량을 증가시키고자 결정할 수 도 있다. 그럼으로 정보의 공개와 보급에도 불구하고 가락동 시장으로의 입하량을 정확히 예측하기 힘들다. 공공기관에 의한 공개적인 통계정보는 경쟁 및 거래에 있어서 생산자 상호간에 공동으로 이용하고 있으나 불확실성을 얼마나 해소할 수 있을 것인가는 의문이다. 공공기관에서 수행하는 통계정보 활동은 적격품(적절한 정보)을 적소(필요한 사용자)에서 적시에 수집, 처리, 전달한다고 하는 '적(適)'의 선택과 실현이 필요하다.

농림수산부를 비롯한 여러 기관에서 수집한 통계정보가 인터넷을 통하여 단위협동조합이나 개별 생산자가 언제라도 이용할 수 있다 할지라도 이를 적절하게 이용할 수 없는 경우도 많다. 왜냐하면 필요한 정보의 전달 시기가 늦어서 출하에 이용할 수 없거나 개별 생산자에게는 관계없는 품목의 시장정보가 대부분이기 때문이다.

공공기관이 수행하는 정보유통에 있어서 '적(適)'의 선택과 실현을 위해서는 정보사용자(정보수요)의 욕구를 공급주체에게 반영시킬 수 있는 피드백 체계를 필요로 한다. 재화(상품) 유통에서는 가격을 통계 지표로서 선택하고 있으나 정보유통, 특히 공공기관이 수행하는 정보유통에서는 가격지표가 정확하게 작용하지 않는 경우가 많다. 그럼으로 협동조합조직 등 정보의 사용자 측도 사용자의 사용 목적에 적합한 소프트 프로그램을 개발하여 공공 주체에게 제공하여 필요한 통계정보 서비스 공급을 의뢰 할 수 있다.

1-2. 규격화

시장정보의 완전도를 높이기 위해서는 규격화를 제외시킬 수 없다. 원래 농수산물은 공업제품과 달라서 품질이 표준화되기 어렵다. 일간지 신문이나 경제신문에서 농수산물 도매시장의 시세를 게제하고 있으나 대부분의 품목은 산지명이 정확하게 표시되지 않고 규격도 애매하게 나타나고 있으며 가격은 중량당 얼마라거나 또는 중량당 얼마에서 얼마의 범위라고 나타내고 있다. 예를 들면 바지락 1kg당 가격은 1,000원에서 2,000원 범위에서 거래 되었다고 나타낸다.

농수산물의 품질이 표준화되지 못하는 원인이 생산자에게 있다고 하기 보다는 생산물의 생태적, 자연적 성질에 기인하는 요인이 크다. 그러므로 품질 표준화는 인위적으로 일정한 품질을 기준으로 하여 규격을 정하고 등급화 하는 것이 중요한 대책이다.

규격화의 품질기준은 소비자 입장을 중시하여 결정하여야 한다. 예를 들어 쇠고기의 경우에 한국과 일본에서는 흔히 말하는 마블, 즉 근육사이의 지방 교잡(脂肪交雜)을 중시하지만 미국에서는 빨간 몸통 살과 정육수율을 중시한다.

농수산물은 공산품과는 달리 등급의 판단은 관능에 맡기는 부분이 많기 때문에 평가자의 주관이 혼입되는 것을 피할 수 없다. 따라서 거래 당사자 들은 각각 자기에게 유리한 등급을 주장함으로써 객관성이 결여되기 쉽다. 이와 같은 불합리성을 제거하거나 완화하기 위하여 등급을 제3자, 특히 정부기관에 의하여 결정하는 것이 바람직하며, 실제로 정부가 개입하는 경우가 많아졌다.

규격의 표준화와 등급화란 도매거래에 적합하게 결정하는 경우가 대부분이다. 도매단계에는 대량의 수요와 공급이 결합할 뿐만 아니라 도매시세가 각 지역 거래가격의 지표가 되고 있기 때문이다. 공통의 규격과 등급화가 결정되어 있지 않다면 규격의 비교는 의미를 상실하고 만다.

규격의 표준화와 등급화가 도매단계 거래의 근간이 되고 있다는 사실은 다행한 일이지만, 그 등급화가 소매단계에 가면 제대로 나타나지 않는 경우가 많다. 도매단계에서는 품질기준과 사이즈별 기준을 정하여 두고 있다 할지라도 소매단계에서의 품질은 상・중・하로 구분하고, 규격은 대・중・소로 간단하게 나누고 있는 것이 대부분이다.

규격화의 필요성은 농수산물 상품 거래의 편의성에만 있는 것이 아니고 수송용 파렛과 컨테이너 등과 같이 유통수단에도 있다. 또한 어떤 경우에는 자사제품을 차별화하여 다른 제품의 시장 진입을 어렵게 만들기 위한 목적으로 자사 제품 특유의 규격을 사용하기도 한다.

1-3. 거래방법의 규제

거래방법을 규제하는 목적은 시장 경쟁 질서를 유지하는 데 있다. 거래에 관한 법률인 민법 및 상법은 계약의 자유가 보장되고 이를 준수하도록 규정하고 있다. 그러나 경제가 점차 발달함에 따라서 기업들의 규모에 차이가 발생하여 대기업이 탄생하는 등 기업들 간의 거래 교섭력에 격차가 나타나게 되었다. 이에 따라서 법률적인 면이나 형식적인 면에서 계약의 자유가 관철 된다 할지라도 실제적 내용면에서 대기업에 의한 경쟁제한 행위가 발생할 요소가 강하게 내포되어 있기 때문에 대기업들로 하여금 독과점을 방지 할 수 있도록 하기 위하여 법률 등이 제정되어 대기업 등의 불공정거래 행위를 저지하고 공정한 경쟁 질서를 유지토록 하고 있다.

특히 농수산물과 같은 생선식품에 대해서는 농산물가격 안정에 관한 법률(농안법)에 의하여 도매시장 거래방법을 자세히 규제하고 있다. 도매시장에서는 공정거래가 달성될 수 있도록 위탁입하(무조건위탁), 경매・입찰거래, 수탁거부금지 등을 거래 원칙으로 삼고 있다. 그러나 도매시장을 둘러싼 환경조건의 변화(출하조직의 발달, 가공기업과 대형소매점의 등장, 외식산업의 대형화, 생선식품으로부터 냉동식품으로의 유통상품 변화 등)에 따라서 본래의 거래 원칙을 고수하는 것이 오히려 도매유통의 원활화를 저해하는 경우도 발생하고 있다. 이에 따라 도매시장에도 환경변화에 부응하는 새로운 거래제도의 보완이 요청되고 있다.

2. 대항력의 강화

공정거래법 등에 의하여 대기업의 경쟁제한 행위를 규제한다고 하더라도 농수산업과 소비자 또는 중소기업이 대기업과의 거래에서 불리한 입장에 서는 것은 명확하다. 그러므로 대기업과 거래하는 중・소 생산자 및 소비자 쪽에서는 대기업에 대항할 수 있는 힘을 확보 할 조치가 필요하다. 대항하는 힘, 즉 대항력(countervailing power)을 강화시키는 조치는 경쟁조건의 형성과는 달리 때로는 공정한 경쟁을 형성하기 보다는 오히려 집단행동을 촉진시킴으로써 거래 교섭력 및 경쟁력을 강화시키는 것을 목적으로 하고 있기 때문에 일반적으로 독점규제 및 공정거래법(이하 공정거래법)에서 금지하고 있는 담합에 해당할 수가 있다. 이에 따라서 집단행동에 관해서는 특정한 경우에만 인정되어야 한다.

한편 공정거래법에서 정한 집단행동 규정 적용을 제외하고 있는 단체는 협동조합이다. 협동조합의 일정한 행위에 대하여 법률의 적용을 제외하고 있는 근거는 다음과 같다.

독점규제 및 공정거래법 제 60조는 다음과 같은 요건을 구비한 조합일 경우에는 공정거래법의 규정을 적용하지 않는다고 규정하고 있다.

① 소규모 사업자 또는 소비자의 상호부조를 목적으로 할 것
② 임의로 설립되고, 조합원이 임의로 가입 또는 탈퇴할 수 있을 것
③ 각 조합원이 평등한 의결권을 가질 것
④ 조합원에 대하여 이익배분을 행하는 경우에는 그 한도가 정관에 정하여져 있을 것(출자액에 대한 분배의 제한)

협동조합이외에도 사업자들이 부당한 공동행위에 대한 제한을 받지 않는 경우가 법19조 2항에 명기하고 있다.

①산업합리화 ②연구기술개발 ③불황의 극복 ④산업구조의 조정 ⑤거래조건의 합리화 ⑥중소기업의 경쟁력 향상

그러나 주의할 것은 대항력이란 어디까지나 대기업에 대하여 행사되는 것이기 때문에 소비자 또는 다른 중소기업에 대해서 남용하면 사회적으로 용인될 수 없다. 독점 규제 및 공정거래법은 협동조합이라 할지라도 불공정한 거래방법을 이용하거나 일정한 거래분야에서 경쟁을 실질적으로 제한함으로써 부당하게 가격을 인상시키는 경우는 적용제외를 인정하지 않고 있다.

협동조합은 대항력을 강화할 수 있는 특별한 조건을 부여 받았다 할지라도 협동조합은 대항력을 강화하기 어려운 내재적 요인이 존재한다. 협동조합은 임의가입을 원칙으로 하기 때문에 아웃사이더의 존재를 해소할 수 없다. 우리나라는 사실상 농어업 생산자 거의 모두가 조합에 참가하고 있지만 조합원이라 할지라도 생산물을 판매하거나 생산재를 구입할 때에 조합 이용을 강제적으로 의무화 하고 있지 않기 때문에 조합원 중에는 조합의 의사와 별도로 행동하는 비 참가 조합원도 아웃사이더와 같다.

조합원들의 참여의식은 조합원 4대 이질성인 전·겸업여부, 경영규모의 크기,

농어장의 비옥도, 시장조건에 따라서 달라진다. 조합원의 시장조건이란 노동, 금융, 기자재의 구매조건과 생산물의 판매조건을 말한다.

조합원 중에서 조합사업에 참여하지 않는 아웃사이더는 조합이 협동 활동을 통하여 획득한 성과를 아무 협조나 희생 없이 배분받을 수 있다. 결국 무임 승차자(free riders)가 존재하며, 이러한 존재는 조합의 협동활동이 성공하기 어렵게 만드는 요소로 작용한다.

조합의 협동활동을 효과적으로 수행하기 위한 방법으로서 아웃사이더가 존재하지 않으면 가능할 것이다. 그러나 이를 강행함에 있어서 협동조합조직으로서는 불가능하다. 왜냐하면 협동조합은 임의 가입과 임의 탈퇴를 원칙으로 하기 때문이다. 이와 같은 아웃사이드 문제를 해결하기 위한 방안으로서 미국, 영국 등에서는 협동조합과 다른 조직인 강제 참가 조직 결성을 용인하고 있는데 미국의 마케팅 오더(marketing orders)와 영국의 마케팅 보드(marketing boards)가 그것이다. 이에 대해서는 본장 제5절을 참고하기 바란다.

3. 시장의 안정과 확대

농수산물 시장은 공산물시장에 비하여 불안정하다. 왜냐하면 농산물은 수요와 공급의 가격 탄력성이 낮고, 기상 변동의 영향을 받아서 수확량의 변동이 크고, 농수산업의 경쟁구조가 완전경쟁적이기 때문이다. 이들 요인 중에서 어떠한 요인도 농수산물 생산자들의 능력으로서는 통제하기가 어렵다.

시장의 불안정은 생산자 후생에 손실을 준다. 불안정한 가격은 자원이동의 지표로 작용하기 때문에 가격기능 수행을 방해한다. 어떠한 농산물을 얼마만큼 생산하는 것이 좋을까? 농업과 비농업사이에 생산자원을 어떻게 배분할 것인가 하는 판단은 가격 변동이 심하면 정확하게 판단할 수가 없다.

농수산물은 전형적인 필수품으로서, 일정량을 초과하여 공급하면 가격저하가 나타나기 시작하고 어느 수준을 초과하여 공급하면 가격은 급속히 하락하는 킹의 법칙이 적용된다. 마찬가지로 생산 기술이 진보하면 생산과잉 → 가격하락 → 농업소득 감소를 초래하기가 쉽다.

농업구조는 완전 경쟁적 성격 때문에 농업생산자가 가격을 통제하기 어렵다.

농민은 가격수용자(price taker)로서 주어진 가격에 대응할 뿐이다. 생산자가 기술발전을 이용하여 생산량을 증대시키면 문제를 격화시키는 악순환(treadmill)을 되풀이 할 수 있다.

농산물의 구조적 과잉생산 문제와 농공업간 소득 불균형 문제에 대해서는 구조조정 정책 및 가격지지(支持)정책이 시행되고 있으며 시장 정책으로서는 수요 확대책이 있다. 가격지지 정책은 본장 제4절을 참조하기 바란다.

농산물의 수요 확대책은 일반적으로 공산품 제품차별화처럼 개별생산자가 실시하여도 효과가 크지 않다. 생산자 조직이 제품차별화를 시행한다 할지라도 다른 생산자 조직이 시장에 파고드는 수가 많아서 전체적으로 농산물의 시장확대 효과를 올릴 수 있을 것인가 하는 데는 의문이 있다. 그러므로 수요 확대책은 개인생산자나 개별 생산자 조직보다는 공공기관이 주체가 되어서 학교급식 증대 및 다른 용도의 소비를 확대시킬 수 있는 정책을 시행하는 쪽이 훨씬 더 시장 확대를 도모할 수 있다.

시장의 안정과 확대를 도모하기 위해서는 다음과 같은 몇 가지 수단을 이용할 수 있다. 이러한 수단은 단독으로 시행할 수도 있으나 동시에 몇 개의 수단을 합쳐서 시행하는 경우도 많다.

3-1. 가격조작

가격조작이란 생산자 수취가격 또는 시장 가격이 일정수준 이하로 하락하지 않게 하거나 일정수준 이상으로 상승하지 않도록 조작하는 것이다.

조작의 방법은 시장개입과 부족액 지불(또는 직접 지불)의 두 가지가 있다.

전자는 직접 시장에 개입하여 농산물을 매입하거나 매도함으로써 시장 가격의 안정을 도모하는 방법이며, 후자는 시장 가격이 일정한 보증가격 수준이하로 하락하는 경우에 그 차액을 생산자에게 직접 지불하는 방법이다.

부족액 지불방식에서는 시장 가격이 보증가격 수준이하로 하락하여도 시장에서 물품을 매입하여 재고로 비축하지 않기 때문에 소비자 가격은 계속하여 하락한다. 그러나 반대로 가격이 비싸지면 정부는 시장개입으로 매입한 비축 재고를 시장에 싼 값으로 매출하여 시장 가격을 하락시킬 수 있다.

3-2. 생산 및 출하 제한

생산물이 과잉인 경우에 정부가 시장안정을 도모하기 위하여 채택하는 정책 중의 하나가 생산 및 출하제한 정책이다. 이때 정부는 생산자에게 직접 생산 제한이나 출하 제한을 강제하지 않고 생산자 조직을 통하여 자주적으로 조정하게 하는 것을 원칙으로 하는 경우가 대부분이다. 그러나 이러한 조정은 전국 규모로 보조를 맞추지 않으면 효과를 올릴 수 없다.

행정지도를 할 경우에도 안정기금제도 등에 의하여 생산자들을 지원함으로써 행정지도 효과를 높일 수 있다. 미국과 영국 등 외국에서는 생산자들이 출하 조정에 강제로 참여하도록 규제하는 제도가 있지만, 강제하는 품종과 강제하는 수량을 결정함에 있어서 생산자들의 의견이 대부분 반영될 수 있게 하고 있다.

우리나라에서 WTO, FTA 협정과 관련하여 쌀 생산량을 제한하는 방법으로서 직불제를 이용하는 경우가 있다. 이 경우의 직불제는 농어민을 처음부터 생산에 참여시키지 않고 농장이나 어장을 휴식토록 함으로써 생산을 포기하는 대신에 그 대가로 화폐를 지불하는 제도이다. 이를 두고 부족액 지불 직불제와 구별하기 위하여 생산 제한 직불제라고 한다. 부족액 직불제는 생산자에게 일정한 가격을 보장해주는 제도로서 생산자는 생산을 유지하면서 부족액을 수취하지만 생산제한 직불제는 생산을 포기하는 점에서 차이가 있다.

1950년대와 1960년대의 미국의 경우와 같이 공급초과 현상이 매년 계속된다고 하면 정부는 초과공급량을 매수하는데 막대한 재정자금을 방출하지 않을 수 없고, 그 재고량도 자꾸만 누적되어 갈 것이다. 이럴 경우에는 농민들로 하여금 생산을 제한하도록 하여 공급량을 감소시킬 필요가 있게 된다. 생산제한의 방법으로는 생산량 할당제, 경작 면적제한 등의 방법을 이용하고, 경작하지 않는 농지에 대해서는 정부가 보상금을 지급하는 등의 대책이 강구될 수 있다.

미국에서 생산량 할당과 경작면적 제한의 방법으로 생산제한 직불제를 실시했던 1930년대 초에는 생산제한 정책이 실효를 나타낼 것으로 예상되었다. 그러나 농민들은 기술향상에 의해서 또 다시 다량의 초과공급을 하게 되었고, 정부는 막대한 재고누적을 감당하지 않을 수 없었다. 2차대전 후에는 재고누적으로 발생한 막대한 잉여 농산물을 후진국 원조라는 이름으로 무상으로 또는 헐값으로 처분했던 것이다. 그러다가 1970년대에 들어와서는 소련·중국 등지에서 발생한 격심한 흉년과 인구증가로 농산물에 대한 수요가 격증하여 농산물의 가격이 비교적 높은 수준에서 유지될 전망이 보였으므로 농작면적의 제한을 해제해 버렸다.

3-3. 수입제한

수입제한은 국내 가격을 국제 가격 수준보다 높이는 역할을 한다. 수입제한 정책으로는 관세부과와 비관세 장벽을 수단으로 이용한다.

1) 관세부과는 수입제한 방법으로서 가장 보편적이고 쉬운 수단이다. 수입량을 줄이고자 하면 관세율을 높이고 반대로 수입량을 증가시키고자 하면 관세율을 낮춘다.

2) 비관세 장벽은 국가별로 매우 복잡 다양하게 시행되고 있어서 일률적으로 분류하기가 어렵다. 그 중에서 수입을 제한하기 위하여 일반적으로 많이 이용하는 비관세 장벽 수단은 다음과 같다

① 수량제한

수량제한은 비관세장벽 중 가장 큰 수입규제조치로서 수입업자에게는 수입 금지를 비롯한 수입할당 등을, 수출업자에게는 수출을 할당하거나 자율적으로 수출량을 제한하도록 하는 수출 자유규제 수단 등이 있다.

② 수입 절차의 제한

수입절차의 제한은 수입허가와 통관절차의 제한으로 구분할 수 있는데, 수입허가는 특정조건을 충족시키는 경우에 한해서 관련기관이 수입허가를 부여하는 것을 말하며, 통관절차의 제한은 통관 항구 또는 공항을 지정하거나 통관 시 불필요하게 통관을 지연하는 것 등을 말한다.

③ 수입물품의 가격제한

수입물품의 가격을 제한하는 조치로는 최소 수입가격제도, 수입과징금, 반덤핑 및 상계관세 등이 있다.

④ 정부조달에 있어서의 제한

각국 정부가 행하는 국제입찰 시 국외 공급자보다 국내 공급자를 우대하는 것과 같은 내외차별 조치를 말한다.

⑤ 기술 장벽

각종 기술표준, 포장 및 라벨링, 보건, 위생, 안전규정 등에 의한 제한을 말한다.

⑥ 투자 및 서비스 장벽

외국인 투자에 대해 취하는 현지 부품조달 요건, 수출입 균형요건, 외환규제, 국내 판매요건 등의 투자 규제조치와 각국의 국내산업의 보호, 육성, 문화와 전통의 보호라는 관점에서 서비스 교역에 대해 취하는 다양한 규제조치를 말한다.

⑦ 기타 장벽

기타의 비관세 장벽으로는 원산지 규정의 자의적 제정 및 운용, 지적 재산권 보호제도의 이용, 관세 분류의 자의적 변경, 일방적인 무역제한 조치의 발동, 수입업자의 제한 등이 있다.

3-4. 수요의 확대

정부가 관여하는 수요 확대책으로서는 통상적인 상업거래가 아닌 새로운 수요처 개발이다. 정부가 지원하는 학교급식의 확대 등과 같은 방법도 그 중의 하나이다. 미국의 식품 스탬프제(the food stamp plan)[55]는 저소득층에 식료를 제공하는 제도로서 수요확대 방안에 속한다.

또 하나의 방안은 새로운 가공제품 및 사료개발 등 농수산물의 새로운 용도 개발이다. 이는 수요 확대책의 중요한 핵심이다. 이 경우에 정부는 대학, 연구기관 및 정부출연 기관을 통하여 직접 새로운 용도를 개발할 수 있게 하거나 또는 민간 기업, 민간 연구기관 등에게 보조금을 지원하여 새로운 용도를 개발토록 한다.

4. 소비자 권리의 옹호

농수산물의 대부분은 식료로 이용함으로 인간의 생명 및 건강과 깊은 관계가 있

55 미국의 푸드스탬프제는 영주권자나 시민권자의 월수입이 일정금액 미만일 때 식품을 구입할 수 있도록 지원하는 정부 보조 프로그램을 말한다. 2010년부터 SNAP(Supplemental Nutrition Assistance Program)으로 이름이 바뀌었다. 지원방식도 식권이 없어지고 ATM카드와 같은 데빗카드로 식품을 살 수 있도록 하였다. 4인가족의 경우에 매월 최대 668달러까지 지원 받을 수 있다.

다. 그럼으로 식품 안전성 보증은 시장 정책 이전에 국민의 생명과 관련된 근원적인 문제임으로 국민 후생정책으로 취급하여야 할 분야이다.

소비자는 농수산물 거래의 주체이지만 사업자와는 달리 상품에 대한 인식 능력이 부족하다. 예를 들어 프레스 햄(pressed ham)에 어육이 혼재되고 있고 맥주보리에 밀가루 보리가 혼합되어 있어도 일반적으로 소비자들은 식별 능력을 갖지 못하고 있다.

그러한 상품을 전문적으로 취급하는 사업자는 식별 능력을 가지고 있으나 소비생활에 필요한 수많은 상품을 소량씩 구입해야 하는 소비자가 구입 상품 전부에 대해서 전문 사업자와 동일한 수준의 식별 능력을 가진다는 것은 불가능하다.

그러므로 소비자는 구입상품에 대하여 사업자가 제공하는 품질표시 및 광고 정보에 의존하고 있다. 만일 사업자가 잘못된 정보를 제공하면 소비자는 잘못된 상품인식을 바탕으로 거래를 하게 될 것이다.

즉, 소비자는 상품 인식면에서 사업자의 종속적 지위에 설 수밖에 없다. 이와 같은 소비자의 상품 인식 한계를 공공주체가 정책으로서 소비자에게 상품을 바르게 인식하게 할 수 있게 하여야 하며 그 방법은 다음과 같은 두 가지이다.

그 하나는 공공주체 스스로가 상품 정보를 소비자 교육 및 광고 등의 수단으로 소비자에게 제공하는 방법이다. 이러한 방법을 효율적으로 이용하기 위해서는 공공 단체로서는 인적, 물적면에서 커다란 한계가 있다.

또 다른 하나는 사업자로 하여금 소비자에게 취급 상품의 정보를 정확하게 제공토록 하는 방법이다. 품질 표시 및 광고에 관한 규제와 품질 인증마크 제도가 그것이다.

우리나라에서 공공주체에 의한 안전성 정책을 관리하고 있는 부서는 농림수산식품부와 보건복지부이다.

농림수산식품부는 농산물 품질관리원과 농림수산검역본부에서 담당하고 있으며, 보건복지부는 식품의약품안전청에서 담당하고 있다.

2011년 12월 기준으로 각 기관별 소비자 보호방법은 〈표 9-2-1〉, 〈표 9-2-2〉, 〈표 9-2-3〉과 같다.

〈표 9-2-1〉 농산물 품질관리원의 소비자 보호 방법

소비자 보호 수단	소비자 보호의 구체적 방법	비 고
농식품 인증제	친환경 농산물 인증, 농산물 우수관리 인증, 농산물 이력 추적관리, 가공식품 산업표준 KS인증, 전통식품 품질인증, 유기가공 식품인증, 우수식품 인증기관 지정, 지리적 표시, 술 품질 인증	
안전성 관리	안정성 조사, 유해물질 잔류조사, 사료검정, 안정성 검사 기관지정	
원산지 관리	농식품 원산지 표시, 음식점 원산지 표시, 쇠고기 이력제, GMO 표시관리, LMO 수입승인 및 안전관리, 인삼류 사후관리	GMO: 유전자 변형농산물 (Genetically Modified Organisms), LMO: 유전자 조작농산물 (Living Modified Organisms)
품질검사	농산물 검사, 양곡 표시제, 표준 규격화	
농산물 품질 관리사 관리	농산물 품질관리사 소요인원 판단 및 자격증 교부	한국산업인력공단에서 시험관리

〈표 9-2-2〉 농림수산검역본부의 소비자 보호 방법

소비자 보호 수단	소비자 보호의 구체적 방법	비 고
수산물 품질인증	지리적표시, 원산지표시, 유전자변형, 생산가공시설관리, 안정성조사, 친화경수산물인증, 수산물 이력제, 수산특산품선정, 수산전통식품선정	
검사·검역	수입검사, 내수검사, 소금검사, 수출입검역, 이식검역, 동물축산물 검역검사	
동물방역	돼지열병, 구제역, 소해면상뇌증(BSE), 조류인플루엔자, 광견병, 축종별 가축질병 방역	
동물보호	동물등록, 동물생산·판매·장묘업 등록, 동물학대방지 및 실험윤리관리	

〈표 9-2-3〉 식품의약안정청의 소비자 보호 방법

소비자 보호수단	소비자 보호의 구체적 방법	비 고
식품위해평가	농약잔류물질 데이터베이스, 식품원재료 데이터베이스 등	
유전자재조합식품	GMO표시, GMO수입 및 사후관리, 검사기관관리	
식품첨가물	식품첨가물 기준 및 규격개정 등	
식품영양성분 데이타	영양성분표작성 등	
건강기능식품	기능성 원료인정, 규격 및 기준인정 등	
고열량·저영양 판단 프로그램	간식용, 식사용	
수입식품정보	우수 수입업체등록, 국외 공인검사기관운영, 주문자 상표부착방식 수입식품관리 등	
기타	식중독 예방 국민홍보 등	

5. 식품 유통의 합리화

산업의 근대화, 효율화는 본래 개별기업이 노력하여야 하는 것이다. 그러나 우리나라는 5.16혁명 이후 단기간에 일본이나 구미 선진국과 같은 경제 선진국으로 도약하기 위하여 정부가 적극적으로 정책을 개발하고 지원하여 산업 근대화에 성공하였다.

농수산업 및 식품산업도 국가 경제 정책에 의하여 큰 발전을 이룩하였으며 농수산물 시장 정책의 대상이 되는 식품유통의 효율화와 합리화 부분 또한 괄목할 만한 성장을 이룩하였다.

식품유통의 효율화·합리화를 위하여 공공주체가 시행하여야 할 정책 내용은 다음과 같다.

첫째, 새로운 유통기술의 개발

성(省)에너지·저코스트를 축으로 하는 효율적인 물류 시스템을 개발하고 공동

배송, 공동 이용방법을 도입하여야 한다.

둘째, 각 유통단계의 유기적 연결

청과물을 산지에서 예냉하였다 할지라도 도매시장에서 에어컨디셔너 시설이 정비되어 있지 않으면 효과가 없는 것과 마찬가지로 각 유통단계가 서로 유기적으로 연결되어야 한다.

셋째, 산지 가공 출하시설의 구비와 출하 체제의 정비

산지에 저온저장 시설, 선과(별)시설, 가공시설의 고도화를 조성하여 품질향상을 도모할 뿐만 아니라 생산자 조직의 광역 출하체제를 구축하여야 한다.

넷째, 도매시장 시설 정비

도매시장은 생선식료품 유통의 중심기관이기 때문에 대부분 공공이 주체가 되어 개설하고 있다. 도매 시장 내에서는 판매시설의 현대화, 정보 전달 수단의 기능강화, 위생검사 과학화와 신속화, 쓰레기처리 현대화 등을 위하여 여러 분야의 시설이 정비되어야 한다.

제3절 농수산물 가격 안정 정책

농수산물 가격안정 정책은 농수산물 시장 정책 4대과제 중에서 시장의 안정과 확대 정책에 해당하고 구체적으로는 그 중에서도 가격조작(통제) 정책에 해당한다.

농수산물 가격안정정책은 농수산물 시장 4대 과제 중에서 그 내용이 복잡하고 중요한 부분이 많기 때문에 가격안정 정책의 목적, 필요성, 형태, 가격산정방법 별로 설명하고자 한다.

1. 가격 통제의 목적

가격통제(price control)란 가격의 자동 조절 기능(function of automatic adjustment)에 차질이 생겼을 때 또는 어떤 특수 목적을 수행하기 위하여 정부가 직접적으로 가격형성에 간섭하는 것을 말한다. 그러므로 가격통제는 법적인 강제성이 개입하는 경우가 많다.

가격통제는 일반적으로 다음과 같은 목적으로 실시된다.

첫째, 초과수요가 지속되어 인플레이션이 진행되려는 경향이 나타날 때 이를 억제하기 위함

둘째, 국부적인 초과수요 또는 공급부족으로 보틀넥(bottle-neck) 인플레이션[56]이 발생할 우려가 있을 때 이를 억제하기 위함

셋째, 사업의 공익성 내지 독점성에서 연유되는 여러 가지 문제점에 대비해서 소비자를 보호하기 위함

넷째, 기타 필요한 경우에 생산자 또는 소비자를 보호하기 위함 등이다.

가격통제의 대표적인 형태는 공정가격의 설정이다. 공정가격이란 일정한 정책목적을 실현하기 위하여 적당하다고 생각되는 가격을 정부가 직접적으로 결정하는 가격이다. 그러므로 정부가 공정가격을 실현하려고 하면 그 정책목적에 따라서 여러 가지 형태의 정책을 취하게 된다. 교통비, 수도 광열비 등 공공요금 결정에 정부가 개입하는 경우는 대부분 공정가격 실현에 목적이 있기 때문이다.

2. 농수산물 가격 안정 정책의 필요성

정부가 농산물 시장에 개입하여 농수산물 가격 지지사업 또는 가격 안정화 사업을 수행하는 이유는 농수산업이 다음과 같은 특징을 가지고 있기 때문이다.

첫째, 농수산물은 인간이 통제하기 어려운 기상 등과 같은 자연 조건에 따라서 그 작황이 크게 좌우된다. 따라서 어떤 가격 수준에서 농어가가 공급하고자 하는 공급량과 실제로 공급되는 양 사이에는 커다란 차이가 발생함으로써 농어가 소득의 불안정이 초래된다.

둘째, 공산품가격과 농산물가격간에는 협상가격차(schere)가 발생한다. 협상가격차라 함은 공산품 가격지수와 농산물 가격지수 간에 격차가 점점 커져 가는 것을

56 보틀넥 인플레이션이란 전체의 수급 밸런스는 좋으나 특정 산업 또는 특정 분야에서 공급이 제약되기 때문에 생기는 물가 상승. 보틀넥을 우리말로 병목, 애로, 난관 등으로 해석할 수 있다.

말한다. 이러한 협상가격차 때문에 농가소득은 비농가소득에 비하여 상대적으로 저하하는 경향을 가진다.

셋째, 농수산물의 수요 및 공급은 일반적으로 비탄력적이기 때문에 약간의 공급부족에도 가격폭등이 있는 반면에 약간의 공급초과에도 가격폭락이 있게 된다. 그러므로 농어가 소득은 불안정을 면치 못한다.

농수산업과 농어가소득은 이와 같은 특징을 지니고 있기 때문에 각국 정부는 여러 가지 수단으로 농어가의 보호책을 쓰고 있다.

3. 가격 안정 정책의 형태

농수산물의 가격 안정을 도모하는 방법의 기본적인 형태는 시장 개입형태와 부족액 지불형태의 두 가지 형태이다. 나머지 다른 형태는 이상과 같은 두 가지 형태를 변형시키거나 혹은 두 형태를 서로 조금씩 합쳐서 만들어 내는 조합형이다.

우선 기본적인 두 가지 방법에 관하여 〈그림 9-3-1〉에서 설명해 보자. DD'를 수요곡선, Q_1을 안정기준 가격 및 이에 대응하는 수요량이라고 하면 시장출하량이 Q_1에서 Q_2로 증대할 경우에 시장 가격은 P_1에서 P_2로 저하하게 될 것이다. 이때 가격을 P_1수준으로 안정시키고자 하면 어떠한 방법을 이용하면 좋겠는가?

3-1. 시장 개입형

시장 가격을 P_1수준으로 안정시키는 방법의 하나는 시장출하량을 Q_1수준이상으로 높이지 않는 것이다. 이렇게 시장출하량을 조정하기 위해서는 정부가 시장에 개입하여, 출하량이 Q_1을 초과하여 Q_2수준에 이르게 되는 경우에 초과하는 출하량 Q_1Q_2분량을 매입하여 시장으로부터 격리시켜 실제 시장에서 유통되는 출하량을 Q_1수준이 되도록 함으로써 시장 가격도 P_1수준을 유지하게 할 수 있다.

시장에서 격리된 초과 출하량은 보관, 폐기 혹은 수출 등으로 본래의 농수산물 시장 자체에 영향을 미치지 않는 분야로 보내어져야 한다.

이러한 경우에 대부분은 먼저 보관의 방법을 채택하여 시장 가격이 안정수준이

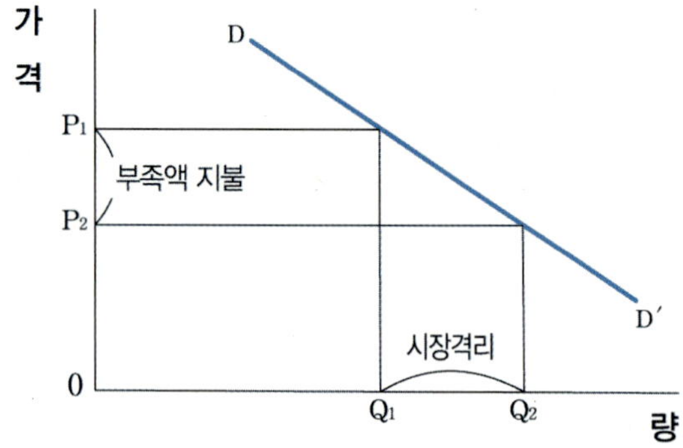

〈그림 9-3-1〉 가격 지지의 2가지 방법의 설명도

되도록 기다렸다가 안정수준보다 높아지게 되면 시장에 매도하여 가격안정을 도모한다.

시장개입형의 가격안정정책은 다음과 같은 세 가지의 구체적인 제도로서 많이 이용되고 있다.

첫째, 수급관리 가격제도
둘째, 안정대 가격제도
셋째, 최저가격 보증제도

3-1-1. 수급관리 가격제도

수급관리 가격제도란 정부가 생산자로부터 물품을 직접 매수하여 소비자에게 매도되도록 까지 유통되는 가격과 물량을 관리하는 제도이기 때문에 정부가 생산자로부터 매수하는 가격 및 소비자에게 매도하는 가격은 관리기간 동안 항상 일정하다. 그러므로 시장개입의 세 가지 제도 중에서 가장 효과적인 가격안정제도이다.

3-1-2. 안정대 가격제도

안정대 가격제도란 시장 가격의 변동에 대하여 상한가와 하한가의 변동범위를 정하여, 시장 가격이 일정한 변동범위 내에서 유지되도록 하는 제도이다. 〈그림

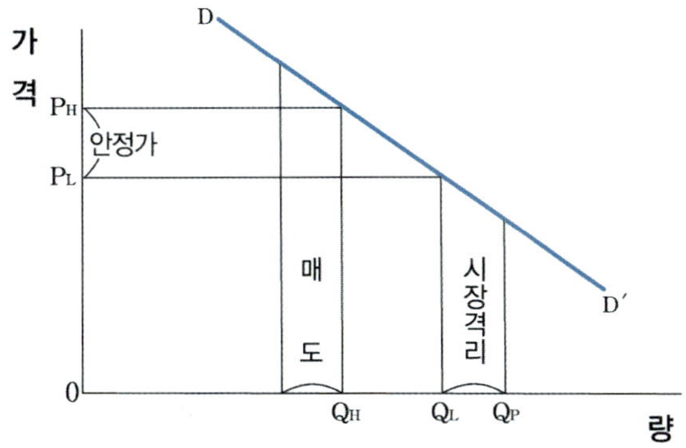

〈그림 9-3-2〉 가격 안정대제도의 설명도

9-3-2〉에서 DD'를 수요곡선, P_H가격과 P_L가격 수준 사이를 안정가격대라고 한다.

시장 가격이 하한가격인 P_L수준 이하로 떨어지게 되면 이 수준은 정부가 유지하고자 하는 가격 수준을 하락하고 있으므로 출하량도 P_L가격에 대응하는 시장출하량 Q_L을 넘어서고 있는 상태이기 때문에 정부가 시장에 개입하여 P_L가격을 초과하는 분량만큼 매입하여 가격안정대의 하한가격을 유지하도록 한다. 그림에서 시장격리분량 Q_LQ_P분량이 정부 매입량이 된다.

이와는 반대로 시장 가격이 상한가격 P_H를 초과하는 경우가 발생하면, 정부는 앞에서 설명한 시장격리를 위하여 매입・보관하고 있던 물량을 시장에 출하시켜 판매함으로써 시장 가격을 안정가격대로 유지시킬 수 있다.

3-1-3. 최저 가격보증제도

최저 가격보증제도란 시장 가격이 안정기준 가격을 하회하지 않도록 정부가 시장에 개입하여 가격이 최저가격을 유지하도록 도모하는 제도이다. 이 제도는 안정대 가격제도와는 달리 가격이 폭등할 때에 대한 대책이 마련되어 있지 않다.

3-2. 부족액 지불형

〈그림 9-3-1〉에서 가격을 P_1으로 안정시키는 두 번째 방법은 시장 가격이 P_1을 하회할 때에 그 부족분을 생산자에게 직접 지불하는 방법이 있다. 정확히 말하면

시장 가격의 안정이라고 말할 수 없다. 왜냐하면 실제상으로는 시장 가격이 P_1을 하회하고 있기 때문에 시장 가격이 안정해 있는 상태가 아니기 때문이다. 그러나 생산자의 입장에서 볼 때는 P_1을 하회하는 시장 가격 부족액을 정부로부터 지급받음으로써 생산자의 수취가격은 일정하게 안정되어 있는 형태이다.

부족액 지불형에서 정부는 재고관리를 할 필요가 없으나 개인별 생산자에게 직접 안정가격 부족분을 지불해야 하는 사무의 번잡성이 수반된다. 소비자는 시장개입형에 비하여 가격이 하락할 때에 저렴한 농수산물을 구입할 수가 있으나 거꾸로 가격이 급등했을 때에는 고가로 농수산물을 구입해야 한다.

부족액 지불형의 가격안정 대책으로서 다음과 같은 두 가지 지불제도가 있다.

1) 교부금 제도

2) 안정기금제도가 있다.

위의 부족액 지불형의 두 가지 가격안정 제도의 기본적인 차이점은 지불할 금액을 조성하는 재원의 성격 차이이다. 전자의 교부금은 전적으로 정부의 재정자금으로 충당되는 것인데 비하여 후자의 안정기금은 생산자 자체와 지방 및 정부의 각출금으로 구성된다. 그러나 안정기금의 경우에 있어서도 생산자들이 조성하는 기금의 비율이 크지 못하기 쉽다.

3-3. 시장 개입과 부족액 지불형의 제약조건

가격 안정 대책에 있어서 시장 개입형과 부족액 지불형 중에서 어떤 형태를 채택할 것인가에 대해서는 어느 정도 이를 구분하는 기준이 있어야 하는데 그 기준은 다음과 같다.

첫째, 대상 농수산물의 보존성

보존성이 낮은 생선식품(어류, 청과물 등)은 시장 개입형의 정책채용이 어렵다. 그러나 부패되기 쉬운 생선식품이라 할지라도 오늘날 고도로 발달하고 있는 냉동기술의 진보에 의하여 보존 성능이 높아지고 있기 때문에 이러한 식품에 대해서도 시장 개입형의 정책을 수행할 수 있다.

둘째, 대상 농수산물의 수요의 가격 탄력성

가격 탄력성이 낮은 경우는 소량을 시장에서 격리시킨다 할지라도 시장 가격의 등귀가 현저하다. 그러므로 시장개입형의 정책효과가 크다. 그러나 이와는 반대로 수요의 가격 탄력성이 높은 품목의 경우에는 동일한 가격인상 효과를 얻기 위해서는 대량의 물량을 시장에서 격리시켜야 한다.

셋째, 대상 농수산물의 국내 자급율 정도

국내 자급율이 낮은 품목은 국내생산량이 적기 때문에 부족액 지불형 가격정책을 채용한다 할지라도 지불될 재정지출액은 얼마 되지 않지만 국내 생산량이 많으면 부족액 지불형을 채용하면 가격 정책 수행에 소요되는 지출액도 그 만큼 많아진다.

4. 안정 기준 가격의 산정

가격 안정 정책으로서는 단순히 가격을 안정시키는 것만이 아니고 어떤 수준으로 가격을 안정시켜야 할 것인가 하는 것도 중요한 문제이다. 안정시켜야 할 가격수준을 안정 기준 가격이라고 한다. 생산자 측에서 보면 정부가 낮은 수준으로 가격을 안정시키는 경우라면 차라리 높은 수준에서 가격이 불안정한 상태가 유리함으로 이를 더욱 환영할 것이다.

안정 기준 가격의 산정은 다음과 같은 방법이 이용된다.

1) 생산비 방법
2) 패리티 방법
3) 수급 추세 방법
4) 다른 품목과의 가격비율 방법

4-1. 생산비 방법

생산비 방식에 의한 안정 기준 가격이란 생산에 소요된 비용을 산정하여 안정가격의 기준 가격으로 삼은 가격이다. 이 방식에 의해서 산정된 기준 가격은 생산자의 재생산을 보증해 주지만 이 방식은 수요의 변화를 고려하지 않고 있다. 즉, 수급이 균형을 이루도록 보증하는 방식이 아니기 때문에 공급의 부족이나 과잉이 발생될 우려가 크다. 그러나 수급의 불균형을 조절하기 위하여 생산비를 산정할 때 산정방식에 포함시킬 산정요소의 항목을 가감함으로써 인위적으로 생산비를 조절할 수 있으나 이것만으로서 수급의 불균형에 대응하기가 어렵다.

생산비 방식은 쌀을 비롯한 여러 가지 농수산물의 안정가격 기준 산정방법으로 많이 적용되고 있다.

생산비를 기준으로 하여 안정 기준 가격을 산정하는 경우에도 다음과 같은 문제를 고려하여 산정하여야 한다.

첫째, 어떠한 농어가의 생산비를 기준으로 할 것인가?

생산비는 농어가 마다 다른 것이 일반적이다. 그럼으로써 전체 농어가의 평균 생산비를 기준으로 할 것인가 혹은 한계농가의 생산비를 기준으로 할 것인가 하는 문제가 발생한다. 한계농가의 경우에 있어서도 호수(戶數) 벌크라인(bukline) 방식[57], 생산량 벌크라인(bukline) 방식, 기타 방식이 있다.

둘째, 계상할 비용의 항목과 평가방법?

비용 계산에 있어서 실제로 생산자가 구입한 물품의 비용 산정은 문제가 되지 않으나 가족노동, 자급한 물품이나 자작한 물품의 비용평가는 쉽지 않다. 예를 들어서 어류를 양식하는 어민이 양식에 필요한 사료를 자체적으로 어획하여 조달하는 경우의 자체조달 사료의 평가가 어려우며 농장을 경영하는 경우에는 자작지의 지대 등을 평가하여 생산비를 결정하기는 쉽지 않다.

4-2. 패리티(parity) 방법

농산물을 자유로운 시장기능에 맡겨 두게 되면 농가가 구입하는 공산품의 가격은 농가가 판매하는 농산물의 가격보다 일반적으로 빠른 속도로 상승한다. 따라서 농산물의 물가와 공산품의 물가간의 격차는 점점 더 커져서 협상가격차(schere)가 발생하고 나아가서 농민들의 소득수준은 상대적으로 저하되는 경향을 나타내게 된다. 여기서 고안된 것이 정부가 시장에 개입해서 패리티 가격(parity price)으로 농

---

57 벌크라인(bukline)이란 선박의 적하(積荷) 한계선이란 뜻이지만, 현재는 통제가격 결정방식의 하나로도 쓰인다. 즉 극단적인 가격을 배제하고 대다수의 수요자나 공급자를 납득시켜서 생산의욕을 자극하는 기준 가격결정 등에 이용된다. 예를 들어 쌀의 경우, 생산비를 기준으로 하여 수매가격을 결정한다면 생산비는 그것을 계산한 각 농가의 영농조건에 따라 다르기 때문에 어느 생산비를 기준으로 하느냐 하는 문세가 생긴다. 한계농가의 경우에 한계농가의 호수를 기준으로 생산비를 결정 할 것인가 또는 한계농가의 생산비를 기준으로 생산비를 결정할 것인가를 결정하여야 한다. 이때 한계농가 생산비를 기준으로 할 경우에 한계농가 생산비의 적정선을 전체생산비의 80% 수준에서 결정하여 그 생산비를 쌀수매가격의 기초로 하면 이를 '벌크라인 80%'라고 말한다.

가소득을 향상시키는 방안이다.

패리티 가격이란 어떤 연도를 기준으로 하여 비교년도에 농민들이 판매하는 농산물의 가격지수가 농민들이 구입하는 공산품의 가격지수와 같게 되도록 하는 가격을 말한다. 즉 공산품가격 수준과 농산물 가격 수준이 평균(parity)을 유지하도록 정부가 정책적으로 설정하는 농산물의 지수가격을 말한다.

농산물의 수요 공급조건이 〈그림 9-3-3〉에 제시된 것과 같다면, 자유로운 시장기능에 방임할 경우에 농산물 가격은 P_0의 평균가격이 성립되어 농가는 상대적으로 빈곤해진다. 이것을 구제하기 위해서 정부는 P_1의 패리티 가격을 설정하여 농가수입을 향상시키고자 한다. 이 가격하에서는 농산물의 공급량은 OQ_1으로 늘어나 시장수요에 비해서 JK의 초과공급이 발생하게 된다. 이 때 정부가 패리티 가격을 유지하기 위해서는 JK량을 P_1의 가격 수준으로 매입하여야 한다. 정부가 초과공급량을 매입하면 막대한 재정자금을 방출하지 않을 수 없을 뿐만 아니라 재고량도 자꾸 증가 될 것이다. 그래서 정부는 재고량을 증가 시키는 대신에 농민들로 하여금 생산을 제한하도록 하여 공급곡선을 SS에서 SS'로 이동 시키도록 한다. 생산제한 방식으로서는 생산량 할당제라든가 경작면적 제한제도를 이용하고 경작하지 않는

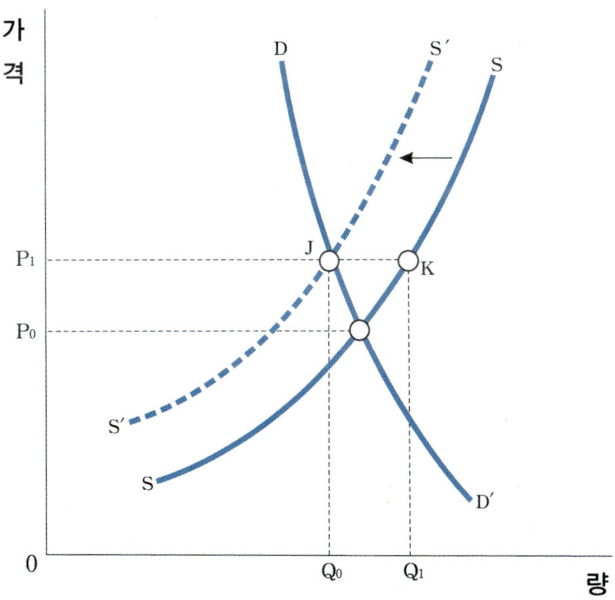

〈그림 9-3-3〉 페리티 가격에 의한 소득 안정책

농지에 대해서는 정부가 보조금을 지급하는 방안들이 강구된다.

그러나 이 방식은 일견 농수산업과 공업간의 가격관계에 대하여 균일성을 갖게 함으로써 공정한 인상을 주는 것 같지만 실제로는 다음과 같은 두 가지 요소를 고려하지 않으면 패리티 방식의 유효성은 상실하게 된다.

첫째, 기준년도의 선택

기준년도의 가격이 안정적이고 균형(parity)을 유지하지 않으면 큰 의미가 없어진다.

둘째, 기준년도와 가격 결정년도의 농수산물 생산재와 농수산물의 노동 생산성 상승률

기준년도와 가격 결정년도와의 사이에 농수산물 생산재와 농수산물 모두 노동 생산성이 상승하고 수요에도 변화가 있을 것이다. 이 때 그 변화율에 있어서 양 생산물의 노동생산성이 동일하지 않으면 패리티 방식은 의의를 상실하게 될 것이다. 가령 기준년도와 비교년도 사이에 노동 생산성의 상승률이 생산재가 3배, 농수산물이 1.5배라고 가정해 보자. 기준년도의 상대가격 관계를 1대1이라고 하면 가격결정년도의 상대가격 관계는 1대2가 될 것이다. 패리티 방식의 이러한 문제점으로 인하여 기본방식은 패리티 방식을 이용하지만 수급의 추세와 생산비 등을 종합적으로 고려하여 기준 가격을 결정하는 경우가 많다.

4-3. 수급 추세 방법

수급의 추세방식은 과거 수년간의 평균가격 내지 추세가격을 기준 가격으로 하는 방법이다. 이 방법은 가격 결정년도의 일시적인 수급변동에 의하여 가격 변동이 발생하는 것을 기준 가격 산정시 회피할 수가 있다.

수급 추세 방식에 의한 기준 가격의 결정은 단기간에는 수급의 언밸런스가 있어도 장기적으로 수급의 균형을 유지할 수 있는 품목에서 채용하여야 효과가 높다. 야채, 가공 원료용 과일, 소고기, 돼지고기, 어류 등에 이용할 수가 있다.

그러나 어떤 품목에서는 수급 추세라 할지라도 수입 할당제, 고율 관세 등에 의하여 무역이 왜곡되면 국제시장의 수급추세와 관계없이 국내시장의 추세에 불과할 경우가 있다.

4-4. 다른 품목과의 가격 비율 방법

이상과 같은 방법으로 안정가격을 산정하는 방법이외에도 다른 품목과의 가격 비율에 의하여 기준 가격을 결정하는 방법이 있다. 즉, 두 가지 품목사이에 일정한 가격관계가 존재하는 경우에는 부차적인 품목의 기준 가격을 주요품목의 가격비율로서 결정하는 방법이다.

제4절 협동조합에 의한 가격 지지

〈그림 9-4-1〉에서 농수산물의 공급곡선은 각 가격 수준에 대해서 농어민들이 공급하고자 하는 계획된 생산량을 보여준다. 농수산물의 생산은 기후조건에 의해서 크게 영향을 받게 되므로 계획된 생산량이 그대로 달성되기란 어렵다. 그래서 계획된 생산량이 어떤 수준에 있을지라도 실제의 생산량은 그 수준의 주위에서 맴돌게 된다. 이러한 사실 때문에 자유 경쟁시장에서는 농수산물의 가격과 농어민들의 수입은 균형점에서 안정되기보다는 그 주변에서 변동하는 것이 보통이다.

가격과 총수입의 변동을 방지하는 한 가지 방법으로서 농어민들이 농수산업협동조합을 결성해서 공급량을 조절할 수 있다. 즉, 생산량에 변동이 있을지라도 실제로 시장에 들어오는 공급을 조절하여 가격과 총수입의 변동을 방지하는 방법이다. 이것은 개별 농어민들로서는 불가능하지만 모든 농민들이 결속하여 시장에 들어오는 공급량의 조절에 합의한다면 그들은 농수산물 가격에 대해서 커다란 영향력을 행사할 수 있다. 이 때 농수협의 가격 지지책은 다음과 같이 이루어질 것이다.

〈그림 9-4-1〉에서 보는바와 같이 농수협이 가격을 P_0에서 안정시키고 또 농어민 소득을 $OQ_0 \times OP_0$에서 안정시키기 위해서는 판매량을 Q_0로 유지할 필요가 있다. 만약 풍작이 되어 생산량이 OQ_2로 증가하면 Q_0Q_2는 재고로 두어야 하고 흉작이 되어 생산량이 OQ_1으로 감소하면 재고로 두었던 재고량 중 Q_1Q_0량만큼 출고시켜 판매해야 한다.

이와 같이 수입의 안정을 가져오기 위해서는 생산량에 변동이 있을지라도 출고

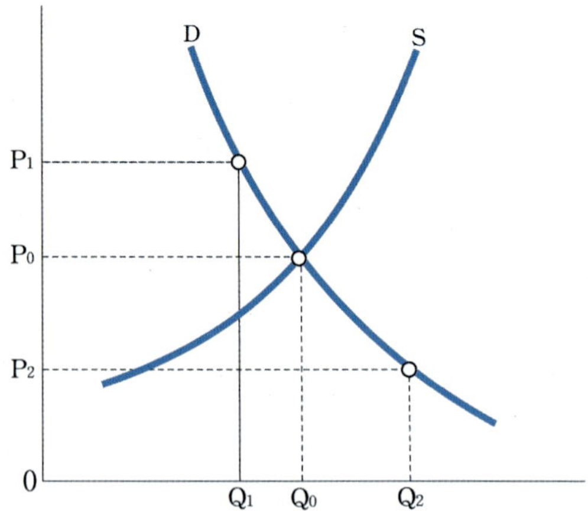

〈그림 9-4-1〉 농산물 가격 지지책

조절을 통해서 판매량을 균형수급량에서 고정시켜야 한다. 그러나 수입의 안정보다는 수입의 증대를 원할 경우에는 생산량이 OQ_1이면 P_1의 가격으로 판매하는 것이 유리하다. 왜냐하면 농산물의 경우에 있어서는 일반적으로 수요의 탄력성이 1보다 작기 때문이다.

이상과 같은 가격지지책이 잘 수행되기 위해서는 농수협 조합원의 협동심이 강력하여야 한다는 것은 두말할 여지도 없다.

제5절 영・미의 강제 참가 생산자 조직

농수산물 생산자 조직은 협동조합의 영역이지만 협동조합에는 항상 비조합원인 아웃사이더(outsider)가 존재한다. 협동조합은 임의 참가제를 원칙으로 하고 있기 때문에 비조합원을 규제할 수 없다. 우리나라는 농어민의 거의 전원이 농수산업 협동조합에 가입하고 있으나, 조합원이라 할지라도 실질적으로 조합사업에 참가하지 않는 비조합원(아웃사이더)과 같은 조합원이 많다.

만일 협동조합에서 가격유지를 목적으로 출하량을 조정하고자 할 때 비조합원(아웃사이더)이나 조합원 중에서 일부가 동참하지 않으면 가격유지에 대해서 당초에 목표한 성과는 올릴 수 없을 것이다. 즉, 협동조합만 출하조정을 하고 비조합원이나 일부 조합원이 동참하지 않는다면 협동조합은 조합원보다는 이들을 위하여 우산을 쓰고 있는 것과 같다. 출하량 조정이 효과를 얻기 위해서는 전체 생산자가 같이 우산을 써야 할 것이다.

외국에서는 생산자 전원을 강제적으로 출하조정에 참가시키는 조직이 결성되어 있다. 그 중에는 미국의 마케팅 오더(marketing orders)와 영국의 마케팅 보드(marketing boards)도 있다.

미국의 마케팅 오더와 영국의 마케팅보드는 90년대 이후 양국의 국내외적인 환경변화로 인하여 이 책에서 설명하는 내용과 실제에 차이가 있음을 알려둔다. 앞으로 우리나라에서도 과잉 생산되는 농수산물에 대한 강제참가 생산조직 결성이 필요한 경우에는 결성 시점을 중심으로 두 나라를 비롯한 캐나다, 일본 등의 강제참가 생산자 조직을 추가적으로 연구할 필요가 있다.

1. 미국의 강제 참가 생산자 조직

미국의 강제 참가 생산자 조직을 미국의 마케팅 오더라 한다. 미국의 마케팅 오더는 농산물 판매협정법(The Agricultural Marketing Agreement Act. 이하 AMAA라고 함)에 근거를 두고 있다. 형식적인 면에서는 농산물 출하에 관한 농무장관의 명령(orders)으로 생산자들이 강제적으로 출하 조정에 참가하도록 되어 있으나, 실제로는 농업생산자가 자주적으로 결정한 규제 내용을 농무장관이 명령하도록 되어 있다.

미국 마케팅 오더는 연방법을 근거로 한 것과 주법(州法)을 근거로 한 것이 있고, 연방법은 주(州)와 주 사이에 또는 국가 간에 유통하는 농산물을 대상으로 하고 있으며, 주법은 주내에서만 유통되는 농산물을 대상으로 한다. 오더의 내용은 거의 비슷하지만 완전히 동일하다고 말할 수 없다. 여기서는 연방법을 근거로 한 오더를 소개한다.

1-1. 목적

AMAA는 질서 있는 판매조건(orderly marketing conditions)을 확립, 유지함으로

써 생산자가 페리티(parity) 가격을 확보하는 것을 목적으로 하고 있다(sec. 602, subsec.1).

생산자의 이익은 소비자의 이익과 상반되는 경우가 많다. 질서 있는 판매는 소비자도 이익이 될 수 있지만, 특별히 소비자의 이익을 옹호하기 위한 방법으로 페리티 가격을 상회하는 수준으로 생산자 가격을 인상하는 조치는 금지한다고 규정하고 있다(sec. 602, subsec.2).

그러나 페리티 가격을 상회하는 수준으로 인상하는 조치를 금지하는 규정을 엄격하게 적용하면 마케팅 오더의 운영이 원활하게 진행되기 어렵기 때문에 실제로 적용할 때는 제한을 완화할 수 있도록 하고 있다.

1-2. 대상 품목의 범위

AMAA의 초기 대상 품목은 생선 청과물, 우유 및 호프의 3품목으로 대상품목이 적었다. 각 품목의 경우에도 세부적으로 품목의 범위를 살펴보면 실제적인 대상품목의 범위는 좁다.

생선 청과물의 경우를 보면 통조림용, 냉동용 청과물을 대상에서 제외하고 있다. 법제정 이후 통조림용, 냉동용 청과물도 대상품목에 포함시키고자 하는 시도가 몇 차례 있었으나 가공업계의 반대로 성공하지 못하였다.

1-3. 규제 내용

질서 있는 판매를 실현하기 위해서 오더가 규제할 수 있는 사항은 다음과 같은 항목이다.

가. 출하량의 규제와 할당: 주(週)별과 같이 기간별로 총 출하하고자 하는 수량의 규제와 출하업자별 할당

나. 출하품의 품질, 등급, 사이즈, 포장 등의 규제

다. 조사・연구

라. 광고・판매촉진

마케팅 오더에서 규제 가능한 범위란 출하에만 제한되고 생산에는 관여하지 않는다. 출하 할당도 출하업자(협동조합포함)에 대한 할당이 대부분으로서 생산자에

대한 할당은 예외적으로 인정한다. 실제로 연방 마케팅 오더는 품질 규제와 조사를 목적으로 하는 경우가 많다.

1-4. 오더 구역의 한정

한 번의 오더로서 커버 할 수 있는 구역은 제한되어 있다. 오더의 운영이 쉽도록 가능한 한 최소구역으로 제한하는 것을 원칙으로 하며 전국을 대상으로 하는 오더는 허용하지 않는다(sec. 608, subsec.11).

오더구역을 국지적으로 한정하는 취지는 전국을 대상으로 함에 따라서 독점적 폐해가 발생할 가능성을 회피하기 위해서이다. 그러나 대상 농산물이 여러 지역에서 생산되고, 각 지역이 경쟁관계에 있다면 전체지역을 대상으로 하는 오더가 아니면 출하조정에 의한 가격유지는 적절한 효과를 올릴 수 없다. 오더 구역을 전국구역으로 확대하기 위한 시도가 있었으나 부결된 바 있다.

1-5. 발령의 절차

마케팅 오더를 발령하는 절차는 다음과 같다.

가. 오더의 필요성이 발생하면 농무성의 관계자와 업계대표(보통 지역농협)가 협의를 시작한다.

나. 그 협의에 따라서 오더의 초안을 기안한다.

다. 공청회를 개최하고 오더의 초안을 검토한다.

라. 공청회의 의견을 수렴하여 농무성이 최종안을 작성하여 유권자(생산자)에게 송부한다.

마. 최종안에 대하여 일반 투표를 실시한다.

바. 일반 투표에서 일정수의 찬성을 획득한 후 농무장관이 오더를 발령한다.

일반투표에서는 관계 생산자(유권자)의 3분의 2 이상 또는 판매량의 3분의 2 이상을 생산하는 생산자의 찬성을 얻어야 한다. 그리고 대부분의 오더에는 구체적인 내용에 대하여 판매업자와 협정을 맺는다. 협정의 발효에는 50% 이상을 취급하는 업자의 서명이 필요하다.

1-6. 관리위원회

오더의 운영을 위하여 관리위원회가 설치되어있다. 농무장관이 임명하는 생산자와 농산물 취급업자로 구성되며, 임기는 1년이고 5-10명으로 구성된 위원회가 많다. 위원회는 필요에 따라서 직원을 고용하여 일상적인 업무를 담당시킨다.

마케팅 오더는 생산자와 취급업자가 스스로 문제를 발견하고 그 대책을 세워서 자신들의 자금으로 문제를 해결하고 있다. AMAA는 관련있는 관계자의 자주적 활동에 대하여 일정의 요건이 구비된 경우에 강제적인 규제를 실행하는 권한을 농무장관 명령의 형태로 부여하는 법률이다.

1-7. 독점적 폐해 방지책

마케팅오더는 관련 있는 전체 생산자에 대하여 강제적으로 판매규제에 따르도록 하는 조직이다. 이는 생산자 보호를 목적으로 하고 있으며, 그 운영방법에 따라서는 독점적 폐해가 나타날 수 있다. 예상되는 독점적 폐해로서는 사회 일반의 이익 침해와 생산력의 동태적 발전 장애라는 두 가지의 문제이다. 이 두 문제에 대하여 AMAA는 어떠한 조치를 취하는가에 대하여 알아보자.

사회 일반의 이익 침해에 대한 조치는 두 가지이다.

첫째, 마케팅 오더의 운영에 따라서 물가가 인상된다 할지라도 가격인상은 패리티 가격 수준에 제한되고 있다.[58]

대상 농산물이 수요에 대한 가격 탄력성이 1보다 적은 한 출하량을 일부분 제한하여도 생산자의 수취액은 증대한다. 이러한 생산자의 행동이 소비자의 이익과 대립된다고 말할 수는 없다. 그러나 생산자의 출하제한을 무한정 허용하지는 않는다. 출하제한에 의한 가격인상 한도를 패리티 가격 수준에 제한하는 것이다.

둘째, 명령구역을 제한한다.

명령구역은 개선책 수행에 지장이 없는 한 생산지역이나 출하지역을 소구역에

58 패리티가격이란 본장 제3절에서 설명한 바와 같이 어떤 연도를 기준으로 하여 비교년도에 있어서 농민들이 판매하는 농산물의 가격지수가 농민을 농민들이 구입하는 공산품의 가격지수와 같게 되도록 하는 가격을 말한다, 즉 공산품가격 수준과 평균(parity)을 유지하도록 정부가 정책적으로 설정하는 농산물의 지수가격을 말한다.

한정하여 제한하는 방법이다. 한 개의 오더 구역이 너무 협소할지라도 복수의 오더구역을 설정하면 전체 산지를 커버할 수도 있다. 단지 하나의 명령구역을 협소한 지역으로 한정하는 취지는 산지(産地)간 경쟁조건을 출하량으로 조절 할 수 있는 여지를 남겨두는 것이 사회일반의 이익을 지키기 위하여 필요하다는데 있다.

생산력의 동태적 발전을 저해하는 데 따른 조치로서 출하조정은 가능하지만 생산조정은 금지되어있다. 생산조정을 금지하는 이유는 기본적으로 자원 이용상의 경직성이 크고, 농업생산자의 경쟁으로 얻을 수 있는 생산력의 다이나믹한 발전이 저해되기 때문이다.

생산력 동태적 발전의 저해에 대한 또 다른 조치는 판매조정이다. 일부의 오더에서는 판매 증명서를 교부하고, 이를 양도 가능 하도록 하고 있다. 일반적으로 시행되고 있는 총판매량 규제의 방법은 당해 연도의 총생산량을 추계하고, 이 예측치가 수요량을 가령 10% 초과한다고 전망되면 개별 생산자의 생산량에서 일률적으로 10%를 시장에서 격리시키는 방법이 강구된다. 그렇지 않으면 개인 생산자로서는 판매량을 증대하기 위하여 생산 계획 시점에 적극적인 생산 확대를 도모할 우려가 있다. 그럼으로 당초부터 개인별로 판매하려고 하는 양을 할당하여 두는 방법이 고안되었다.

개인 할당의 기준은 과거 기준년도의 실적을 기본으로 삼고 부차적으로 년도 경과에 따른 실적을 반영한다. 이러한 방법을 이용함으로서 개별 생산자의 여건을 반영할 수 있다. 어떤 사람은 년도가 경과함에 따라서 노령화하여 생산을 축소하는 사람도 있을 것이며, 반대로 신기술을 도입하여 생산을 확대하는 사람도 있다. 이러한 변화를 인정하지 않고 개인 할당량을 고정시키면 생산력의 동태적인 전개가 방해 받게 된다. 동태적인 변화를 반영하기 위하여 기준년도의 기준량과 함께 연차 할당량 증명서를 발행하여, 그 증명서를 매매 가능토록 하는 조치를 취한다. 양도 가능한 판매증명서 방식의 메리트는 개인 할당을 고정시키지 않고 경영조건의 변화를 반영한 조정이 가능하도록 하였다는 점이다. 그러나 판매증명서에 지불하는 가격은 수급 균형상태에서는 제로가 된다. 판매증명서의 매매에 의해서 생산의 동태적인 전개의 길이 열린다 하더라도 증명서에 지불되는 대가는 구조적인 생산과잉을 수반하는 사회적 비용으로 볼 수 있다.

2. 영국의 강제참가 생산자 조직

영국의 강제참가 생산자 조직을 영국의 마케팅 보드라 한다. 영국의 마케딩 보드는 농산물 판매법(The Agricultural Marketing Act)을 근거로 하고 있다. 동법에서는 농산물 판매를 규제하는 계획(marketing schemes)을 확정하고 의회 및 관계자의 승인을 받도록 규칙으로 정했으며, 마케팅 보드가 이를 운영하도록 규정하고 있다.

2-1. 대상품목의 범위

원료용, 가공용을 불문하고 전체 농산물 또는 원예 농산물을 규제 대상으로 하는 것이 가능하다. 그러나 실제 마케팅 보드가 설립되어 있는 품목은 초기단계에서는 우유, 파레이쇼, 양모 및 호프 등이었다.

2-2. 권한의 내용

보드는 국내에서 생산되는 대상 농산물의 판매에 관한 완전한 독점권을 부여받았다. 판매계획(marketing schemes) 조항에 의거하여 보드는 등록 생산자들의 대상 농산물에 대하여 유통에 직접 관여하던가 또는 유통 규제를 통하여 독점력을 발휘한다.

유통에 직접 참여함에 있어서 보드는 대상 농산물을 구입하는 권한, 가공하는 권한, 구입 농산물 및 가공품의 판매 규격화, 포장, 저장, 수송, 보험과 광고를 할 수 있는 권한이 부여되어 있다.

유통을 규제할 때는 등록 생산자의 판매 가능한 시기의 상대방, 판매량, 하한가격 및 상한가격을 결정할 권한이 부여되어 있다. 뿐만 아니라 등록 생산자 또는 그 대리인의 규격화, 표시, 포장, 저장, 수송 및 광고 방법을 결정할 권한이 부여되어 있다.

이와 같이 보드는 유통에 직접 개입하여 가격 결정과 생산규제 등을 함으로서 미국 마케팅 오더보다 광범하고 강력한 권한을 갖고 있다.

2-3. 판매계획의 구역

판매계획의 대상 구역은 영국(The Great British) 전역 또는 그 일부 구역이거나, 상기 구역에 북아일랜드 전역 또는 그 일부 구역을 합한 구역을 말한다. 즉 법적으로는 영국 전역을 대상으로 할 수 있다. 실제로 품목에 따라서 호프는 잉글랜드, 우유는 잉글랜드와 웨일즈, 파레이쇼는 영국을 구역으로 하는 것처럼, 여러 가지 품종이 여러 가지 구역을 대상으로 하고 있다. 잉글랜드와 웨일즈, 스코틀랜드 및 북아일랜드는 각각 역사적으로나 민족적으로도 상이성을 내포하고 있으며, 행정상으로도 상당히 독립적인 성격을 갖고 있다. 영국의 마케팅 보드의 대상 구역은 여러 가지이며, 이는 미국과는 큰 차이가 있음을 주의하여야 한다. 즉 법적으로는 영국의 마케팅 보드가 전국조직이 가능하지만 역사적, 민족적 이유로 인하여 행정상 상당히 독립적인 성격을 가진 구역을 대상으로 하고 있는 경우도 있다. 우유의 경우를 보더라도 3개의 보드가 있다.

2-4. 계획의 확정 절차

판매계획의 작성과 확정은 다음과 같은 절차에 따른다.

(1) 먼저 판매계획안을 작성하는데 이는 통상적으로 생산자가 작성하여 장관에게 제출하지만 처음부터 장관이 주도권을 쥘 수도 있다.

(2) 장관은 계획안을 관보에 게제하고, 의견을 청취하는 기간을 갖는다.

(3) 계획안에 대한 의견을 수렴하여 계획을 확정한 후에 장관은 의회에 제출하여 승인을 얻는다.

(4) 의회에서 승인을 득한 후에 관계 생산자가 투표를 한다. 생산자는 투표 전에 미리 등록하여야 한다.

(5) 등록 생산자의 반수이상이 투표하고, 투표자의 3분의 2 이상이 찬성하여야 하며, 찬성자의 생산량 비율이 투표자의 총생산량 3분의 2 이상을 차지하면 계획은 승인된다.

2-5. 계획의 관리 및 운영

계획의 관리 운영은 마케팅보드가 수행한다. 보드는 등록 생산자가 선출한 이사와 장관이 임명한 이사로 구성된다. 보드의 구성원은 원칙적으로 8인부터 24인

사이이며, 그 중에서 장관이 임명한 이사의 수는 5분의 1 이하 이어야 한다.

장관이 임명하는 이사를 보드의 구성원으로 추가하는 이유는 공공의 이익을 확보하기 위해서이다. 그러나 생산자가 선출하는 이사의 수가 압도적으로 많기 때문에 마케팅보드는 기본적으로 생산자의 자주적인 조직이다.

각 보드는 7인 이상의 이사로서 상임 이사회를 구성한다, 상임 이사회 구성원 7인중에도 장관이 임명한 이사가 최저 1인은 포함되어야 한다.

2-6. 벌칙

판매 계획은 생산자들에게 강제성이 부여된다. 등록 생산자가 위반한 경우에 벌금을 부과하는 것은 말할 것도 없지만, 계획의 규정에는 등록을 면제받은 생산자도 법률을 위반한 경우에는 벌금을 지불하여야 한다.

2-7. 독점적 폐해의 방지책

영국 마케팅 보드는 미국 마케팅 오더를 상회하는 강력한 권한을 부여하고 있다. 따라서 마케팅 보드의 설립, 조직 및 운영면에서 독점적 폐해가 발생하지 않도록 하기 위하여 다음과 같은 예방책이 강구되어 있다.

(1) 마케팅 보드가 독점력을 갖는 품목은 국내 생산물에 한정되어 있고 수입 농산물에 대해서는 규제력을 갖고 있지 않다. 영국은 농산물 수입 의존도가 높기 때문에 수입을 보장하는 것 만으로서도 소비자 이익을 무시할 수 없도록 하는 영향력이 있다.

(2) 판매계획을 작성하고 판매계획을 확정하는 것은 의회의 권한이다. 생산자가 계획을 시행할 것인가 여부를 결정하기 전에 의회의 검토와 의결이 선행된다.

(3) 보드는 생산자가 선출하는 이사 이외에 장관이 임명하는 이사도 이사회에 참가한다. 장관 추천 이사는 대상 생산물에 대하여 학식이 풍부하거나 정통한 자를 장관이 추천한다.

(4) 보드와는 별도로 소비자 위원회(consumer's committee)가 조직되어 보드의 운영을 감시하며, 보드가 소비자에게 주는 영향력에 대하여 매년 장관에게 보고한다.

국문 색인

영문 색인

D

E

F

G

인명 색인

| 저자약력 |

강연실(姜鍊實)

1949년 거제출생
학위 경영학 박사, 법학박사
현재 전남대학교 수산해양대학 해양기술학부 교수
학력 부산수산대학 수산경영학과 졸업
부산수산대학교 대학원 수산경영학과 석사, 박사과정
전주대학교 대학원 법학과 박사과정
경력 미국 로드아일랜드 주립대학 초청교수
일본 국립 동경수산대학 초청교수
한국 수산경영학회 회장
일본 지역어업학회 이사
수협중앙회 수산경제연구원 원장
한국 FAO 이사
해양수산부 정책평가위원
농림수산부 정책평가위원
전남대학교 수산해양대학 학장
전남대학교 수산해양대학원 원장
상훈 문교부 장관상
옥조근정훈장

농수산물 시장론

1판 1쇄 발행 | 2012년 9월 25일
1판 2쇄 발행 | 2013년 1월 25일

저자 | 강연실
발행 | 지병문
발행처 | 전남대학교출판부

등록 | 1981. 5. 21. 제53호
주소 | 500-757 광주광역시 북구 용봉로 77
전화 | (062) 530-0571~2, **마케팅부** 530-0573
팩스 | (062) 530-0579
홈페이지 | http://www.cnup.co.kr

값 25,000원

ISBN 978-89-97620-53-1 (93520)

이 도서의 국립중앙도서관 출판시도서목록(CIP)은 e-CIP홈페이지(http://www.nl.go.kr/ecip)와
국가자료공동목록시스템(http://www.nl.go.kr/kolisnet)에서 이용하실 수 있습니다.
(CIP제어번호 : CIP2012004292)